# Python 机器学习


主　编　杨保华　黄慷明

副主编　王福章　徐帅东　王志骋　果红军

参　编　杨建新　曹帅及　孔丹丹　张　伟

主　审　楼　竞



北京理工大学出版社

BEIJING INSTITUTE OF TECHNOLOGY PRESS

## 内 容 简 介

本书以红酒智能工厂全流程案例为出发点，巧妙地融合三全育人目标，用平实的语言深入浅出地介绍当前热门的机器学习经典算法，包括线性回归、Logistic 回归、决策树（分类与回归）、朴素贝叶斯、支持向量机、K 最近邻学习、文本处理方法和人工神经网络。针对每一种算法结合具体项目实例进行阐释，然后根据模型和算法描述，使用 Python 编程和相应的库进行算法实现，最后通过案例让读者进一步体会算法的应用场景以及应用时所需注意的问题，从而实现三全育人的目标。



**图书在版编目(CIP)数据**

Python 机器学习 / 杨保华，黄慷明主编. -- 北京：北京理工大学出版社，2024.5(2024.6 重印)

ISBN 978-7-5763-2264-4

Ⅰ. ①P… Ⅱ. ①杨… ②黄… Ⅲ. ①软件工具－程序设计②机器学习 Ⅳ. ①TP311.561②TP181

中国国家版本馆 CIP 数据核字(2023)第 060826 号

**责任编辑**：王玲玲　　**文案编辑**：王玲玲
**责任校对**：刘亚男　　**责任印制**：施胜娟

**出版发行** / 北京理工大学出版社有限责任公司
**社　　址** / 北京市丰台区四合庄路 6 号
**邮　　编** / 100070
**电　　话** / (010) 68914026（教材售后服务热线）
(010) 68944437（课件资源服务热线）
**网　　址** / http://www.bitpress.com.cn

**版 印 次** / 2024 年 6 月第 1 版第 2 次印刷
**印　　刷** / 涿州市新华印刷有限公司
**开　　本** / 787 mm×1092 mm　1/16
**印　　张** / 14.5
**字　　数** / 320 千字
**定　　价** / 49.80 元

# 前言

本书的教学项目都是从红酒智能工厂全流程案例出发的，包括红酒的分类、红酒销量的预测、红酒数据的爬取、红酒的质量预测、红酒残次品的检测、红酒质量评分预测、智能工厂的远程运维与故障诊断、红酒产品的市场反馈分析等项目，通过具体问题向读者直观地展示了利用机器学习方法解决红酒智能工厂全流程问题的详细步骤，以及利用 Python 程序设计语言快速应用机器学习方法解决人工智能问题的具体过程，力争使读者在有限的时间内快速掌握每种机器学习方法适合解决的人工智能问题。通过在项目中使用立德树人根本任务融入专业课程的“四融入”方法，巧妙地实现三全育人。同时，也提供了一些机器学习的理论分析和推导过程，使对机器学习理论有兴趣的读者能够对相关知识有初步的认识和掌握，为读者进行更深层次的机器学习打下了良好的基础。

本书以全流程项目化、立德树人为特点：

1. 融入 1 + X 教学内容，基于百度计算机视觉 1 + X 证书考核点，实现课证融通。
2. 以智能工厂业务全流程为特色，用全流程项目贯穿整本书。
3. 具有如下育人特色。

（1）育人内容融入专业课程的“四融入”方法，见表 1。

**表 1　育人内容融入专业课程的“四融入”方法**

| 融入方法 | 含义 | 育人内容举例 |
| --- | --- | --- |
| 引申提炼法 | 在专业知识点教学中，提炼并引申出隐含其中的三全育人元素 | • 介绍钟南山院士和李兰娟院士最美逆行者等内容，进行社会主义价值观、辩证法、职业素养、职业道德“点睛”<br>• 在介绍火神山医院奇迹时，传递核心意识、团队协作及中国精神 |
| 案例渗透法 | 在教学中选取蕴含三全育人元素的案例，实现专业学习与教育的有机融合 | • 介绍软件技术的现状与发展时，可播放《命运与共》《科研战“疫”》《AI 能上阵 看这些新技术助力防疫复产》等纪录片，在了解前沿信息技术驱动国家经济创新发展的同时，激发学生的爱国情怀和民族自豪感 |

续表

| 融入方法 | 含义 | 育人内容举例 |
| --- | --- | --- |
| 专题嵌入法 | 在某部分教学内容中整体嵌入三全育人内容 | • 在学习“Python 程序编写规范”时，系统嵌入规范、自律意识教育：不以规矩，不能成方圆，要按规矩行事 |
| 体验探究法 | 通过参与某教学活动，潜移默化地养成相关素养 | • 在应用程序开发部分，通过程序的准确编写、对出现的错误的解决，帮助学生树立科学严谨、求真务实的工程素养及不断调试优化、精益求精的工匠精神 |

（2）育人矩阵见表2。

**表2　育人矩阵**

| 项目知识点 | 具体实例 | 案例主体 | 教学目标 |
| --- | --- | --- | --- |
| 项目1：机器学习认知 | 1. 人工智能历史与国内机器学习现状。<br>2. 中国智能抗疫，中国奇迹 | 1. 中国人工智能方面的重大科技成果。<br>2. 中国抗疫重大成绩——中国奇迹 | 1. 爱国：坚定民族自豪感与四个自信；激发学生“振兴中华”的历史使命感，学习我国科学家聚焦前沿、迎难而上、潜心钻研的科学精神。<br>2. 爱党，爱国，爱人民：只有在中国共产党的领导下才能取得抗疫的中国奇迹；体现中国特色社会主义制度优势；始终要求把保障人民生命安全和身体健康放在抗疫第一位 |
| 项目2：开发环境的认知与搭建 | 1. Anaconda 分组安装、环境搭建与调试。<br>2. 在 Anaconda 中编写、调试 Python 程序。<br>3. 掌握 Python 基本语法。<br>4. “天天向上的力量”程序编写 | 1. 小组程序的安装及调试。<br>2. 寻找《最美逆行者》歌曲。<br>3. 将歌曲嵌入 Python 程序中，并在 Anaconda 中调试运行。<br>4. “天天向上”的来源、意义 | 1. 爱集体：团队协作、互助友爱。<br>2. 爱党，爱国，爱人民：只有在中国共产党的领导下才能取得抗疫的中国奇迹；学习抗疫中涌现的典型平凡英雄人物；毛主席对青年提出“好好学习，天天向上”。<br>3. 劳动教育：掌握劳动技能，养成一丝不苟、精益求精的劳动习惯。<br>4. 遵纪守法：遵守编程规范和语法规则，养成遵纪守法的公民意识 |

续表

| 项目知识点 | 具体实例 | 案例主体 | 教学目标 |
| --- | --- | --- | --- |
| 项目3：红酒的分类 | 1. 独立完成程序编写基本函数、数据类型、控制结构、可视化等。<br>2. 熟练使用数据集进行基本操作。<br>3. 熟练使用KNN算法实现数据分类 | 1. 独立、正确（遵守相关编程规则）地完成课堂练习及课后作业。<br>2.《中国酒业“十四五”发展指导意见》及红酒产业发展现状。<br>3. 中国红酒文化 | 1. 诚实守信：强调爱国守法是社会主义公民基本道德规范，自觉地学法、懂法、用法、守法和护法。<br>2. 爱党：党的脱贫攻坚战与乡村振兴伟大成果。<br>3. 爱国：中国悠久的红酒产业及文化。<br>4. 职业素养：规范、严谨。<br>5. 劳动教育：尊重他人劳动成果 |
| 项目4：红酒数据的爬取与分析 | 1. 独立完成Requests等库函数的安装。<br>2. 爬取“十四五”规划文件资料 | 1. 独立完成库函数安装及环境调试。<br>2. 了解“十四五”国家发展规划。<br>3. 编写爬取“十四五”规划公开文件的代码 | 1. 诚实守信：通过遵守程序编写规范来强调爱国守法是社会主义公民基本道德规范，强调不用爬虫程序盗窃国家机密及商业机密。<br>2. 爱党，爱国，爱人民：通过学习脱贫攻坚战，了解全面建成小康社会脱贫攻坚的重大胜利 |
| 项目5：运用线性模型分析红酒的质量 | 1. 独立搭建和选择相应线性模型。<br>2. 数据集的异常值处理。<br>3. 熟练使用箱线图和直方图实现数据结果可视化 | 1. 独立搭建和调试线性模型。<br>2. 通过线性模型超参的不断调整与迭代，培养精益求精的工匠精神。<br>3. 线性模型预测疫情确诊人数，专业助力疫情的精准防控 | 1. 诚实守信：通过遵守程序编写规范和独立完成任务，强调质量至上和信誉为本的企业诚实经营理念。<br>2. 爱国，爱党，爱人民：学习党和国家关于人民至上、生命至上的防疫政策。<br>3. 爱集体：通过专业知识在精准抗疫方面的应用，增强专业归属和集体归属感。<br>4. 职业素养：通过质量预测，培养学生的质量意识 |

续表

| 项目知识点 | 具体实例 | 案例主体 | 教学目标 |
|---|---|---|---|
| 项目6：智能红酒工厂残次品的预测 | 1. 利用贝叶斯算法预测红酒残次品。<br>2. 多轮核酸检测的必要性——贝叶斯算法的应用 | 1. 了解疫情对人民生命安全的危害。<br>2. 智能化手段在中国抗疫中的应用。<br>3. 独立完成程序编写。<br>4. 小组互助程序调试 | 1. 爱党，爱国，爱人民：了解每天疫情增长情况和党领导人民进行的抗疫斗争。<br>2. 培养学生的创新意识，提高思维创新能力。<br>3. 培养学生团队协作的能力和集体意识。<br>4. 职业精神：树立学生零缺陷的职业精神 |
| 项目7：红酒质量评分的预测 | 1. 决策树及随机森林的模型构建。<br>2. 使用模型对影响红酒质量的因素进行分析预测 | 1. 我国在红酒获奖方面取得的成绩。<br>2. 智能化手段在红酒质量分析方面的使用。<br>3. 独立完成程序编写。<br>4. 细节影响质量的评价与评分 | 1. 关心我国红酒产业的发展现状。<br>2. 培养学生的创新意识，提高思维创新能力。<br>3. 培养学生团队协作的能力和集体意识。<br>4. 职业精神：培养学生关注细节的职业精神 |
| 项目8：智能工厂的远程运维与故障诊断 | 1. 熟悉远程运维系统的设计方案及系统架构。<br>2. 基于机器学习、深度学习的故障类型检测算法模型 | 1. 熟知智能工厂的概念及江苏省“智能化改造和数字化转型”的政策与途径。<br>2. 使用智能化手段分析和预测数字控制机床 CNC 设备的故障类型。<br>3. 熟知设备缺陷对红酒产品质量的影响 | 1. 爱党，爱国：关心党的二十大报告中关于数字中国、制造强国的论述。<br>2. 培养学生的创新意识，提高思维创新能力。<br>3. 职业精神：培养学生关注细节和精益求精的职业精神与工匠精神 |

**续表**

| 项目知识点 | 具体实例 | 案例主体 | 教学目标 |
| --- | --- | --- | --- |
| 项目9：红酒产品市场反馈的分析 | 1. 对文本数据进行特征提取。<br>2. 使用词袋模型、tf－idf模型处理文本数据。<br>3. 使用LinearSVC模型对文本的情感倾向进行判定 | 1. 我国在电子商务方面取得的成绩。<br>2. 智能化营销手段在红酒质量客服方面的使用。<br>3. 独立完成程序编写。<br>4. 小组互助程序调试 | 1. 关心我国红酒产业的发展现状和中国电商多方面位居第一的成绩。<br>2. 培养学生的创新意识，提高思维创新能力。<br>3. 培养学生团队协作的能力和集体意识 |

为了将书中的教学内容以多种形式呈现给广大师生，编写组制定了课程标准，制作了多媒体课件和讲解视频，形成了一套完整的教学资源。有需要的教师和学生可参阅职教云https://user.icve.com.cn/patch/zhzj/projectStatistics_showCourse.action?courseId=f08d9491b47241a0848f5360e6c3fa73&token=azBWTkFFWCUyRktZcDYlMkZ3Q0t4VzdPOEElM0QlM0Q=。

本书由常州机电职业技术学院信息工程学院杨保华、黄慷明担任主编，人工智能产业学院王福章、徐帅东、江苏大备智能科技有限公司王志骋和江苏新华禹测控技术有限公司总经理果红军担任副主编，信息工程学院杨建新、曹帅及人工智能产业学院孔丹丹、张伟等参编，全书由信息工程学院楼竞院长担任主审。

由于作者水平有限，书中难免存在疏漏和不足之处，恳请读者批评指正。

编　者

# 目录

项目 1　机器学习认知 …… 1
任务 1　机器学习与《新一代人工智能发展规划》政策 …… 1
任务 2　分辨红酒是否中国生产 …… 8
任务 3　构建泛化精度高的分辨国产红酒质量好坏的模型 …… 11
小结 …… 13
学习测评 …… 14
习题 …… 15
项目 2　开发环境的认知与搭建 …… 16
任务 1　Anaconda 认知与搭建 …… 16
任务 2　Python 程序在 Anaconda 中的运行 …… 30
小结 …… 35
学习测评 …… 36
习题 …… 38
项目 3　红酒的分类 …… 39
任务 1　认知 KNN 算法 …… 39
任务 2　红酒的分类 …… 44
小结 …… 57
学习测评 …… 57
习题 …… 59
项目 4　红酒数据的爬取与分析 …… 61
任务 1　爬取“十四五”相关政策 …… 61
任务 2　使用 Matplotlib 绘制奥运五环 …… 71
任务 3　爬取酒仙网的红酒销售数据并绘制散点图 …… 73
任务 4　爬取红酒相关文章并进行分词和关键词提取 …… 88
小结 …… 96

学习测评 …… 96
习题 …… 98
项目 5　运用线性模型分析红酒的质量 …… 99
任务 1　线性模型的认知与搭建 …… 99
任务 2　使用线性模型对红酒质量进行评分 …… 108
小结 …… 124
学习测评 …… 124
习题 …… 126
项目 6　智能红酒工厂残次品的预测 …… 127
任务 1　中高风险地区多轮核酸检测的必要性——贝叶斯定理在实际生活中的应用 …… 127
任务 2　认知朴素贝叶斯算法 …… 131
任务 3　使用朴素贝叶斯模型预测红酒残次品 …… 140
小结 …… 146
学习测评 …… 146
习题 …… 148
项目 7　红酒质量评分的预测 …… 149
任务 1　认知决策树 …… 149
任务 2　搭建决策树模型 …… 150
任务 3　使用随机森林模型预测红酒评分 …… 158
小结 …… 161
学习测评 …… 162
习题 …… 163
项目 8　智能工厂的远程运维与故障诊断 …… 165
任务 1　了解“十四五”相关政策中工业互联网以及深度学习的基本概念 …… 165
任务 2　红酒生产设备故障类型预测 …… 171
任务 3　基于卷积神经网络的红酒生产设备钢面缺陷检测 …… 185
小结 …… 199
学习测评 …… 199
习题 …… 201
项目 9　红酒产品市场反馈的分析 …… 202
任务 1　文本数据的特征提取及词袋模型 …… 202
任务 2　使用 tf－idf 模型对文本数据进行处理 …… 205
任务 3　删除文本中的停用词 …… 211
小结 …… 214
学习测评 …… 215
习题 …… 217
参考文献 …… 218

# 项目1 机器学习认知

## 项目目标

（1）了解机器学习的发展进程，对机器学习有初步的认识，了解机器学习常见的应用场景。

（2）能正确区分有监督学习、无监督学习，以及监督学习中的分类与回归。

（3）理解模型泛化、过拟合与欠拟合三种状态。

## 项目任务

认识到机器学习和人工智能的概念与关系，了解其发展过程，以及机器学习目前的应用场景。理解监督学习中的分类与回归、模型的三种状态。

## 任务1 机器学习与《新一代人工智能发展规划》政策

### 1.1 任务目标

（1）了解机器学习的发展进程，对机器学习有初步的认识。

（2）寻找身边机器学习常见的应用场景。

### 1.2 任务内容

了解人工智能与机器学习的联系，寻找身边机器学习算法的应用场景以及在各行业、各企业中的应用。

### 1.3 任务步骤

#### 1. 机器学习与人工智能

机器学习与人工智能

2017年7月8日，经中央政治局常委会、国务院常务会议审议通过，国务院印发了《新一代人工智能发展规划》。这是我国科技发展史上的一件大事，也是科技部贯彻落实全国科技创新精神的又一次有力的具体行动。

机器学习（Machine Learning，ML）是人工智能的一个分支，是一种通过找出数据里隐藏的模式进而做出预测的识别模式结合技术和算法。机器学习是实现人工智能的一个途径，即以机器学习为手段解决人工智能中的问题。

机器学习还是一门多领域交叉学科，涉及概率论、统计学、逼近论、凸分析、算法复杂度理论等多门学科。其专门研究计算机怎样模拟或实现人类的学习行为，以获取新的知识或技能，重新组织已有的知识结构，使之不断改善自身的性能。

著名学者、1975 年图灵奖获得者、1978 年诺贝尔经济学奖获得者赫伯特·西蒙（Herbert Simon）教授曾对“学习”下过一个定义：如果一个系统能够通过执行某个过程，就此改进它的性能，那么这个过程就是学习。在西蒙看来，学习的核心目的就是改善性能。其实对于人而言，这个定义也是适用的。如果仅仅进行低层次的重复性学习，而没有达到认知升级的目的，那么即使表面看起来非常勤奋，其实也仅仅是一个“伪学习者”，因为性能并没有得到改善。

在机器学习领域，我国的周志华教授获得 2020 年首届“CCF－ACM 人工智能奖”，以表彰他在面向多义性对象的机器学习理论与方法方面做出的原创性、引领性成果和杰出贡献，如图 1－1－1 所示。

图 1－1－1　周志华

以上这些定义都比较简单、抽象，但是随着对机器学习了解的深入，会发现，随着时间的变迁，机器学习的内涵和外延在不断变化。因为涉及的领域和应用很广，发展和变化也相当迅速，简单明了地给出“机器学习”这一概念的定义并不是那么容易。

普遍认为，机器学习的处理系统和算法主要是通过找出数据里隐藏的模式进而做出预测的识别模式，它是人工智能（Artificial Intelligence，AI）的一个重要子领域，而人工智能又与更广泛的数据挖掘（Data Mining，DM）和知识发现（Knowledge Discovery in Database，KDD）领域相交叉。为了更好地理解和区分人工智能、机器学习、数据挖掘、模式识别（Pattern Recognition）、统计（Statistics）、神经计算（Neuro Computing）、数据库（Databases）、知识发现等概念，特绘制其交叉关系，如图 1－1－2 所示。

## 2. 机器学习与传统编程方法的区别

如前面所言，机器学习是以数据为“原材料”的，无须显式编程就能表征出学习能力。自然地，机器学习算法的实现是需要编程的，但机器学习和传统的显式编程还是有明显不同的。在传统的编程范式中，通过编写程序，给定输入并计算，就会得到预期的结果。但机器学习不一样，它会在给定输入和预期结果的基础之上，经过计算（拟合数据）得到模型参数，这些模型参数反过来将构成程序中很重要的一部分。两者的差别如图 1－1－3 所示。

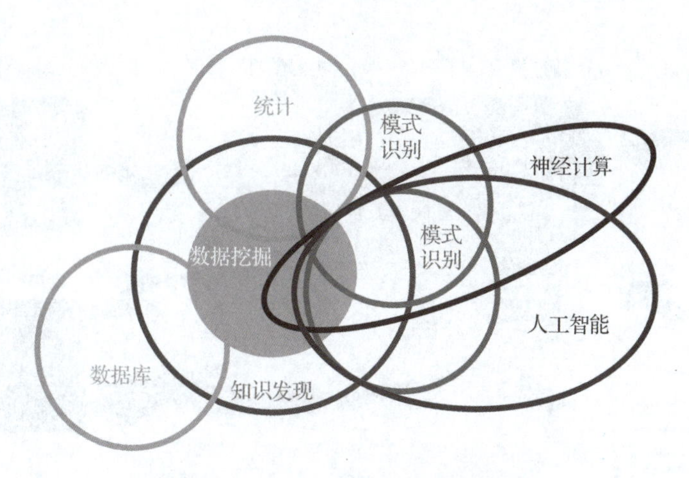


图1-1-2 人工智能相关学科关系图

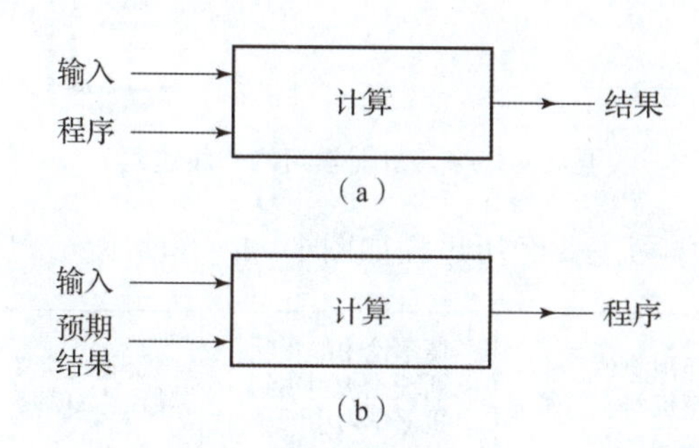


图1-1-3 传统编程与机器学习方法的区别

(a) 传统编程；(b) 机器学习

### 3. 机器学习的一般过程

机器学习是一门多领域交叉学科，涉及概率论、统计学、逼近论、凸分析、算法复杂度理论等多门学科。专门研究计算机怎样模拟或实现人类的学习行为，以获取新的知识或技能，重新组织已有的知识结构，使之不断改善自身的性能。机器学习的一般过程如图1-1-4所示简单表示。

### 4. 机器学习发展进程

在机器学习发展的历史长河中，众多优秀的学者为推动机器学习的发展做出了巨大的贡献。从1642年Pascal发明手摇式计算机，到1949年Donald Hebb提出的赫布理论——解释学习过程中大脑神经元所发生的变化，都蕴含着机器学习思想的萌芽。事实上，1950年图灵在关于图灵测试中就已提及机器学习的概念。到了1952年，IBM的亚瑟·塞缪尔（Arthur Samuel，被誉为“机器学习之父”）设计了一款可以学习的西洋跳棋程序。它能够通过观察棋子的走位来构建新的模型，用来提高自己的下棋技巧。塞缪尔和这个程序进行多场对弈后发现，随着时间的推移，程序的棋艺变得越来越好。塞缪尔用这个程序推翻了以往“机器无法超越人类，不能像人一样写代码和学习”这一传统认识，并在1956年正式提出了“机器学习”这一概念。他认为“机器学习是在不直接针对问题进行编程的情况下，赋予计算机学习能力的一个研究领域”。

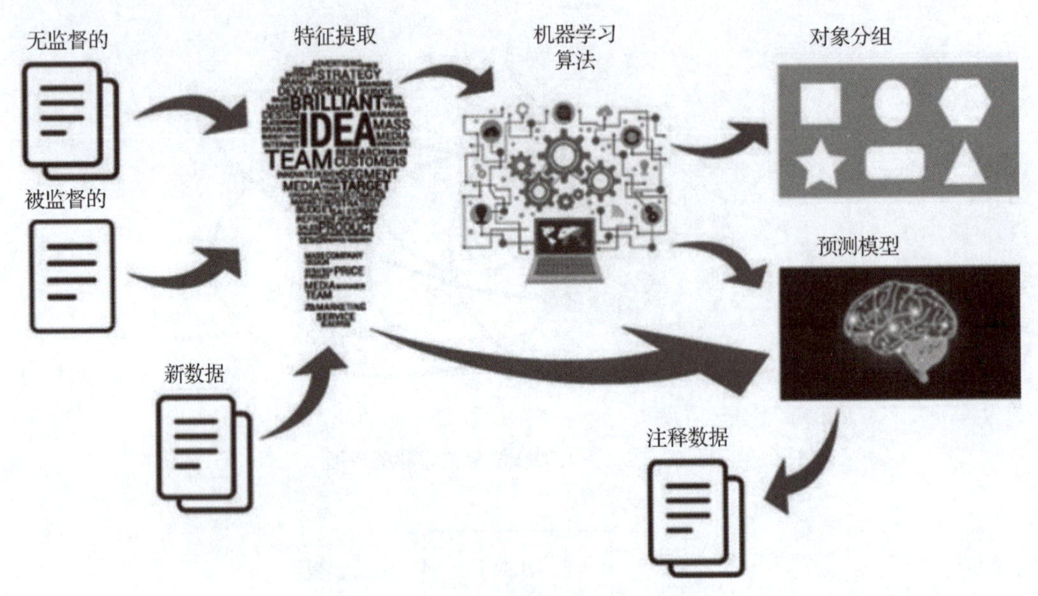


图 1-1-4　机器学习的一般过程

以时间为主轴，机器学习主要经历过程如图 1-1-5 所示。

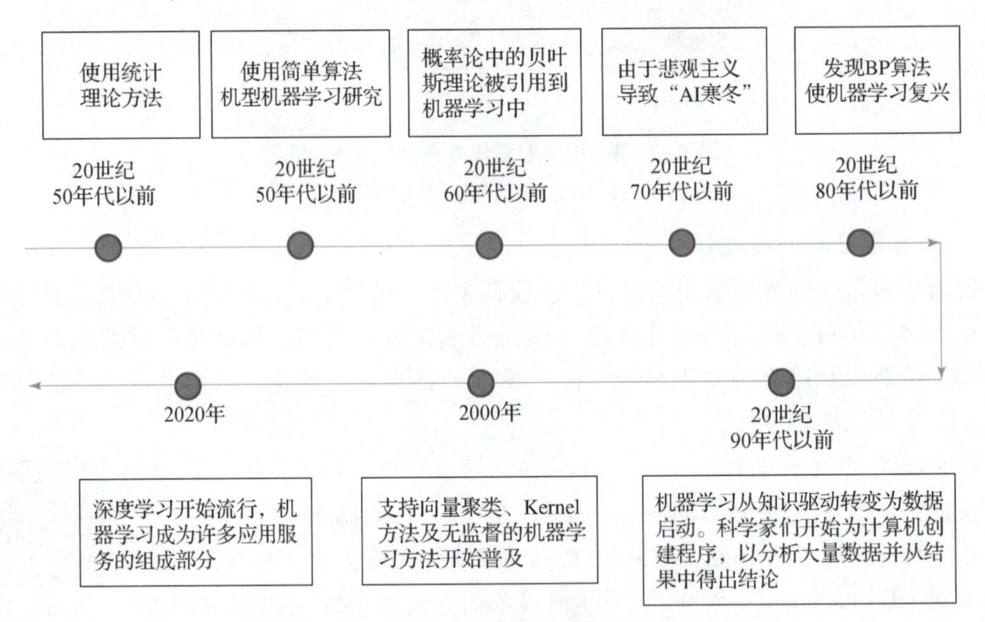


图 1-1-5　机器学习发展历史

机器学习早在 20 世纪 50 年代就被发现并进行应用，但是随后并没有进入高速发展时期，而是进入了长达半个世纪之久的“沉寂”，直到 2010 年之后才开始飞速发展。特别是在 2015 年，由 Google 旗下 DeepMind 公司戴密斯 · 哈萨比斯领衔的团队开发的阿尔法围棋，成为第一个击败人类职业围棋选手、第一个战胜围棋世界冠军的人工智能机器人。其主要工作原理是“深度学习”，其成功使得“深度学习”概念深入人心，并在机器学习的更广泛领域得到了应用。

### 5. 我国机器学习领域的发展

机器学习领域现在已经深入日常生活中，常用的打车软件、手机支付软件等都可以见到其身影。

在一些专业场景下，机器学习也是大放光彩。基于机器学习技术的自动驾驶技术、无人飞机、智能工厂正在改变着人们的生活。

2020 年 7 月 23 日 12 时 41 分，在我国文昌航天发射场，“长征五号”遥四运载火箭发射升空。5 月 17 日，“祝融号”火星车首次通过环绕器传回遥测数据。5 月 22 日 10 时 40 分，“祝融号”火星车已安全驶离着陆平台，到达火星表面，开始巡视探测，如图 1-1-6 所示。6 月 11 日，“天问一号”探测器着陆火星首批科学影像图公布。在“祝融号”火星车上，能看到各种机器学习技术的身影。

图 1-1-6 “祝融号”火星车

### 6. 机器学习的三个步骤

所谓机器学习，在形式上近似于，在数据对象中通过统计或推理的方法，寻找一个有关特定输入和预期输出的功能函数 $f$（图 1-1-7）。通常把输入变量（特征）空间记作大写的 $X$，而把输出变量空间记作大写的 $Y$。那么所谓的机器学习，在形式上就近似于 $Y \approx f(X)$。

在这样的函数中，针对语音识别功能，如果输入一个音频信号，那么这个函数 $f$ 就能输出诸如“你好”“How are you?”这类识别信息。针对图片识别功能，如果输入的是一张图片，在这个函数的加工下，就能输出（或识别出）一个或猫或狗的判定。针对下棋博弈功能，如果输入的是一个围棋的棋谱局势，就能输出这局棋的下一步“最佳”走法。

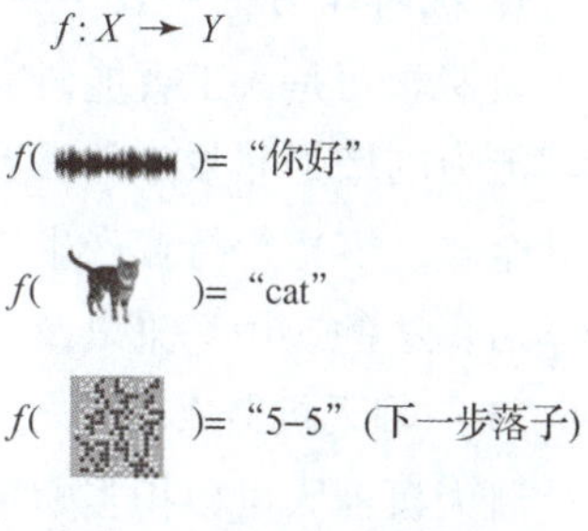

$f: X \rightarrow Y$

f(  )= “你好”

f(  )= “cat”

f(  )= “5-5”（下一步落子）

图 1-1-7 机器学习好比寻找一个最优的函数

而对于具备智能交互功能的系统（比如微软的小冰），当给这个函数输入如“How are you?”这样的语句，它就能输出如“I am fine, thank you.”这样的智能回应。每个具体的输入都是一个实例（instance），它通常由特征向量（feature vector）构成。在这里，所有特征向量存在的空间称为特征空间（feature space），特征空间的每一个维度对应实例的一个特征。

但问题来了，这样“好用的”函数并不那么好找。在输入猫的图片后，这个函数并不一定就能输出“这是一只猫”，它可能会错误地输出这是一只狗或这是一条蛇。这样一来，就需要构建一个评估体系来辨别函数的好赖。当然，这中间自然需要通过训练数据（training data）来“培养”函数的好品质。

前面提到，学习的核心就是改善性能。图 1－1－8 展示了机器学习的三个步骤，通过训练数据，把 $f_1$ 改善为 $f_2$，即使 $f_2$ 中仍然存在分类错误，但相比于 $f_1$ 的全部出错，它的性能（分类的准确度）还是提高了，这就是学习。

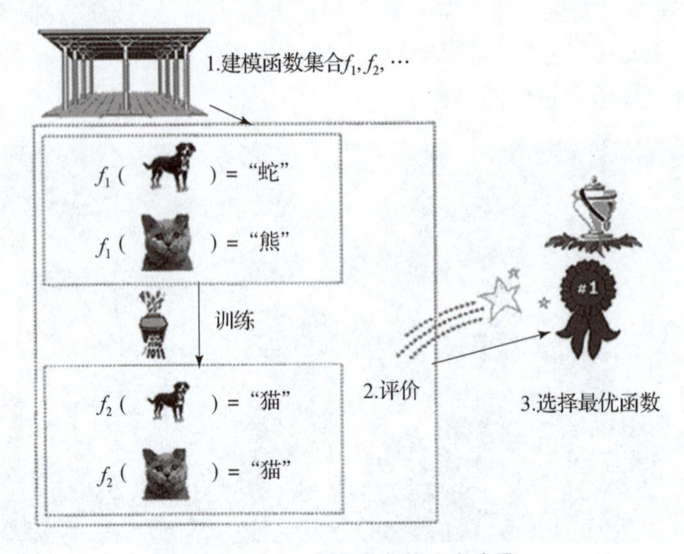


**图 1－1－8　机器学期的 3 个步骤**

具体来说，机器学习要想做得好，需要走好三大步：

➢ 如何找到一系列的函数来实现预期功能——这是一个建模问题。

➢ 如何找到一系列的评价标准来评价函数的好坏——这是一个评价问题。

➢ 如何快速找到性能最优的函数——这是一个优化问题。

### 7. 机器学习的一些应用场景

机器学习是人工智能研究的核心内容，它的应用已遍及人工智能的各个分支，随着机器学习能力的增强和技术的发展，其应用前景也十分广泛。近年来，机器学习与自动驾驶、制造、金融、零售等行业产生更为紧密的融合，并开始实现大规模的商业应用。下面将介绍机器学习算法的应用场景以及在各行业、企业中的应用。

（1）聊天机器人

聊天机器人可以担当财务顾问，成为个人财务指南，可以跟踪开支，提供从财产投资到新车消费方面的建议，如图 1－1－9 所示。财务机器人还可以把复杂的金融术语转换成通俗易懂的语言，更易于沟通。一家名为 Kasisto 的公司的聊天机器人就能处理各种客户请求，如客户通知、转账、支票存款、查询、常见问题解答与搜索、内容分发渠道、客户支持、优惠提醒等。通过长期记录用户的可扣除费用，还能提供潜在节流账单。

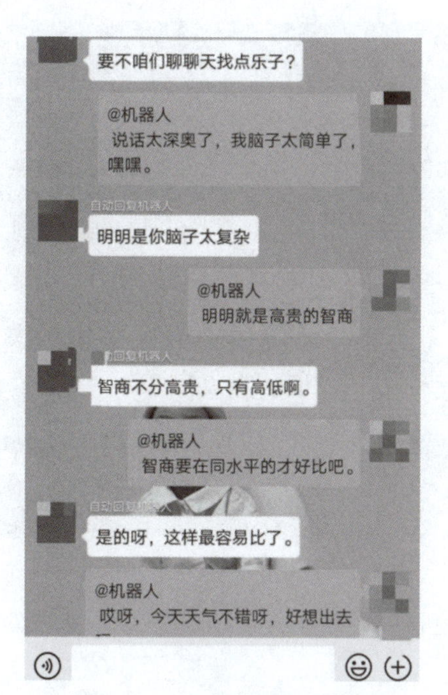


图1-1-9 智能聊天机器人

（2）新闻推荐

随着近年来互联网的飞速发展，个性化推荐已成为各大主流网站的一项必不可少服务。提供各类新闻的门户网站是互联网上的传统服务，但是与当今蓬勃发展的电子商务网站相比，新闻的个性化推荐服务水平仍存在较大差距。一个互联网用户可能不会在线购物，但是绝大部分的互联网用户都会在线阅读新闻。因此，资讯类网站的用户覆盖面更广，如果能够更好地挖掘用户的潜在兴趣并进行相应的新闻推荐，就能够产生更大的社会价值和经济价值。初步研究发现，同一个用户浏览的不同新闻的内容之间会存在一定的相似性和关联，物理世界完全不相关的用户也有可能拥有类似的新闻浏览兴趣。此外，用户浏览新闻的兴趣也会随着时间变化，这给推荐系统带来了新的机会和挑战。

（3）银行卡信息识别

银行卡信息识别应用的是机器学习中的OCR（Optical Character Recognition，光学字符识别）技术。使用手机对银行卡拍照，就可以返回银行卡原件上的银行卡卡号、有效日期、发卡行、卡片类型（借记卡或信用卡）、持卡人姓名（限信用卡）等信息，可以省去用户手动录入的过程。

（4）自动驾驶技术

在自动驾驶汽车上，机器学习算法的一个主要任务是持续渲染周围的环境，以及预测可能发生的变化，场景图如图1-1-10所示。这些任务可以分为4个子任务：目标检测、目标识别或分类、目标定位、运动预测。机器学习算法可以简单地分为四类：决策矩阵算法、聚类算法、模式识别算法和回归算法。可以利用一类机器学习算法来完成两个以上子任务。例如，回归算法能够用于物体定位和目标识别或者是运动预测。

图 1-1-10　自动驾驶实时路况监控

以上四个应用场景只是机器学习算法在各行业、各企业中的冰山一角，还有更多的应用就在你我的身边。

## 任务 2　分辨红酒是否中国生产

### 2.1　任务目标

（1）了解有监督学习、无监督学习和强化学习的概念。

（2）正确认识有监督学习中的分类问题和回归问题。

### 2.2　任务内容

通过监督学习来分辨样本是否是国产红酒，通过红酒市场中的客户偏好和价格预测不同标签来进行问题区分。

### 2.3　任务步骤

#### 1. 机器学习分类

机器学习分类

机器学习算法可以按照不同的标准来进行分类。比如按函数 $f(x,\theta)$ 的不同，机器学习算法可以分为线性模型和非线性模型；按照学习准则的不同，机器学习算法也可以分为统计方法和非统计方法。但一般来说，按照训练样本提供的信息以及反馈方式的不同将机器学习为三类：有监督学习、无监督学习、强化学习，如图 1-2-1 所示，下面分别进行介绍。

#### 2. 有监督学习

有监督学习（Supervised Learning）从有标签的训练数据中学习模型，然后对某个给定的新数据利用模型预测它的标签，并依此模式推测新的实例。数据集由输入物件（通常是向量）和预期输出所组成。函数的输出可以是一个连续的值，或是预测一个分类标签。一个有监督学习的任务在观察完一些事先标记过的训练范例（输入和预期输出）后，去预测这个函数对任何可能出现的输入的输出，如图 1-2-2 所示。

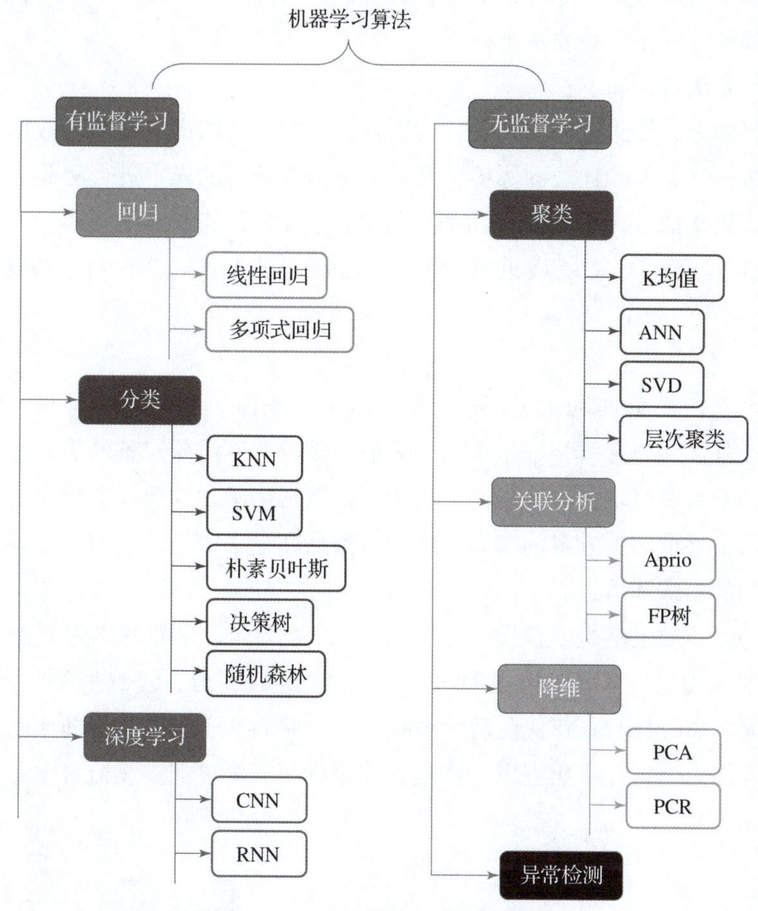


图 1-2-1　机器学习算法分类

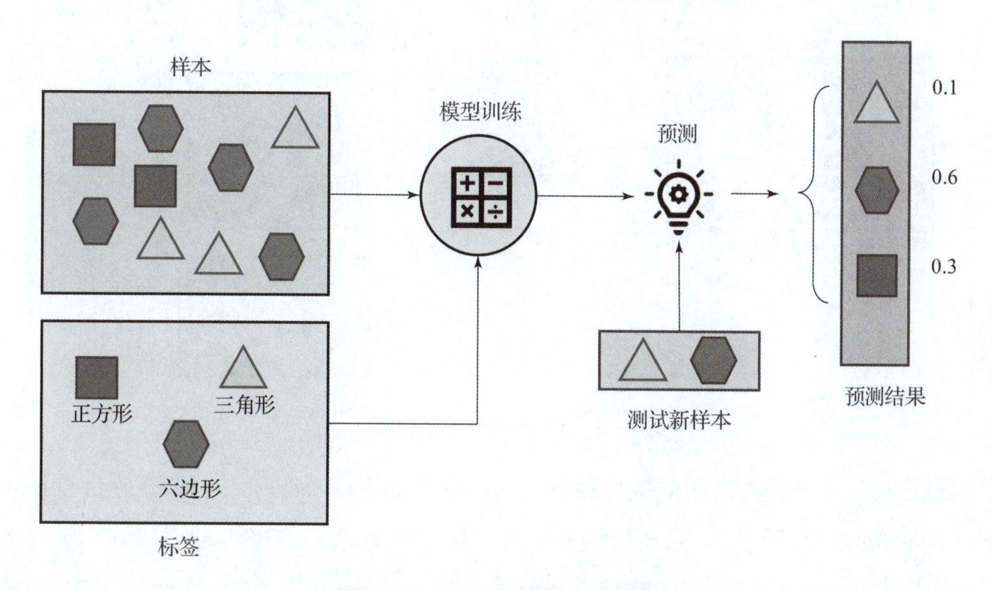


图 1-2-2　有监督学习的算法过程

**案例**：现在中国海关拦截了一批红酒，需要分辨出里面哪些是国产红酒，哪些是进口红酒。该如何通过有监督学习的方法来分辨？

有监督学习算法过程如下：

通过有监督学习的算法过程图来看，需要寻找比较多的国产红酒样本数据，来进行模型训练，给这些数据打上国产红酒的标签，然后再把需要分辨的样本进行测验。通过有监督学习的方法能很大概率地进行正确的“预测”分类。

常见的监督学习算法有 K 最近邻（K – Nearest Neighbors，KNN）、决策树（Decision Trees）、朴素贝叶斯（Naïve Bayesian）等。

### 3. 无监督学习

无监督学习（Unsupervised Learning）没有给定事先标记过的训练示例，自动对输入的数据进行分类或分群。与有监督学习不同，无监督学习并不需要完整的输入输出数据集，并且系统的输出经常是不确定的，它主要被用于探索数据中隐含的模式和分布。无监督学习具有解读数据并从中寻求解决方案的能力，通过将数据和算法输入机器中，将能发现一些用其他方法无法见到的模式和信息。

无监督学习，本质上就是“聚类”（Cluster）的近义词。聚类的思想起源非常早，在中国最早可追溯到《周易 · 系辞上》中的“方以类聚，物以群分，吉凶生矣”。但真正意义上的聚类算法却是在 20 世纪 50 年代前后才被提出的。原因在于聚类算法的成功与否高度依赖于数据量和计算能力，计算机出现以后才使无监督学习成为可能。无监督学习算法的过程如图 1 – 2 – 3 所示。

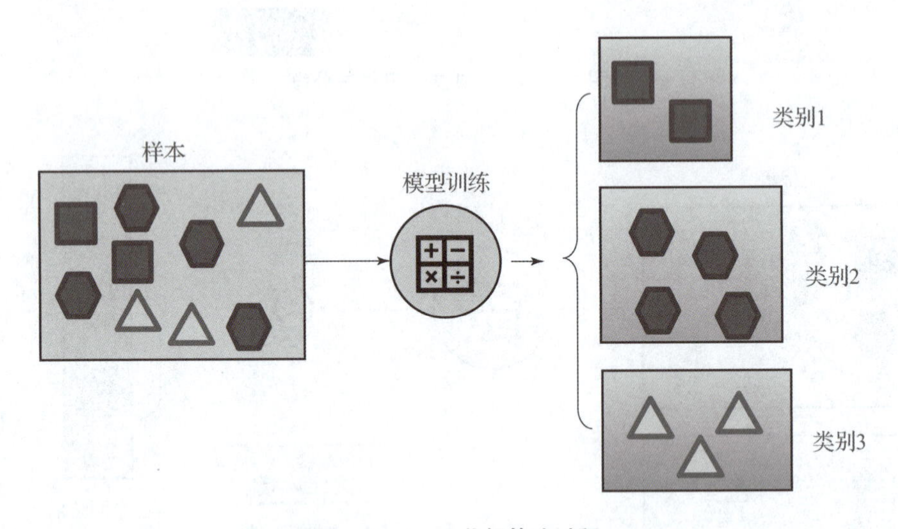


**图 1 – 2 – 3　无监督算法过程**

常见的无监督学习算法包括稀疏自编码（Sparse Auto – Encoder）、主成分分析（Principal Component Analysis，PCA）、K – Means 算法（K 均值算法）、DBSCAN 算法（Density – Based Spatial Clustering of Applications with Noise）、最大期望算法（Expectation – Maximization algorithm，EM）等。利用无监督学习可以解决的问题可以分为关联分析、聚类问题和

维度约减。

4. 强化学习

强化学习是一类特殊的机器学习算法，它借鉴于行为主义心理学。与有监督学习和无监督学习的目标不同，算法要解决的问题是智能体在环境中怎样执行动作，以获得最大的累计奖励。对于自动行驶的汽车，强化学习算法控制汽车的动作，保证安全行驶。智能体指强化学习算法，环境是类似车辆当前行驶状态（如速度）与路况这样的由若干参数构成的系统，奖励是期望得到的结果，如汽车正确地在路面上行驶而不发生事故。

很多控制、决策问题都可以抽象成这种模型。和有监督学习不同，这里没有标签值作为监督信号，系统只会给算法执行的动作一个评分反馈，反馈一般还具有延迟性，当前的动作所产生的后果在未来才会完全体现。另外，未来还具有随机性，例如下一个时刻路面上有哪些行人，车辆在运动是随机的而不是确定的。

5. 机器学习中的分类与回归

机器学习中的分类和回归

在有监督学习中，根据标签类型的不同，又可以将其分为分类问题和回归问题两类。

（1）分类

分类问题的目标是通过输入变量预测出这一样本所属的类别，例如，对于植物品种、客户年龄和偏好的预测问题都可以被归结为分类问题。这一领域中使用最多的模型便是支持向量机，用于生成线性分类的决策边界。

最简单的分类问题是二分类，也就是“yes or no”问题。例如，判断一种饮料是不是红酒，就是一个二分类问题。在二分类问题中，通常将其中一个类别称为正类，另一个类别就称为反类。当类别大于二的时候，就是多分类。比如想通过客户的偏好来预测他们对中国红酒的口味的需求就是一个多分类问题。

（2）回归

回归主要用于预测某一变量的实数取值，其输出的不是分类结果，而是一个连续的值。常见的例子包括红酒市场价格预测、降水量预测等。主要通过线性回归、多项式回归以及核方法等来构建回归模型。

## 任务3 构建泛化精度高的分辨国产红酒质量好坏的模型

### 3.1 任务目标

（1）了解泛化的概念。

（2）正确认知过拟合和欠拟合。

### 3.2 任务内容

构建泛化精度高的分辨国产红酒质量好坏的模型，同时考虑如何避免过拟合和欠拟合所带来的问题。

### 3.3 任务步骤

#### 1. 泛化的概念

为了找到最佳拟合，需要仔细训练模型，挑选合适的参数，使模型的预测达到预期。泛化（generalization）能力是指机器学习算法对新鲜样本的适应能力，简而言之，是在原有的数据集上添加新的数据集，通过训练输出一个合理的结果。如图 1－3－1 所示，样本、真实曲线、模型预测三者趋势一致，结果比较合理。学习的目的是学到隐含在数据背后的规律，对具有同一规律的学习集以外的数据，经过训练的网络也能给出合适的输出。

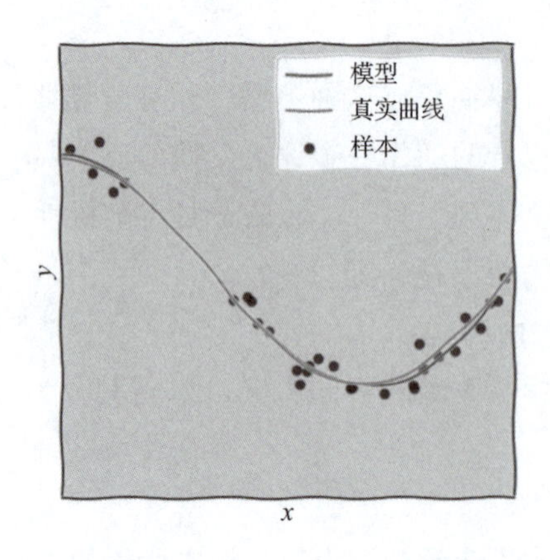


**图 1－3－1　模型拟合示意图**

#### 2. 过拟合的概念

如果模型过度拟合，这意味着有太多的参数需要通过实际的基础数据来证明其合理性，因此构建了一个过于复杂的模型。再次假设真实系统是一条抛物线，但使用了高阶多项式来拟合它。因为在用于拟合的数据中有自然噪声（与完美抛物线的偏差），所以，过于复杂的模型将这些波动和噪声视为系统的固有属性，并试图拟合它们。结果是得到了一个具有高方差的模型，这意味着模型的预测准确率降低，如图 1－3－2 所示。

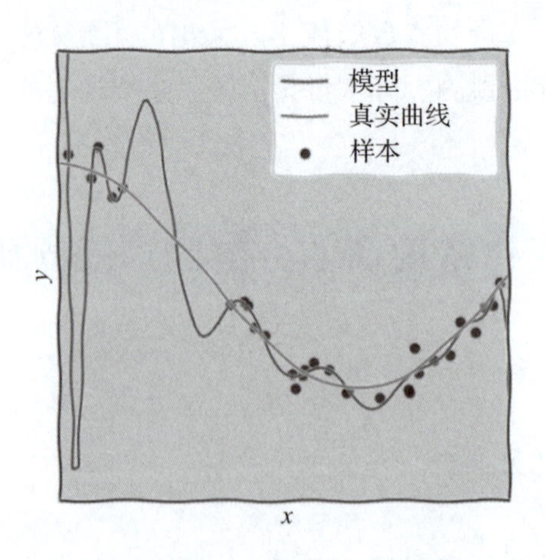


**图 1－3－2　模型过拟合示意图**

以国产红酒样本为例，一定要酒精浓度大于 11% 且小于 13% 才能成为好红酒，以这个特征作为参数，就会导致过拟合，使一些质量合格的国产红酒也被排除在外。这就是过拟合的问题。

### 3. 欠拟合的概念

如果模型欠拟合，意味着没有足够的参数来捕获数据底层趋势。例如，有一个分布符合抛物线函数的数据集，但试图用一个线性函数来拟合它，也就是说，这个函数只有一个参数，由于函数不具有拟合数据所需的复杂性（两个参数），因此，最终得到的预测变量很差，如图 1－3－3 所示。

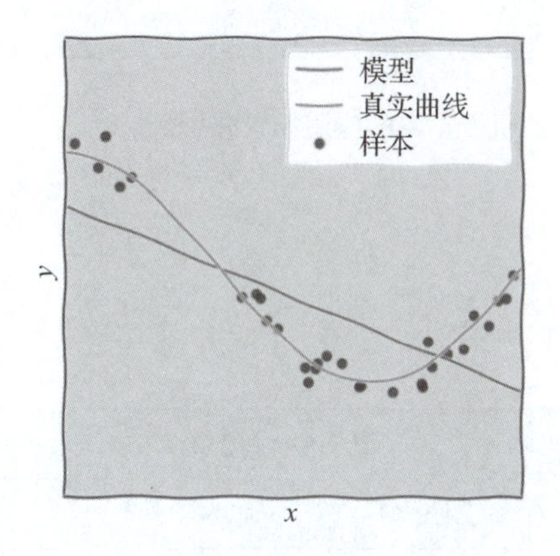


**图 1－3－3　模型欠拟合示意图**

以国产红酒样本为例，只提供了酒精浓度大于 11%、糖分为 5%、pH 为 3～4 三个特征参数，就会导致欠拟合，使一些质量不合格的国产红酒也被计算在内。这就是欠拟合的问题。

### 4. 挑选合适参数

目前提供红酒样本 10 000 个，要解决过拟合和欠拟合的问题，就需要挑选合适的参数来对数据集进行测试，通过非挥发性酸、挥发性酸、柠檬酸、剩余糖分、氯化物、游离二氧化硫、总二氧化硫、密度、pH、硫酸盐、酒精、质量这些参数，能比较全面、准确地捕获数据趋势，同时，也不会因为参数太多而导致模型过于复杂，以免降低预测准确率，后续的教材内容中会具体实现整个建立模型过程。

## 小结

本项目首先对朴素贝叶斯的基本概念进行了介绍，对贝叶斯定理进行了详细的推导。详细介绍了朴素贝叶斯算法的三种模型及 Python 代码实现过程。最后通过红酒残次品预测实战案例，演示了如何通过朴素贝叶斯算法对国内葡萄酒厂残次品进行预测。通过学习本项目内容，读者应该掌握并会应用朴素贝叶斯算法解决生活中的实际问题。

## 学习测评

### 1. 工作任务交办单

工作任务交办单

| 工作任务 | 寻找身边机器学习的应用场景 | | |
|---|---|---|---|
| 小组名称 | | 工作成员 | |
| 工作时间 | | 完成总时长 | |
| 工作任务描述 | | | |
| 通过观察和查询资料，寻找身边机器学习的应用场景并举例。 | | | |
| 任务执行记录 | | | |
| 序号 | 工作内容 | 完成情况 | 操作员 |
| | | | |
| | | | |
| | | | |
| | | | |
| | | | |
| | | | |
| | | | |
| | | | |
| | | | |
| 任务负责人小结 | | | |
| | | | |
| 上级验收评定 | | 验收人签名 | |

## 2. 工作任务评价表

工作任务评价表

<table>
<tr><td colspan="2">工作任务</td><td colspan="6">寻找身边机器学习的应用场景</td></tr>
<tr><td colspan="2">小组名称</td><td></td><td>工作成员</td><td colspan="4"></td></tr>
<tr><td colspan="2">项目</td><td colspan="2">评价依据</td><td>参考分值</td><td>自我评价</td><td>小组互评</td><td>教师评价</td></tr>
<tr><td colspan="2" rowspan="2">任务需求分析<br>（10%）</td><td colspan="2">任务明确</td><td>5</td><td></td><td></td><td></td></tr>
<tr><td colspan="2">解决方案思路清晰</td><td>5</td><td></td><td></td><td></td></tr>
<tr><td colspan="2" rowspan="2">任务实施准备<br>（20%）</td><td colspan="2">寻找机器学习的应用方向</td><td>10</td><td></td><td></td><td></td></tr>
<tr><td colspan="2">机器学习在该应用场景里的作用</td><td>10</td><td></td><td></td><td></td></tr>
<tr><td rowspan="4">任务<br>实施<br>（50%）</td><td rowspan="2">子任务 1</td><td colspan="2">机器学习在应用场景 1 里的作用</td><td>10</td><td></td><td></td><td></td></tr>
<tr><td colspan="2">机器学习在应用场景 1 里发挥作用的优势和成果</td><td>15</td><td></td><td></td><td></td></tr>
<tr><td rowspan="2">子任务 2</td><td colspan="2">机器学习在应用场景 2 里的作用</td><td>10</td><td></td><td></td><td></td></tr>
<tr><td colspan="2">机器学习在应用场景 2 里发挥作用的优势和成果</td><td>15</td><td></td><td></td><td></td></tr>
<tr><td colspan="2" rowspan="2">思政劳动素养<br>（20%）</td><td colspan="2">有理想、有规划，科学严谨的工作态度、精益求精的工匠精神</td><td>10</td><td></td><td></td><td></td></tr>
<tr><td colspan="2">良好的劳动态度、劳动习惯，团队协作精神，有效沟通，创造性劳动</td><td>10</td><td></td><td></td><td></td></tr>
<tr><td colspan="4">综合得分</td><td>100</td><td></td><td></td><td></td></tr>
<tr><td colspan="2">评价小组签字</td><td colspan="2"></td><td colspan="2">教师签字</td><td colspan="2"></td></tr>
</table>

## 习题

1. 机器学习对于国产红酒工厂的生产有哪些可以应用的发展方向？
2. 按照训练样本提供的信息以及反馈方式的不同，将机器学习为哪三类？
3. 机器学习研究什么问题？构建一个完整的机器学习算法需要哪些要素？
4. 可以生成新数据的模型是什么？请举出几个例子。
5. 有监督学习、半监督学习和无监督学习是什么？降维和聚类属于哪一种？

# 项目2

# 开发环境的认知与搭建

## 项目目标

（1）能正确安装 Annconda，熟知其基本环境搭建操作。

（2）熟知 Spyder 基本操作。

（3）熟知 Notebook 基本操作。

（4）能正确地在 Anaconda 中运行 Python 简单程序。

## 项目任务

Anaconda 的下载、安装与使用。

## 任务1 Anaconda 认知与搭建

Anaconda
认知与搭建

### 任务1.1 Anaconda 的下载与安装

**1.1 任务目标**

（1）正确认识、使用 Python 基本语法。

（2）使用 Anaconda 平台编写 Python 程序。

**1.2 任务内容**

Anaconda 下载、安装及 Python 程序在 Anaconda 中的运行。

**1.3 任务函数**

无。

**1.4 任务步骤**

Anaconda 是专注于数据分析的 Python 发行版本，包含了 Conda、Python 等 190 多个科学包及其依赖项。使用 Anaconda 的好处在于可以省去很多配置环境的步骤，省时省心又便于分析。

下载地址为 https://www. anaconda. com/download，如果从国外的网站下载不下来，可以用清华镜像下载，地址为 https://mirrors. tuna. tsinghua. edu. cn/anaconda/archive。

下载对应操作系统的 Anaconda 安装包，请注意安装最新版本 Anaconda3 –5. 3. 1。由于

Anaconda 自带 Python，因此，如果之前电脑里安装过 Python，一定要先卸载原有的 Python 再安装 Anaconda。安装在两个 Python 下的库不能共用，Python 的运行环境会混乱。保证电脑里只有一个 Python 可以免去很多麻烦。

下载好之后开始安装，整个安装过程耗时 13 min 左右（试验机型：联想 P17，操作系统：Windows 10），安装期间可能会弹出命令行窗口，不用对命令行进行操作，安装步骤如图 2－1－1～图 2－1－9 所示，共分为九个步骤完成。

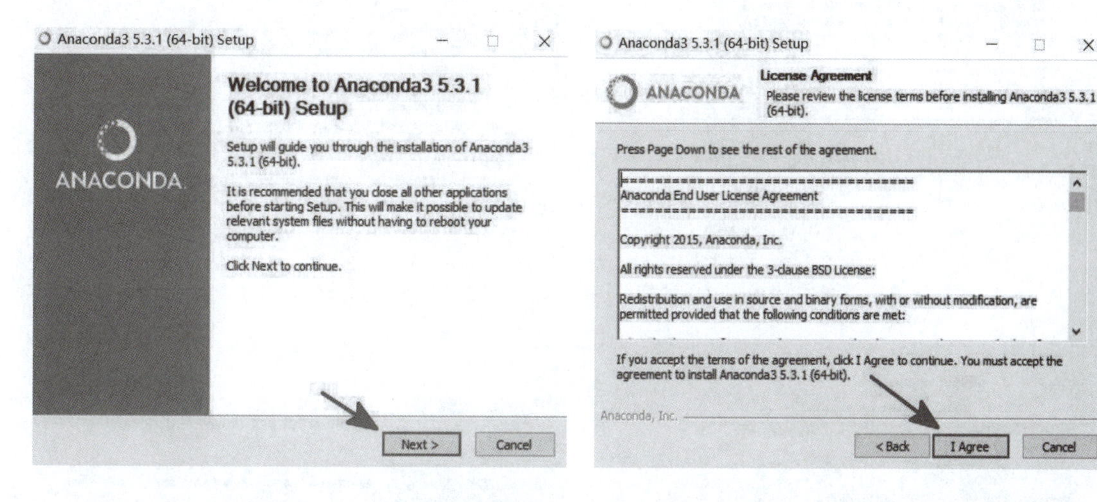


图 2－1－1　第一步：单击“Next”按钮

图 2－1－2　第二步：单击“I Agree”按钮

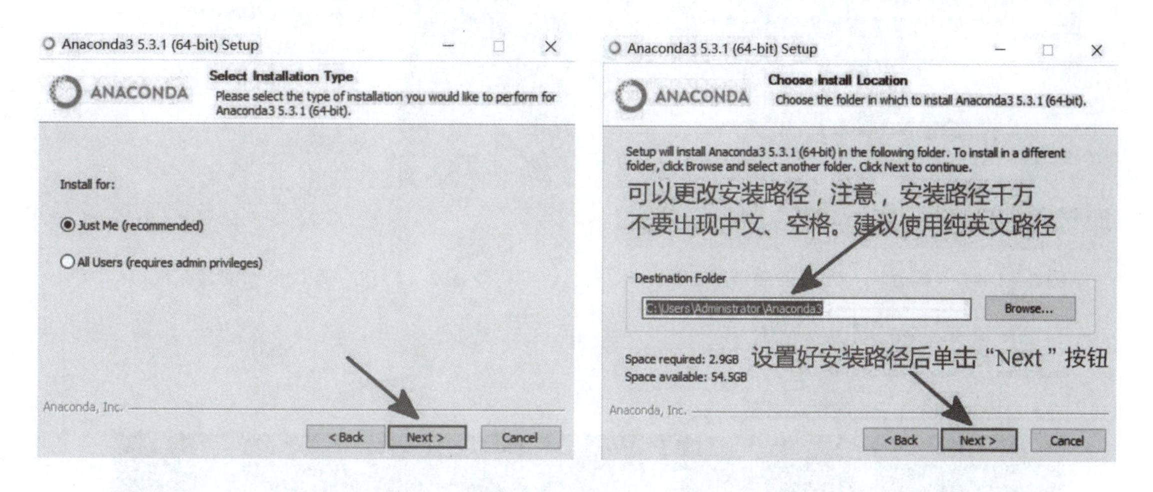


图 2－1－3　第三步：单击“Next”按钮

图 2－1－4　第四步：设置安装路径

检查安装完成：打开命令行窗口（按快捷键 Win＋R→输入“cmd”→按 Enter 键）输入“python”后按 Enter 键，从命令行进入 Python，出现 Python 版本及 Anaconda，表示安装成功。

安装结束后，在“开始”菜单栏中找到 Anaconda 文件夹，会发现相关应用：Anaconda Navigator、Anaconda Prompt、Jupyter Notebook、Spyder，可以找到这些应用的快捷方式，打开这些应用，如图 2－1－10 所示。

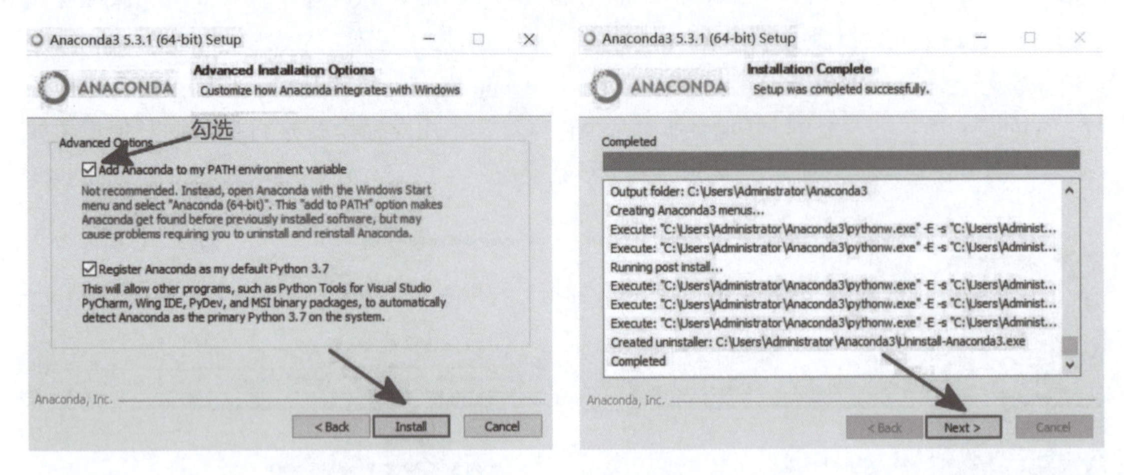


图 2-1-5　第五步：单击“Install”按钮

图 2-1-6　第六步：单击“Next”按钮

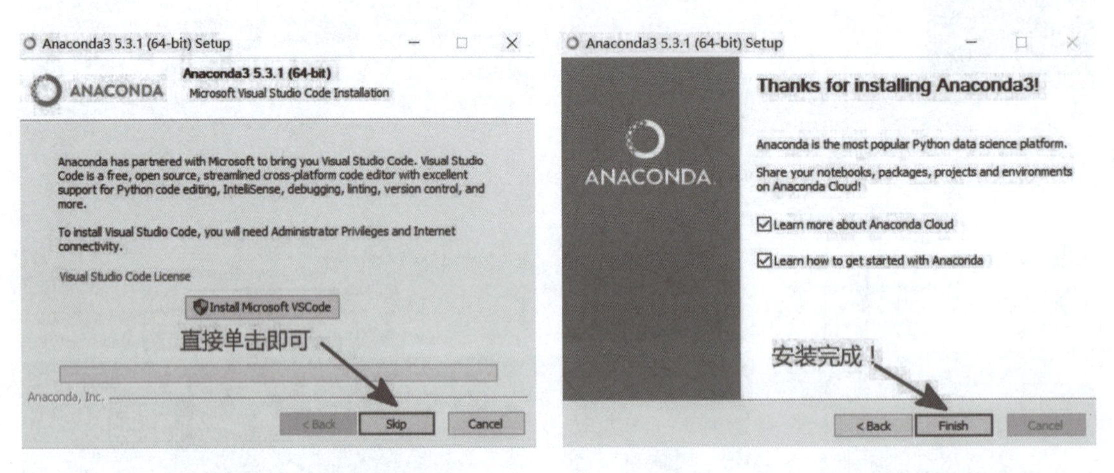


图 2-1-7　第七步：无须安装 VSCode，单击“Skip”按钮

图 2-1-8　第八步：安装完成

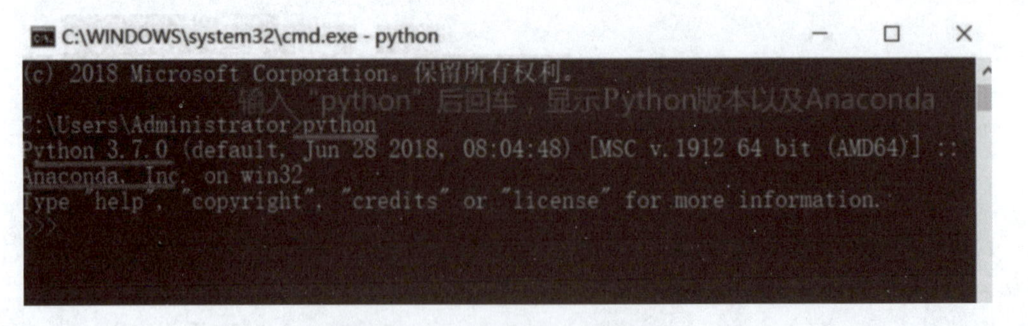


图 2-1-9　第九步：检查安装

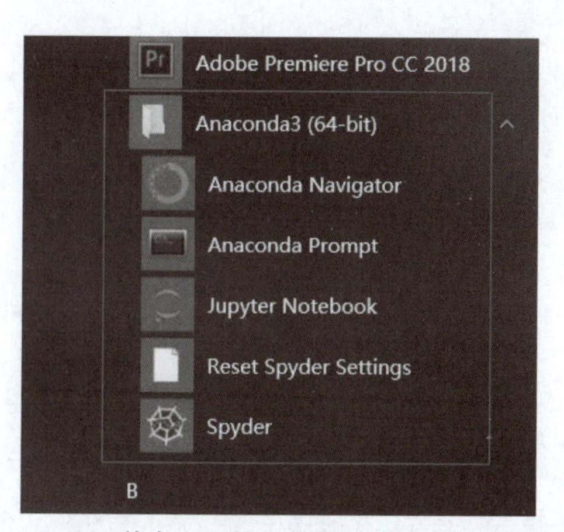


图2-1-10　单击“开始”按钮找到 Anaconda 文件夹

## 任务1.2　Spyder 基本操作

Spyder 的使用

### 1.1　任务目标

（1）正确认识、使用 Spyder 基本用法。

（2）使用 Spyder 编写 Python 程序。

### 1.2　任务内容

Python 程序在 Spyder 中的运行。

### 1.3　任务函数

print( ) 函数。

### 1.4　任务步骤

Spyder 是 Python 的集成开发环境。和其他的 Python 开发环境相比，它最大的优点就是模仿 MATLAB 的“工作空间”的功能，可以很方便地观察和修改数组的值。

常见操作的快捷键：新建、打开、保存、运行、最大化当前窗口、全屏、显示当前工作路径、修改当前工作路径（非默认更改），如图2-1-11所示。

Spyder (Python 3.6)

File　Edit　Search　Source　Run　Debug　Consoles　Projects　Tools　View　Help

图2-1-11　Spyder 菜单栏

- File：新建、打开、打开最近文件、保存、关闭等。
- Edit：撤销、重做、复制、剪切、粘贴等。
- View：Window layouts 可选择显示的界面类型，如 Spyder、Rstudio 等。
- Tools：各种设置。

#### 1. 参数设置

①快捷键设置。

通过“Tools”→“Preferences”设置快捷键，如图2-1-12所示。

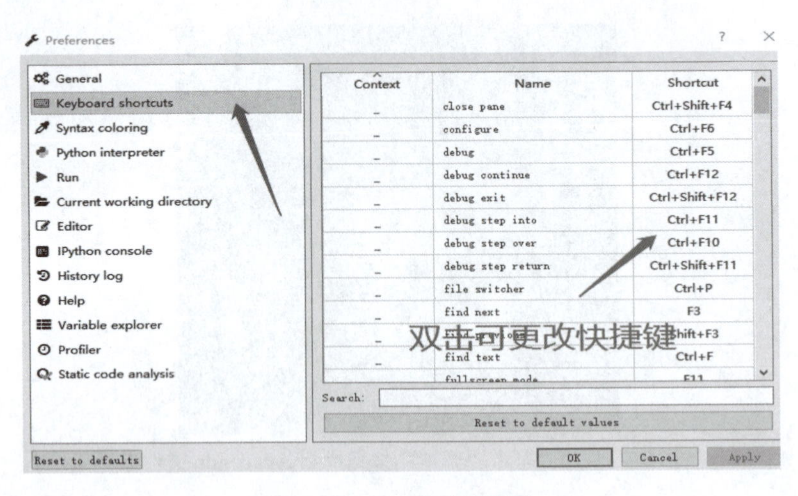


**图 2-1-12　快捷键设置**

②编辑器背景颜色窗口修改（图 2-1-13）。

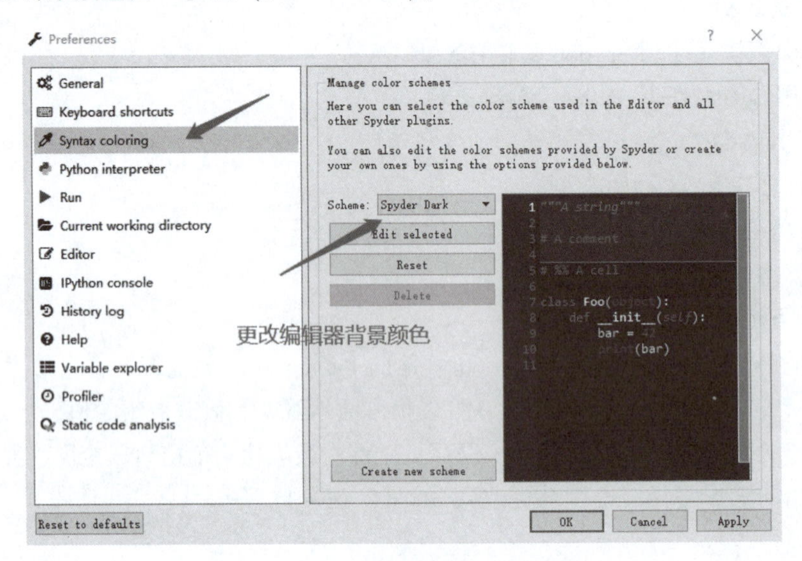


**图 2-1-13　编辑器背景颜色修改**

③工作路径设置。

默认工作路径设置方法：单击"Tools"→"Preferences"→"Run"→"Working Directory settings"→"The following directory"，选择自己的工作路径文件夹，如图 2-1-14 所示。

④当前工作路径设置（图 2-1-15）。

⑤IPython 控制台设置（图 2-1-16）。

⑥帮助的设置。

在帮助窗口可以方便地查阅所需函数的介绍，方便自学，如图 2-1-17 所示。

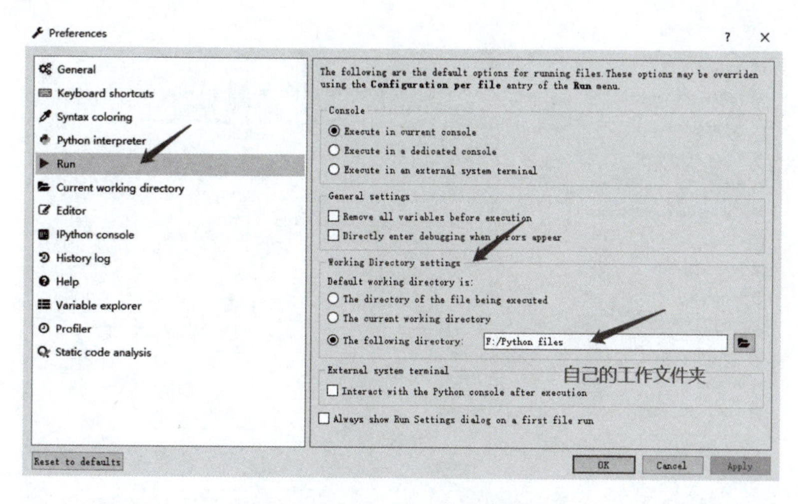


图 2－1－14　图工作路径设置

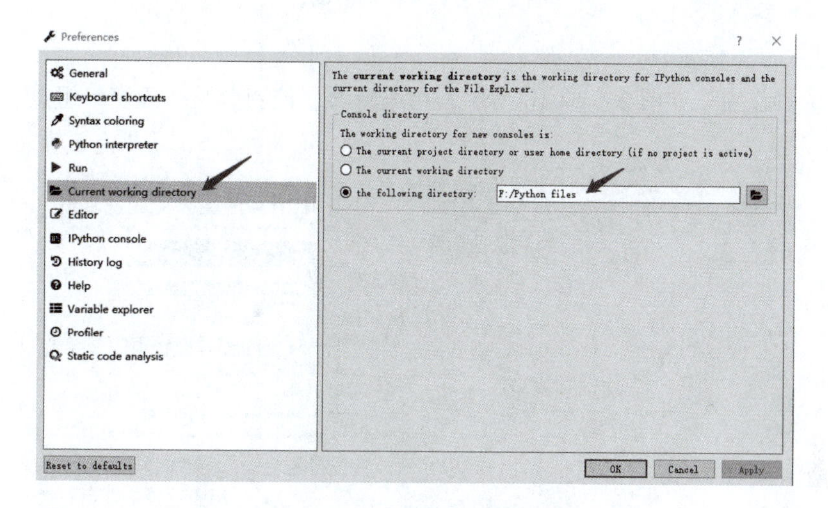


图 2－1－15　当前工作路径设置

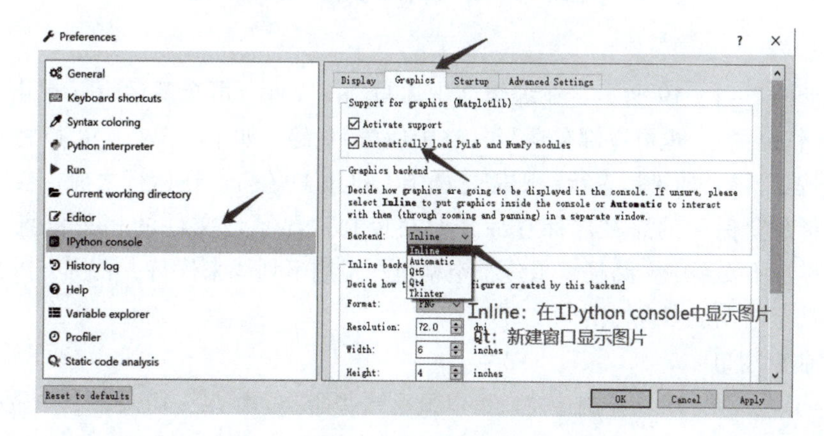


图 2－1－16　IPython 控制台的设置

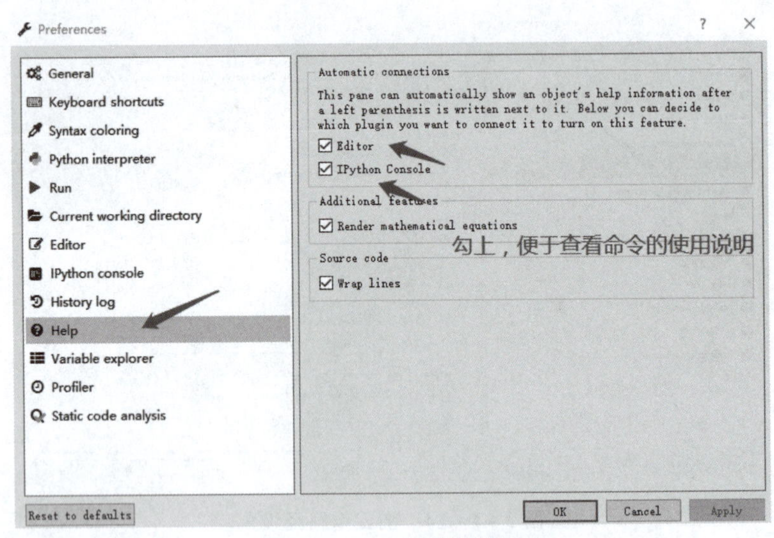


图 2－1－17　帮助的设置

## 2. Spyder 的操作窗口

Spyder 的操作窗口如图 2－1－18 所示，由编辑器、控制台及环境窗口组成。

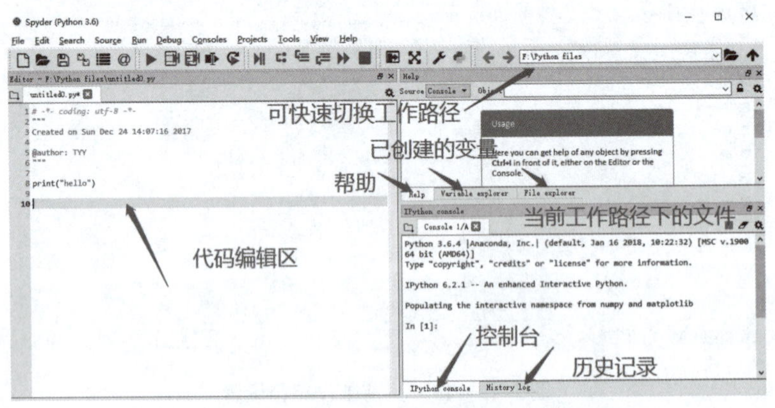


图 2－1－18　Spyder 的操作窗口

（1）编辑器

编辑器如图 2－1－19 所示，在编辑器中编写 . py 文件，可全部运行（单击“Run”按钮或者按 F5 快捷键），也可以部分运行（选中后按 F9 键，如果是单行，可以将光标置于该行后，直接按 F9 键，如果是多行，则需先选中，再按 F9 键）。在运行之前，会让你先进行保存，可选择想要保存的路径。保存后，便在控制台显示该文件的相关信息。注意，保存 . py 文件尽量不要用中文路径，另外，空格也尽量用下划线来代替，否则，Python 可能会认不出来，甚至出现很多奇怪的问题。

（2）控制台窗口

如图 2－1－20 所示，在控制台窗口可以显示一些命令的结果，输入命令并显示（有的可以直接显示，有的需要使用 print）或者不显示结果，例如，完成清屏可以使用快捷键 Ctrl + L 或者输入“% clear”。在窗口上部有运行的程序文件名和路径，如图 2－1－21 所示。

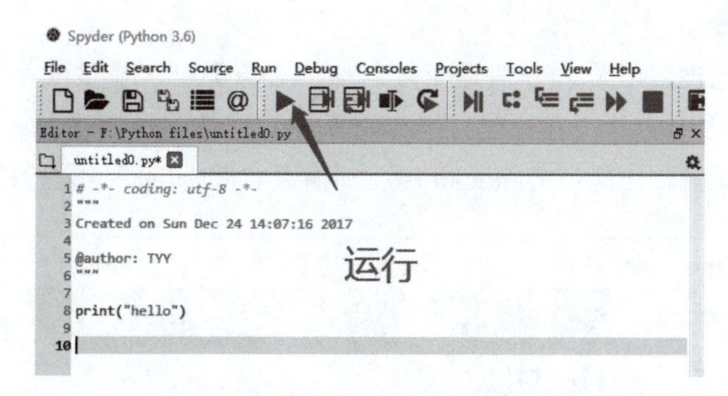


图 2-1-19　Spyder 编辑器窗口

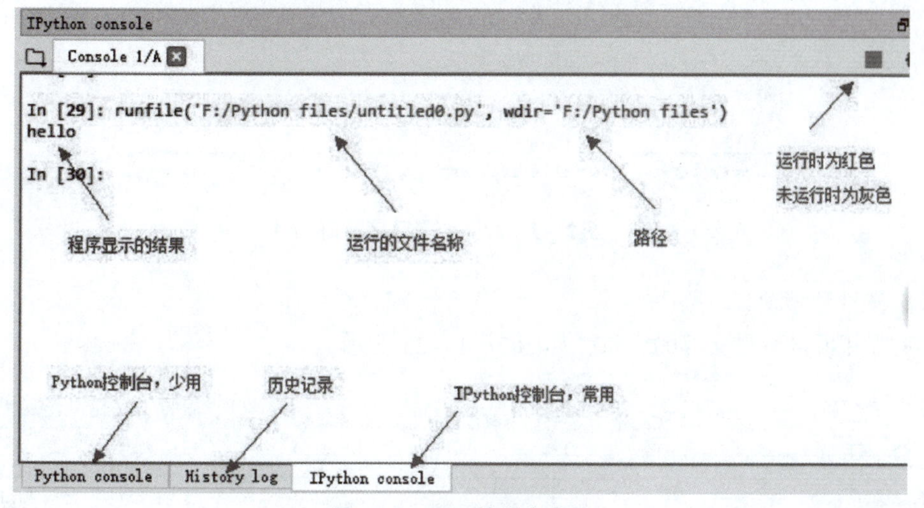


图 2-1-20　控制台窗口

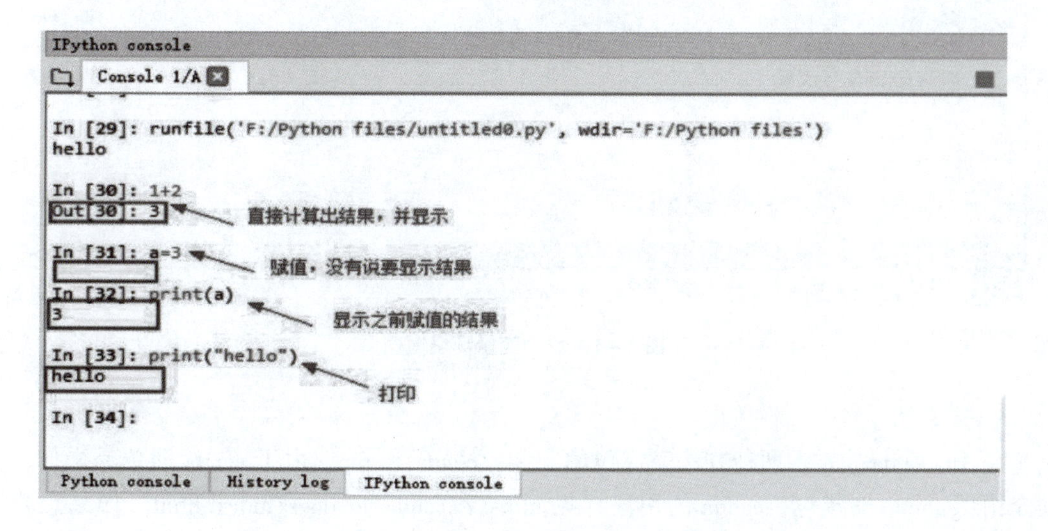


图 2-1-21　控制台窗口程序交互

如图 2-1-21 所示，控制台窗口可以实现交互式程序编写，单独执行单行命令语句，并输出结果。

(3) 变量环境窗口

变量环境窗口包含四部分，分别是变量名称、对象类型、变量大小、各个变量所赋的值，如图 2－1－22 所示。首先在控制台输入“reset”，清除所有变量，选择“y”完成清除；如需清除部分变量，比如，清除 a 和 lst，则输入“del a,lst”，运行即可。

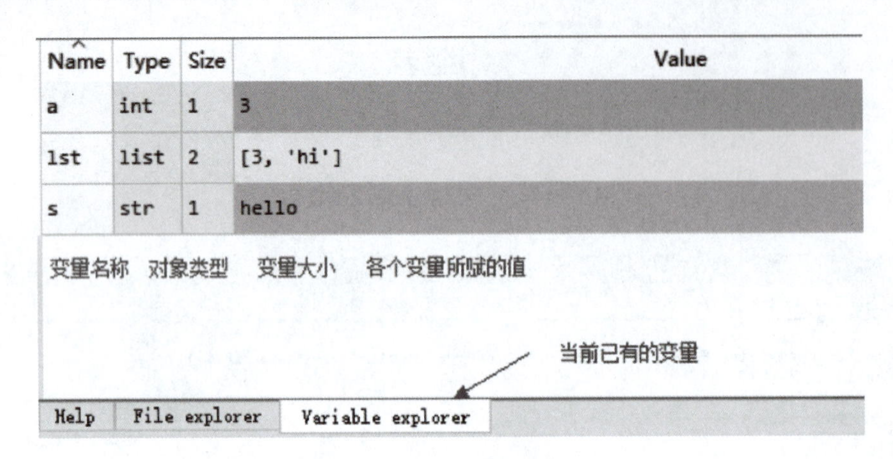


**图 2－1－22　变量环境窗口**

(4) 文件环境窗口

方便打开项目所需文件的窗口，如图 2－1－23 所示。

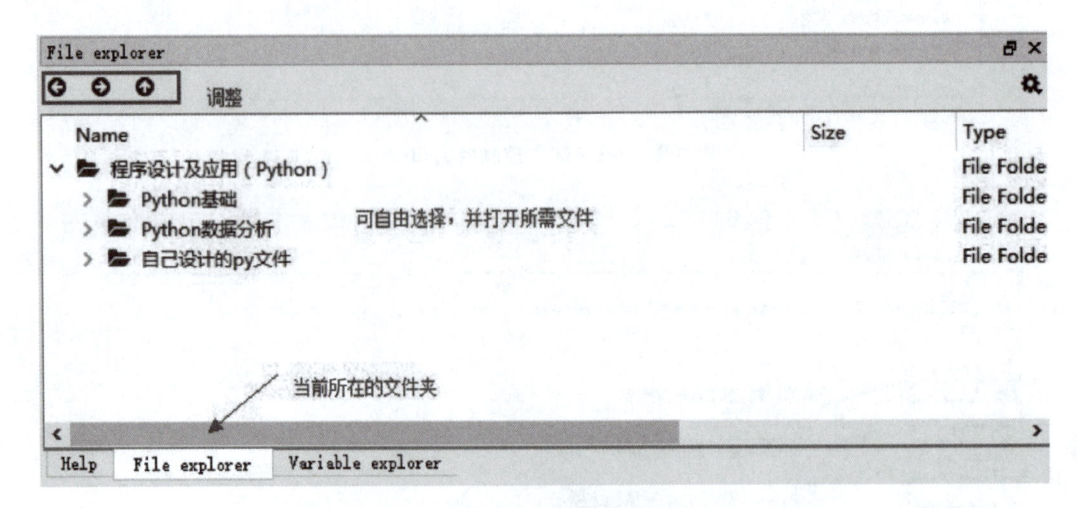


**图 2－1－23　变量环境窗口**

### 3. 安装包

在 Anaconda 中常用两种方法完成包的安装：conda 和 pip。由于 conda 简单易操作，此处介绍用 conda 安装包。conda 的用法详见 https://conda.io/docs/index.html。如果想要用 pip 来安装包，则详见 http://blog.csdn.net/lengqi0101/article/details/61921399。此外，还可以通过 pip 来安装静态编译包。图 2－1－24 所示为 Anaconda 中包的安装窗口。

图 2-1-24　包安装窗口

- 操作：打开终端 Anaconda Prompt。
- 查看目前已安装的包：conda list。
- 安装包：conda install somepackage，比如 conda install pandas。此外，可以同时安装多个包，比如 conda install numpy scipy pandas，或限定版本 conda install numpy = 1.9。
- 更新包：conda upgrade somepackage。注意，Anaconda 和 Python 也可以有此更新。
- 更新所有包：conda upgrade --all。
- 卸载包：conda remove somepackage。

在命令行进入 python，运行“import somepackage”，未报错，即完成安装。

## 任务 1.3　Jupyter Notebook 的基本操作

### 1.1　任务目标

（1）正确认识、使用 Jupyter Notebook 基本用法。

（2）使用 Jupyter Notebook 编写 Python 程序。

### 1.2　任务内容

Python 程序在 Jupyter Notebook 中的运行。

### 1.3　任务函数

Matplotlib 函数、NumPy 库、print( ) 函数、audio( ) 函数、import 命令等。

### 1.4　任务步骤

Jupyter Notebook 是基于网页的用于交互计算的应用程序。其可被应用于全过程计算：开发、文档编写、运行代码和展示结果。Jupyter Notebook 是以网页的形式打开，可以在网页页面中直接编写代码和运行代码，代码的运行结果也会直接在代码块下显示。如在编程过程中需要编写说明文档，可在同一个页面中直接编写，便于作及时的说明和解释。

#### 1. Jupyter Notebook 基本使用

（1）打开 Jupyter Notebook

通过双击 Jupyter Notebook 图标或者在 Anaconda Prompt 输入“jupyter notebook”，按 Enter 键即可打开。窗口打开之后，在 Jupyter Notebook 中的所有操作都不要关闭终端（即 Anaconda Prompt），一旦关闭，便会断开与本地服务器的连接，从而无法在 Jupyter Notebook 上进行其他操作。Jupyter Notebook 窗口如图 2-1-25 所示。

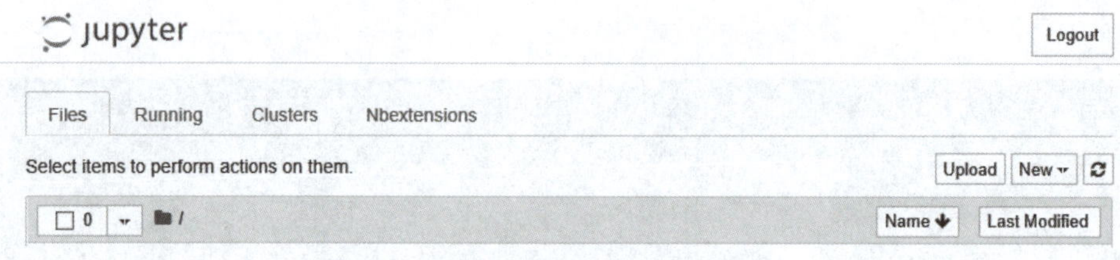


图 2-1-25　Jupyter Notebook 窗口

（2）默认路径

首先创建需要的文件夹，例如，在 F 盘创建了一个 Python_jupyter 文件夹。再在终端（Anaconda Prompt）输入命令“jupyter notebook --generate-config”，此行命令表示获取配置文件所在路径，如图 2-1-26 所示（出现的［y/N］问题时，选择 N，若未出现问题，则再运行一次）。

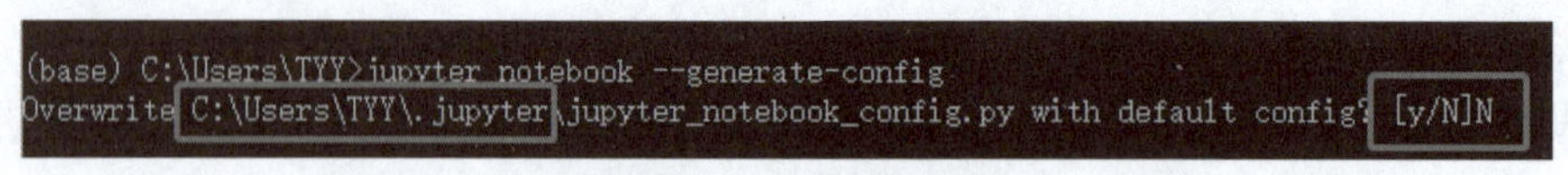


图 2-1-26　默认路径更改

• 在图 2-1-26 框中的 .jupyter 文件夹中找到 jupyter_notebook_config.py 文件（用 search everything 软件查找文件也很方便），可以选择用记事本打开。查找下列内容：

##The directory to use for notebooks and kernels. #c.NotebookApp.notebook_dir =''

将其改为：

## The directory to use for notebooks and ernels. .NotebookApp.notebook_dir ='F:\Python_jupyter'

此处需要注意两点：

①#c.NotebookApp.notebook_dir ='' 中的#需要删除，并且前面无空格。

②F:\Python_jupyter 为自己想要保存的工作空间，需要提前新建好文件夹。此时重新打开的 Jupyter Notebook，便可看见一个清爽的页面。

如果此时还是不行，那么找到 Anaconda 创建的快捷方式，找到 Jupyter Notebook，右击，在菜单中选择“打开所在文件夹”。打开窗口后，找到 Jupyter Notebook 程序图标，右击，选择“属性”，进入并修改起始位置，删掉目标中的空格和百分号之后的内容，然后应用。在新打开的 Jupyter Notebook 中输入%pwd 就可查询当前的工作路径，如图 2-1-27 所示。

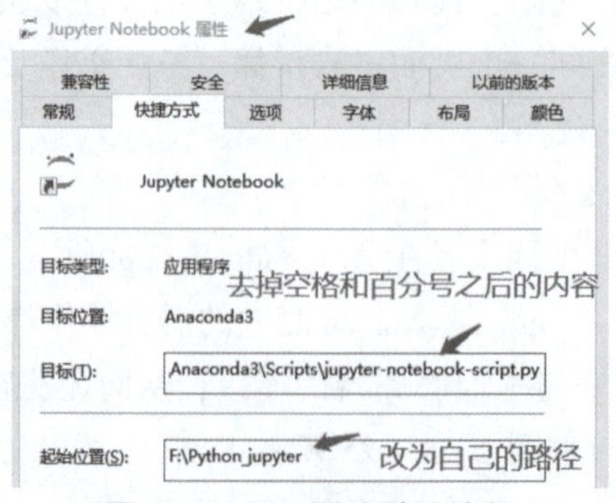


图 2-1-27　更改默认路径

（3）新建 Notebook

单击主页面右上方的“New”按钮，选择希望启动的内核，此处选择默认内核。在新打开的标签页面中，会看到 Notebook 界面。如图 2－1－28 所示，Notebook 界面由四个部分组成：Notebook 的名称、菜单栏、工具栏和单元格。

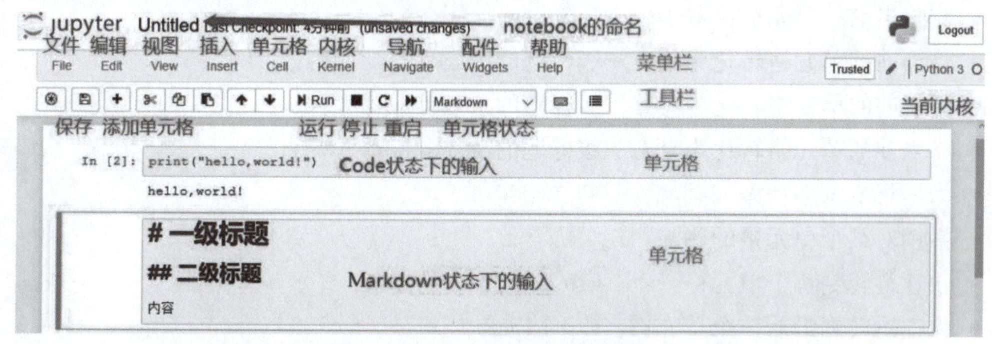


图 2－1－28　Notebook 界面窗口

Notebook 名称，可以直接单击进行重命名，或者单击“File”菜单，选择“重命名”。

菜单 File：包括新建、打开、复制、重命名、保存等常见操作，使用 download as 命令可以选择多种格式，如 . py、. html、. md 等，默认保存为 . ipynb 格式。

菜单 Edit：对单元格进行剪切、复制、粘贴等。

菜单 Insert：在单元格上方或者下方插入单元格。

菜单 Cell：运行单元格。

菜单 Help：帮助文档，有需要可以查阅资料。

单元格状态有 Code、Markdown、Heading、Raw NBconvert。最常用的是前两个，分别是代码状态、编写状态，后两个较少使用。

单元格：Notebook 的主要区域是由单元格构成的，也叫 cell。如在单元格写上 1＋2，按下快捷键 Shift＋Enter，便可得到如图 2－1－29 所示结果。单元格只有在有光标时才可以进行编辑。In 表示输入，Out 表示返回的值。有时不会有 Out 出现，因为不需要返回值。

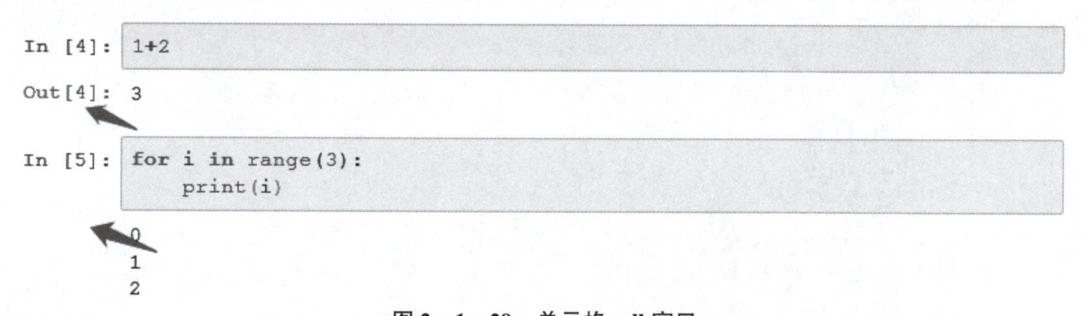


图 2－1－29　单元格 cell 窗口

每一个单元格在运行之后仍然可以进行修改，比如单击第一个单元格，将 1＋2 修改为 2＋3，运行得到新的结果，原来的结果会被替换。

（4）快捷键

快捷键列表查阅：单击“Help”→“Keyboard Shortcuts”。可以查到所有的快捷键说明，常用的快捷键如下：

- 执行当前单元格，并自动跳到下一个单元格：Shift + Enter。
- 执行当前单元格，执行后不自动调转到下一个单元格：Ctrl + Enter。
- 是当前的单元格进退出当前单元格的编辑模式：Esc。
- 删除当前的单元格：双 D。
- 将当前的单元格转化为具有一级标题的 markdown：单 1。
- 将当前的单元格转化为具有二级标题的 markdown：单 2。
- 将当前的单元格转化为具有三级标题的 markdown：单 3。
- 为一行或者多行添加/取消注释：Ctrl + /。
- 撤销对某个单元格的删除：Z。
- 快速跳转到首个单元格：Ctrl + Home。
- 快速跳转到最后一个单元格：Ctrl + End。
- 隐藏和显示输出的单元格结果：Ctrl + O。
- 选择多个单元格：Shift + J（选择下一个）、Shift + K（选择上一个）。
- 合并多个单元格：Shift + M。
- 进入编辑模式：Enter。

（5）加载或运行本地 Python 文件

加载本地 Python 文件，对于在工作路径下的文件，输入命令“%load Python 文件名称”（含“. py”）；对于不在工作路径下的文件，输入命令“%load Python 文件的绝对路径”，文件的绝对路径会自动被注释掉，如图 2－1－30 所示。

```
In [ ]: %load F:/hello_world.py #此.py文件不在工作路径下
                                  写绝对路径，注意路径中不要有空格

In [ ]: %load say_hello.py        #此.py文件位于工作路径下
```

图 2－1－30　加载本地 Python 文件

运行本地 Python 文件的方法有两种，分别是% run Python 文件名称和!python Python 文件名称，如图 2－1－31 所示。

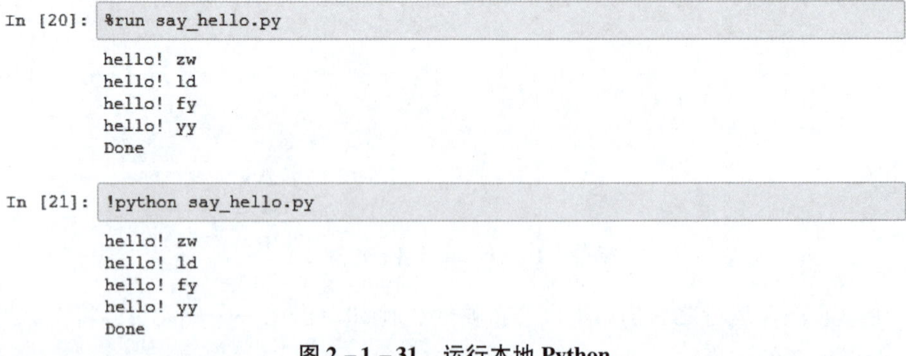
In [20]: %run say_hello.py
hello! zw
hello! ld
hello! fy
hello! yy
Done
In [21]: !python say_hello.py
hello! zw
hello! ld
hello! fy
hello! yy
Done

图 2－1－31　运行本地 Python

（6）插入图片、音乐等

为了让计算出来的图显示出来，需要先输入“%matplotlib inline”，图片在单元格中显示，或者输入“%matplotlib qt5”，图片在新的界面中显示。在 Anaconda3.0 版本中自带 matplotlib 包，代码如下：

```
%matplotlib inline
import matplotlib.pyplot as plt
import numpy as np
x = np.arange(20)
y = x**2
plt.plot(x, y)
```

运行结果如图 2－1－32 所示。

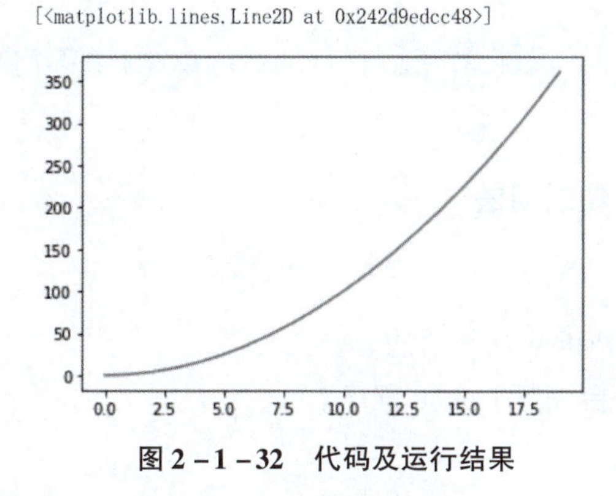


**图 2－1－32　代码及运行结果**

插入本地毛主席题词的天天向上图片，代码如下：

```
from IPython.display import Image
Image(filename='tiantianxiangshang.png')
```

结果如图 2－1－33 所示。

```
In  [1]: from IPython.display import Image
         Image(filename='daydayup.png')
Out[1]:
```

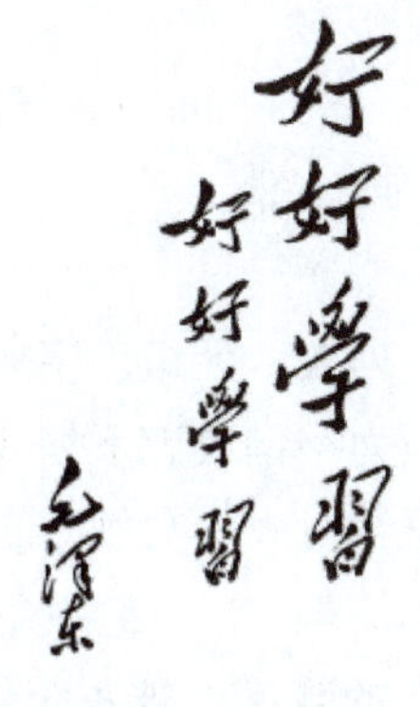

**在 Jupyter Notebook 中显示图片**

**图 2－1－33　在 Jupyter Notebook 中插入图片**

插入本地音乐《最美逆行者》，代码如下：

```
from IPython.display import Audio
Audio(filename="最美逆行者（中国加油！）.mp3")
```

运行结果如图 2－1－34 所示。

图 2－1－34　插入本地音乐

# 任务 2　Python 程序在 Anaconda 中的运行

## 任务 2.1　Python 基本语句的用法

### 2.1　任务目标

（1）正确认识、使用 Python 基本语法。

（2）使用 Anaconda 平台编写 Python 程序。

### 2.2　任务内容

Python 程序的编写与在 Anaconda 中的运行。

### 2.3　任务函数

import 命令、sqrt( ) 函数、range( ) 函数、input( ) 函数、print( ) 函数。

### 2.4　任务步骤

#### 1. Python 基本运算符

符号有 +、－、*、/、**、//、%、abs、round(3.1425，2)，含义分别是加、减、乘、除、幂、取整、取余、取绝对值、保留 2 位小数，特殊的复合运算符有 +=、－=、*=、/=、//=、%=，含义：以 a=a+b 为例，运用复合运算符可表示为 a+=b。

#### 2. 关系判断运算符

符号有 >、<、==、!=、>=、<=、and、or、not，含义分别是大于、小于、等于、不等于、大于等于、小于等于、且、或、非。

#### 3. 变量

类型有整数、浮点数、字符串、列表、元组、字典和逻辑运算符标识符。

变量命名规则：第一个字符必须为字母或者下划线，其余部分可以为字母、数字和下划线，数字不能放在开头。注意，标识符对大小写敏感。

#### 4. Python 保留字

不能用来做标识符，各自有各自的含义，被系统保留下来的字符，比如 true、if、else，是不能拿来做变量或者函数名的。

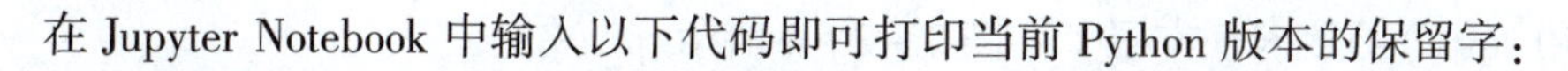

在 Jupyter Notebook 中输入以下代码即可打印当前 Python 版本的保留字：

```
import keyword
print(keyword.kwlist)
```

### 5. Python 程序的注释

单行注释用#开头，此行#后的所有字符不被运行。

多行注释有三种方法：一是每行前面输入#；二是三个单引号，例如，'''多行注释内容'''；三为三个双引号，例如，"""多行注释内容"""。

### 6. print 与 input

输出用 print()，输入用 input()。

练习：询问对方名字，并问好。

### 7. 模块与库的使用

模块是组织在一起，实现某些相似或有关联功能的程序。多个函数按要求组织在一个源代码文件中，是一个模块；多个源文件按要求组织在一个文件夹中，也是一个模块。模块不是用来执行操作的，而是用于定义变量、函数、类等实体的。使用模块需要先导入模拟，再调用模块中的一个或多个功能。标准安装包含一组称为标准库的模块，例如之前使用过的 math、random 等。使用 import 关键字在源文件最开始的地方导入模块，在使用模块中的方法时，需要使用模块名，例如 math. sqrt() 和 datetime. datetime. now(). timestamp() 等。

要使用模块，就需要导入模块，常用导入方法有两种：一种是采用 import 语句导入；另一种是采用 from 语句导入。

①采用 import 语句进行整体导入，如图 2-2-1 所示。

```
1  import math       # 第一种导入方式
2
3  import math as m      # 第二种导入方式，再次引用时直接调用m即可
```

**图 2-2-1　采用 import 语句导入**

例如，利用 sqrt() 函数求平方根，如图 2-2-2 所示。

```
import math
a=math.sqrt(64)
print(a)
```

```
import math as t
a=t.sqrt(64)
print(a)
```

```
8.0
```

**图 2-2-2　sqrt() 函数求平方根的结果**

②采用 from 语句进行部分导入，如图 2-2-3 所示。

```
1  from xx import yy
2  # xx表示模块，yy表示xx模块的特定的类、函数、变量等，就是从xx模块中引用yy的类、函数、变量等
3
4  from xx import *      # *表示xx模块中的所有具体的类、函数、变量等
```

**图 2-2-3　采用 from 语句导入**

例如，利用 sqrt( ) 函数求平方根，如图 2－2－4 所示。

```
from math import sqrt
a=sqrt(64)
print(a)
```

```
from math import *
a=sqrt(64)
print(a)
```

```
8.0
```

图 2－2－4　sqrt( ) 函数求平方根的结果

注意，from ×× import ＊这种方式尽量不使用，因为这样会破坏对命名空间和属性的管理。

除了上述基本模块外，机器学习还需要一些库，才能完成本课程内容的学习与练习。这些库包括 NumPy、SciPy、Matplotlib、Pandas，以及非常重要的 Scikit－learn 库。

利用上述两种加载方式，Matplotlib 模块的导入方式可以写成：

①import matplotlib. pyplot as plt 或 from matplotlib import pyplot as plt，实现画图函数调用为 plt. plot( ) 等。

②from matplotlib. pyplot import ＊，实现画图函数调用为 plot( ) 等。

### 8. 缩进

Python 使用缩进（空格和制表符）来决定逻辑行的层次，从而用来决定语句的分组，如图 2－1－5 所示。一般为 4 个空格或一个 Tab 键（注意，同一个 . py 文件里不要混合使用 Tab 键或 4 个空格，否则跨平台工作时会报错，建议选择一种方式一直使用）。

例如：输出数字 1～5 的代码缩进，如图 2－2－5 所示。

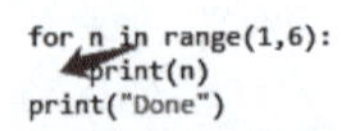


四个空格

图 2－2－5　代码缩进

### 9. 控制流（for、while 和 if）

使用 for 循环输出“新发展格局”理念，代码如下：

```
notion = ['新','发','展','格','局']
for i in notion:
    print('理念! '+i)
print('Done')
```

结果如图 2－2－6 所示。

```
理念！新
理念！发
理念！展
理念！格
理念！局
Done
```

图 2－2－6　循环输出“新发展格局”理念

使用 while 循环语句实现求和的代码如下：

```
num = 1
sum_num = 0
while num<11:
        print(num)
        sum_num += num
        num += 1
print("sum_num = ",sum_num)
```

输出结果如图 2-2-7 所示。

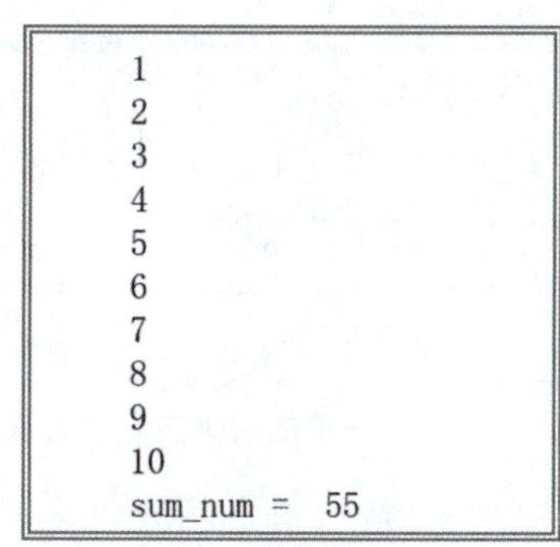


图 2-2-7　实现求和

使用 if 条件语句判断奇偶数，代码如下：

```
n = input("请输入一个整数：")
n = int(n)
if n % 2 == 0:
        print("这是一个偶数")
else:
        print("这是一个奇数")
```

输出结果如图 2-2-8 所示。

```
请输入一个整数：5
这是一个奇数
```

图 2-2-8　if 语句判断奇偶数

## 任务 2.2　“天天向上的力量” Python 程序的编写

天天向上的力量

### 2.1　任务目标

（1）正确认识、使用 Python 基本语法。

（2）使用 Anaconda 平台编写并运行 Python 程序。

### 2.2　任务内容

Python 程序在 Anaconda 中的运行。

### 2.3　任务函数

import 命令、for、if、while、pow( ) 函数、print( ) 函数。

### 2.4　任务步骤

伟大领袖毛主席曾对青年人作出指示，要求当代青年“好好学习，天天向上”，那么就用现在学习的 Python 语言来展示“天天向上的力量”。

### 1. 一年的天天向上

假设入学的新生初始能力为1，每天进步0.1%和每天退步0.1%，那么一年后会进步多少或者退步多少？假设每天向上进步的变量为dayup，每天向下退步的变量为daydown，代码如下：

```
#问题1：0.1%的力量
#DayDayUp01.py
dayup=pow(1.001,365)
daydown=pow(0.999,365)
print("向上：{:.2f}，向下：{:.2f}".format(dayup,daydown))
```

运行结果如图2-2-9所示。发现每天向上0.1%，一年后能力值上升为原来的1.44倍，能力值有了很大的进步；每天向下退步0.1%，一年后能力值下降为原来的0.69，能力值的退步很大，和天天向上的学生能力差距非常明显。

```
向上：1.44，向下：0.69
```

**图2-2-9　一年的天天向上的力量**

那么如果进步值和退步值改成0.8%呢？再来看看结果吧，发现一年后进步者能力值变为原来的近9倍，而后退者的能力仅仅为原来的0.11了，差距更加明显。代码如下：

```
#问题1：0.6%的力量
import math
dayup = math.pow((1.0 + 0.006), 365)     #  提高0.006
daydown = math.pow((1.0 - 0.006), 365) #  放任0.006
print("向上: {:.2f},  向下: {:.2f}.".format(dayup, daydown))
```

输出结果如图2-2-10所示。

```
向上：8.88，向下：0.11.
```

**图2-2-10　进步值、退步值改成0.8%的一年天天向上的力量**

那么如果进步值和退步值改成1%呢？发现一年后进步者能力值变为原来的近37倍，而后退者的能力仅仅为原来的0.03了，差距更加惊人，代码如下：

```
#问题1：1%的力量
import math
dayfactor = 0.01
dayup = math.pow((1.0 + dayfactor), 365)      #  提高dayfactor
daydown = math.pow((1.0 - dayfactor), 365)    #  放任dayfactor
print("向上: {:.2f},  向下: {:.2f}.".format(dayup, daydown))
```

运行结果如图2-2-11所示。

```
向上：37.78，向下：0.03.
```

**图2-2-11　进步值、退步值改成1%的一年天天向上的力量**

### 2. 带有休息日的天天向上

一年365天，一周5个工作日，如果每个工作日都很努力，可以提高1%，仅在周末放

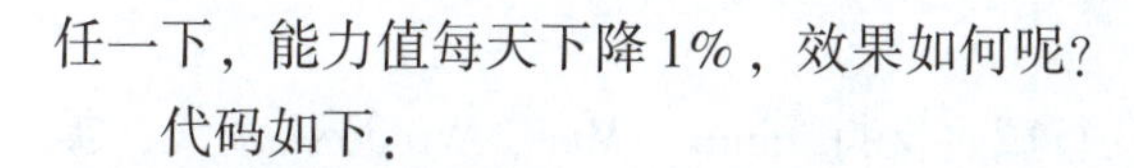

任一下，能力值每天下降1%，效果如何呢？

代码如下：

```
#问题2：休息日的力量
dayup, dayfactor = 1.0, 0.01
for i in range(365):
        if i % 7 in [6, 0]:#周六周日
                dayup = dayup * (1 - dayfactor)
        else:
                dayup = dayup * (1 + dayfactor)
print("向上5天向下2天的力量: {:.2f}.".format(dayup))
```

运行结果如图2-2-12所示。可以看到，每周努力5天，而不是每天都努力，一年下来，水平仅是初始的4.63倍。与每天坚持所提高的37倍相去甚远。

```
向上5天向下2天的力量：4.63.
```

**图2-2-12　带有休息日的天天向上的力量**

如果对上述结果感到意外，那么自然会产生如下问题：每周工作5天，休息2天，休息日水平下降0.01，工作日要努力到什么程度，才能使一年后的水平与每天努力1%所取得的效果一样呢？

代码如下：

```
#问题2：休息日的力量
def dayUP(df):
        dayup = 1.0
        for i in range(365):
                if i % 7 in [6, 0]:
                        dayup = dayup * (1 -0.01)
                else:
                        dayup = dayup * (1 + df)
        return dayup
dayfacotr = 0.01
while (dayUP(dayfactor)<37.78):
        dayfactor += 0.001
print("每天的努力参数是: {:.3f}.".format(dayfactor))
```

运行结果如图2-2-13所示，可以看出，如果每周连续努力5天，休息2天，为了达到每天努力1%所达到的水平，就需要在工作日将努力程度提高到约2%。

```
每天努力的参数是 0.019
```

**图2-2-13　运行结果**

这就是天天向上的力量！

## 小结

Python易用，但用好却不易，其中比较难的就是包管理和Python不同版本的问题，特别是当使用Windows的时候，经常为了安装几个模块包折腾一上午甚至几天。Anaconda可以省去很多不必要的麻烦，它只是Python的一个集成管理工具或系统，它把Python做相关数据计算，与分析所需的包都集成在了一起，只需要安装Anaconda软件即可，其他什么都

不用装，甚至是 Python 软件。

Anaconda 是一个用于科学计算的 Python 发行版，支持 Linux、Mac、Windows 系统，提供了包管理与环境管理的功能，可以很方便地解决多版本 Python 并存、切换及各种第三方包安装问题。Anaconda 是一个用于科学计算的 Python 发行版，里面包含了 720 多个数据科学相关的开源包，在数据可视化、机器学习、深度学习等多方面都有涉及。不仅可以做数据分析，还可以用在大数据和人工智能等领域。安装它后，就默认安装了 Python、IPython、Jupyter Notebook 和集成开发环境 Spyder 等。

## 学习测评

### 1. 工作任务交办单

工作任务交办单

<table>
<tr><td>工作任务</td><td colspan="4">Anaconda 的安装与调试</td></tr>
<tr><td>小组名称</td><td></td><td>工作成员</td><td colspan="2"></td></tr>
<tr><td>工作时间</td><td></td><td>完成总时长</td><td colspan="2"></td></tr>
<tr><td colspan="5">工作任务描述</td></tr>
<tr><td colspan="5">下载并安装 Anaconda，并完成基本命令、基本语法的练习。</td></tr>
<tr><td colspan="5">任务执行记录</td></tr>
<tr><td>序号</td><td colspan="2">工作内容</td><td>完成情况</td><td>操作员</td></tr>
<tr><td></td><td colspan="2"></td><td></td><td></td></tr>
<tr><td></td><td colspan="2"></td><td></td><td></td></tr>
<tr><td></td><td colspan="2"></td><td></td><td></td></tr>
<tr><td></td><td colspan="2"></td><td></td><td></td></tr>
<tr><td></td><td colspan="2"></td><td></td><td></td></tr>
<tr><td></td><td colspan="2"></td><td></td><td></td></tr>
<tr><td></td><td colspan="2"></td><td></td><td></td></tr>
<tr><td></td><td colspan="2"></td><td></td><td></td></tr>
<tr><td></td><td colspan="2"></td><td></td><td></td></tr>
<tr><td colspan="5">任务负责人小结</td></tr>
<tr><td colspan="5"></td></tr>
<tr><td>上级验收评定</td><td colspan="2"></td><td>验收人签名</td><td></td></tr>
</table>

## 2. 工作任务评价表

**工作任务评价表**

<table>
<tr><td colspan="2">工作任务</td><td colspan="5">在 Anaconda 上编写并运行程序“天天向上的力量”</td></tr>
<tr><td colspan="2">小组名称</td><td></td><td>工作成员</td><td colspan="3"></td></tr>
<tr><td colspan="2">项目</td><td>评价依据</td><td>参考分值</td><td>自我评价</td><td>小组互评</td><td>教师评价</td></tr>
<tr><td colspan="2" rowspan="2">任务需求分析<br>（10%）</td><td>任务明确</td><td>5</td><td></td><td></td><td></td></tr>
<tr><td>解决方案思路清晰</td><td>5</td><td></td><td></td><td></td></tr>
<tr><td colspan="2" rowspan="3">任务实施准备<br>（20%）</td><td>掌握 Python 的基本命令</td><td>5</td><td></td><td></td><td></td></tr>
<tr><td>熟知 for、if、while 程序结构</td><td>5</td><td></td><td></td><td></td></tr>
<tr><td>明确科学、合理的编写规范</td><td>5</td><td></td><td></td><td></td></tr>
<tr><td rowspan="12">任务<br>实施<br>（50%）</td><td>子任务 1</td><td>能结合实际对程序结构进行分析</td><td>5</td><td></td><td></td><td></td></tr>
<tr><td rowspan="3">子任务 2</td><td>高效地完成代码编写任务</td><td>10</td><td></td><td></td><td></td></tr>
<tr><td>代码简洁，结构清晰</td><td>5</td><td></td><td></td><td></td></tr>
<tr><td>代码注释完整</td><td>5</td><td></td><td></td><td></td></tr>
<tr><td rowspan="8">子任务 3</td><td>能够完成代码的基本编写</td><td>10</td><td></td><td></td><td></td></tr>
<tr><td>能够使用 for、if、while 语句的嵌套</td><td>5</td><td></td><td></td><td></td></tr>
<tr><td>能够完成“天天向上的力量”代码的完整编写</td><td>5</td><td></td><td></td><td></td></tr>
<tr><td>能够在 Anaconda 上运行代码，并实现迭代</td><td>5</td><td></td><td></td><td></td></tr>
<tr><td>能够对代码错误进行判定</td><td>5</td><td></td><td></td><td></td></tr>
<tr><td>代码简洁，结构清晰</td><td>5</td><td></td><td></td><td></td></tr>
<tr><td>代码注释完整</td><td>5</td><td></td><td></td><td></td></tr>
<tr><td colspan="2" rowspan="2">思政劳动素养<br>（20%）</td><td>有理想、有规划，科学严谨的工作态度、精益求精的工匠精神</td><td>5</td><td></td><td></td><td></td></tr>
<tr><td>良好的劳动态度、劳动习惯，团队协作精神，有效沟通，创造性劳动</td><td>5</td><td></td><td></td><td></td></tr>
<tr><td colspan="3">综合得分</td><td>100</td><td></td><td></td><td></td></tr>
<tr><td colspan="2">评价小组签字</td><td></td><td colspan="2">教师签字</td><td colspan="2"></td></tr>
</table>

## 习题

1. 在 Anaconda 中建立 Python 程序的步骤是什么？
2. 在 Anaconda 中编写代码文件的后缀名是什么？
3. 如果从官网下载的速度过慢，导致 timeout 错误，有什么替代方案？
4. 在 Jupyter Notebook 中编写程序，判断今天是今年的第几天。
5. 在 Jupyter Notebook 中编写程序，计算小于 100 的最大素数。
6. 在 Jupyter Notebook 中编写程序，计算 1 +2 +3 +⋯ +100 的值。

# 项目3

# 红酒的分类

## 项目目标

（1）能正确载入 Pandas、NumPy 函数，熟知其基本子模块和基本函数。

（2）熟知 KNN 算法、SVM 算法原理与参数。

（3）熟知 KNN 算法、SVM 算法的优缺点与实现步骤。

（4）能正确使用 Sklearn 中 KNN、SVM 模型函数。

## 项目任务

熟知相关基本库函数、KNN 模型函数及参数。

## 任务1 认知 KNN 邻算法

### 1.1 任务目标

（1）正确认识、理解 K 最近邻（KNN）算法原理。

（2）使用 KNN 算法基本函数及相应参数。

认知 KNN 算法

### 1.2 任务内容

正确调用 KNN 算法模型、相应函数及参数。

### 1.3 任务函数

Sklearn 库、KNeighborsClassifier 类、fit( )函数、predict( )函数。

### 1.4 任务步骤

#### 1. KNN 算法

K 最近邻，这个名字很形象，就是 $K$ 个最近邻居的意思，即每个样本都可以用它最接近的 $K$ 个邻居来代表。举个简单的例子：想要判断一个人的人品，只需要观察与他来往最密切的几个人的人品好坏就可知（“想了解一个人什么样，看他身边的朋友就知道了”），即“近朱者赤，近墨者黑”。

假设有这样一个问题：在大学课堂上，同学们的座位分布情况可以用图 3－1－1 来描述，也就是说，坐在教室前面几排的都是学霸，越往后坐，成绩越不好。

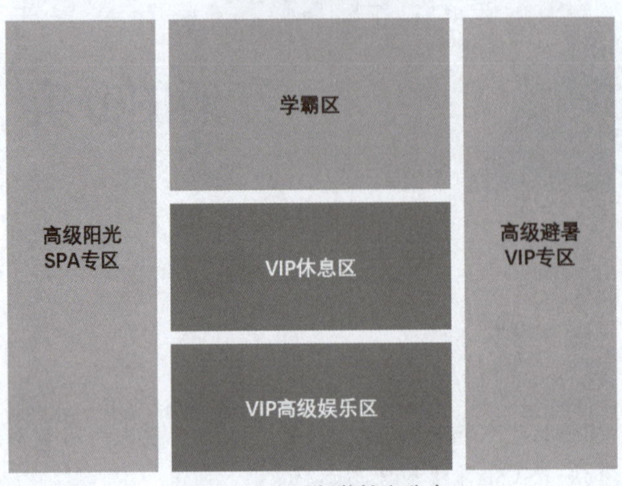


图 3 -1 -1　大学教室分布

现在又进来一个同学，如果他坐在靠前的位置，通常会认为他是个学霸，否则就不是。把这个问题具体化：假设教室前四排中间位置现在坐的人数分别为 2、1、0、2，前两排的 3 个同学是学霸，第四排其他两个同学不是。现在有一个同学进教室之后坐在了第三排中间位置，那么这个同学是不是学霸呢？如图 3 -1 -2 所示。

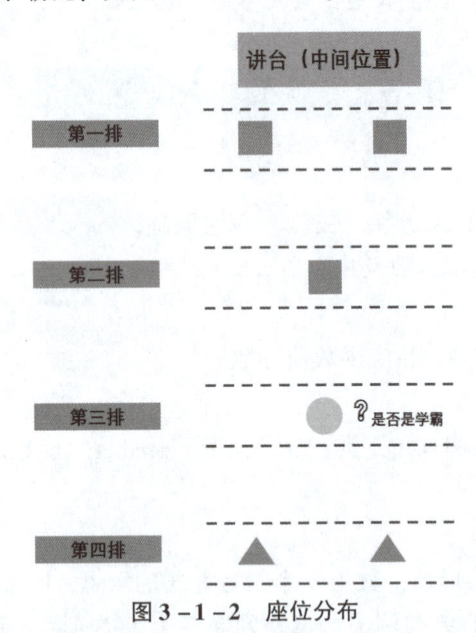


图 3 -1 -2　座位分布

这个问题就可以用接下来介绍的 KNN 算法来解决。

### 2. 模型介绍

KNN 算法是一种根据不同样本的特征值之间的距离进行分类的算法，KNN 可以根据具体的情况选择不同的“距离”衡量方式。它的思路是：如果一个样本在特征空间中的 $K$ 个最相似邻近样本（即特征空间中最邻近）中的大多数属于某一个类别，则该样本也属于这

个类别，其中，$K$ 通常是不大于 20 的整数。在 KNN 算法中，所选择的邻近样本都是已经正确分类的对象，该方法只依据最邻近的一个或者几个样本的类别，来决定待分类样本所属的类别。KNN 算法既可以用于分类应用中，也可以用于回归应用中。

回到任务描述中提到的那个关于学生分类的问题，用图 3－1－3 来表示样本分类。其中，正方形表示前两排的学霸，三角形表示第四排的非学霸，圆形表示最后进来的待分类的同学。

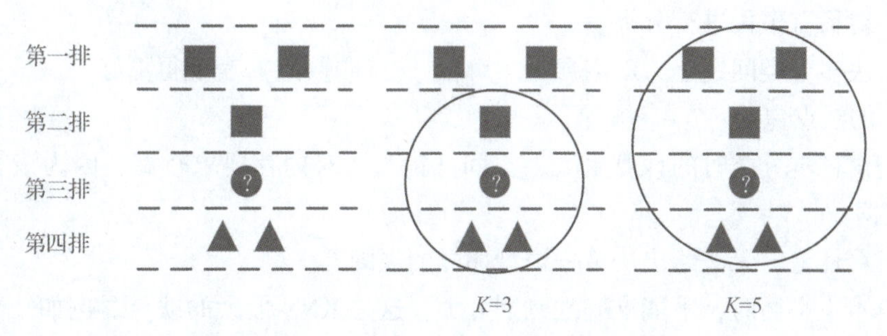


**图 3－1－3　教室座位问题的 KNN 分类示意**

假设样本距离定义为所在排的差，当 $K=3$ 的时候，需要计算离圆形样本最近的 3 个样本，从图中可以看到，这 3 个样本中有 1 个学霸、2 个非学霸，按照少数服从多数的原则，圆形样本的类别应该为非学霸。但是如果 $K$ 取 5，那么离圆形样本最近的 5 个样本中，有 3 个学霸、2 个非学霸，因此，待分类样本应该为学霸。从上面的分析中可以看出，$K$ 的取值可能会对结果产生重要的影响。

（1）KNN 算法的三要素

从上面的例子中可以看出，在 KNN 算法中，$K$ 值的选择非常重要，同样地，距离的度量和决策规则也是影响 KNN 算法非常重要的因素，它们三个共同组成了 KNN 算法的三要素。

$K$ 值的选择：对于 $K$ 值的选择，一般根据样本分布选择一个较小的值，然后通过交叉验证来选择一个比较合适的最终值；当选择比较小的 $K$ 值的时候，表示使用较小领域中的样本进行预测，训练误差会减小，但是会导致模型变得复杂，容易过拟合；当选择较大的 $K$ 值的时候，表示使用较大领域中的样本进行预测，训练误差会增大，同时会使模型变得简单，容易导致欠拟合。

距离的度量：KNN 中的距离一般使用欧氏距离（欧几里得距离）或曼哈顿距离来计算。

**【知识拓展】**

欧氏距离的定义为：

$$d=\sqrt{(x_1-x_2)^2+(y_1-y_2)^2}$$

曼哈顿距离的定义为：

$$d=|x_1-x_2|+|y_1-y_2|$$

决策规则：在分类模型中，主要使用多数表决法或者加权多数表决法；在回归模型中，主要使用平均值法或者加权平均值法。

（2）KNN 算法的优劣势

了解一个算法的优势和劣势，有助于在选择算法时少走弯路，KNN 算法的优缺点可总结如下：

①KNN 的优点包括：

- 简单，易于理解，即使没有很高的数学基础，也能搞清楚它的原理。
- 精度高，对异常值不敏感（个别噪声数据对结果的影响不是很大）。
- 适合对稀有事件进行分类。
- 在解决多分类问题上，KNN 要比 SVM（支持向量机）表现得更好。

②KNN 的缺点包括：

- 对测试样本分类时的计算量大，空间开销大，对内存要求较高，因为该算法存储了所有训练数据。
- 可解释性差，无法给出决策树模型那样的规则。
- 当样本不平衡时，不能准确地判别分类，这是 KNN 最大的缺点。例如一个类的样本容量很大，而其他类样本容量很小，这有可能导致当输入一个新样本时，新样本的 $K$ 个邻居中大容量类的样本占多数。可以采用权值的方法（和该样本距离小的邻居权值大）来对这个问题进行改进。

（3）KNN 算法的实现步骤

KNN 算法的实现步骤可总结如下：

①准备数据：假设有一个带有标签的样本数据集（训练样本集），其中包含每条数据与所属分类的对应关系。

②特征比较：输入没有标签的新数据后，将新数据的每个特征与样本集中数据对应特征进行比较。

a. 对数据进行标准化处理（归一化），避免量纲对计算距离的影响。

b. 计算新数据与样本数据集中每条数据的距离。

c. 对求得的所有距离进行排序（从小到大，距离越小，表示越相似）。

d. 取前 $K$ 个样本数据对应的分类标签。

③实现分类：选取 $K$ 个数据中出现次数最多的分类标签作为新数据的分类。

### 3. Sklearn 中的 KNN 算法

Sklearn 中的 KNN 算法是用 KNeighborsClassifier 类来实现的，KNeighborsClassifier 类属于 scikit - learn 的 neighbors 包。如果想要使用 KNeighborsClassifier 类，直接从 neighbors 包中导入即可，如图 3 - 1 - 4 所示。

```
# 导入KNeighborsClassifier类
from sklearn.neighbors import KNeighborsClassifier
```

**图 3 - 1 - 4　导入 KNeighborsClassifier 类**

（1）KNeighborsClassifier 类的参数

上文中介绍了 KNN 的三要素和 KNN 的实现步骤，那么通过 KNeighborsClassifier 类具体怎么实现KNN应用呢？这就要先介绍KNeighborsClassifier类中的参数了，如图3-1-5所示。

```
def KNeighborsClassifier(n_neighbors = 5,
                         weights='uniform',
                         algorithm = '',
                         leaf_size = '30',
                         p = 2,
                         metric = 'minkowski',
                         metric_params = None,
                         n_jobs = None
                         )
```

**图3-1-5　KNeighborsClassifier类的参数**

①n_neighbors：一个整数，用于指定KNN中的近邻数量$K$值，默认值是5。

②weights：一字符串或者可调用对象，用于指定计算距离时使用的权重，默认值是'uniform'（平等权重），可以为以下几种：

- 'uniform'：表示每个数据点的权重是相同的。
- 'distance'：权重和距离成反比，距离预测目标越近，具有越高的权重。
- 自定义函数：自定义一个函数，根据输入的坐标值返回对应的权重，达到自定义权重的目的。

③algorithm：一个字符串，指定构建KNN模型的方式，可以为以下几种：

- 'ball_tree'：使用BallTree（球树）构建KNN模型。
- 'kd_tree'：使用KDTree（KD树）构建KNN模型。
- 'brute'：使用暴力搜索算法构建KNN模型。
- 'auto'：默认参数，自动决定最合适算法。

其中，'brute'暴力法适合数据较小的方式，否则，效率会比较低。如果数据量比较大，一般会选择用KD树构建KNN模型，而当KD树也比较慢的时候，则可以试试球树来构建KNN。不过，当数据较小或比较稀疏时，无论选择哪个，最后都会使用'brute'暴力法。

④leaf_size：一个整数，指定BallTree或者KDTree叶节点的规模（如果选择'brute'暴力法，那么这个值是可以忽略的），默认值是30，它影响树的构建和查询速度，如果数据量增多，那么这个参数需要增大，否则不仅速度过慢，而且容易过拟合。

⑤p：整数值，和metric参数结合使用，当metric参数是"minkowski"时，$p=1$为曼哈顿距离，$p=2$为欧氏距离，默认为$p=2$。

⑥metric：一个字符串，指定距离度量，默认为'minkowski'（闵可夫斯基距离），可以为以下几个值：

- 'euclidean'：欧氏距离。
- 'manhattan'：曼哈顿距离。
- 'chebyshev'：切比雪夫距离。

- ‘minkowski’：闵可夫斯基距离，默认参数。

⑦n_jobs：并行性，即指定多少个 CPU 进行运算；默认为 1，表示派发任务到所有计算机的 CPU 上。

（2）KneighborsClassifier 的核心操作步骤

KNeighborsClassifier 的使用很简单，核心操作包括三步：

①创建 KNeighborsClassifier 对象，并进行初始化。

基本格式：

sklearn. neighbors. KNeighborsClassifier(n_neighbors = 5, weights = 'uniform', algorithm = 'auto', leaf_size = 30, p = 2, metric = 'minkowski', metric_params = None, n_jobs = None, ** kwargs)

❈【注意】

n_neighbors、weights 和 metric 是核心参数，一定要掌握。

②调用 fit 方法，对数据集进行训练。

函数格式：fit(X, y)

说明：以 X 为训练集，以 y 为测试集对模型进行训练。

③调用 predict 函数，对测试集进行预测。

函数格式：predict(X)

说明：根据给定的数据，预测其所属的类别标签。

# 任务 2　红酒的分类

## 任务 2.1　红酒数据集分析与处理

### 2.1　任务目标

红酒数据集分析与处理

（1）正确认识与理解数据集的数据结构。

（2）使用相关函数分析数据集。

### 2.2　任务内容

正确理解数据集；调用相应函数实现对数据集的分析。

### 2.3　任务函数

Sklearn 库、load_wine 数据集、format()函数、train_test_split()函数。

### 2.4　任务步骤

#### 1. 分类问题的认知

分类问题是人类生产生活中常见的问题，比如，在社会交往过程中，需要根据关心、欺骗、伤害等因素来判断是普通朋友、亲密朋友还是路人或敌人；进入公园看到许许多多盛开的鲜花，你可以根据自己的生活经验判断出它是月季、鸢尾花或其他种类的花朵。

假设有这样一个问题：《中国酒业“十四五”发展指导意见》指出，预计到 2025 年我国葡萄酒行业产量为70万升，追上进口葡萄酒量的年度最高峰，销售收入达200亿元，实现利润40亿元。同时，形成中国特色的葡萄酒文化，让葡萄酒成为消费者美好生活的一部分，树立我国葡萄酒行业的整体形象。我国已经出现很多优良红酒，这些新葡萄酒急需通过产品交流会进行广而告之，供我国消费者进行消费参考。同时，红酒产业能够有效助力我国乡村振兴和精准扶贫。在葡萄酒展销会上，各个品种葡萄酒的位置分布情况可以用图来描述，也就是说，排在展销会前面几排的都是品质较高的品种，越往后坐，品质越不好，如图3-2-1所示。

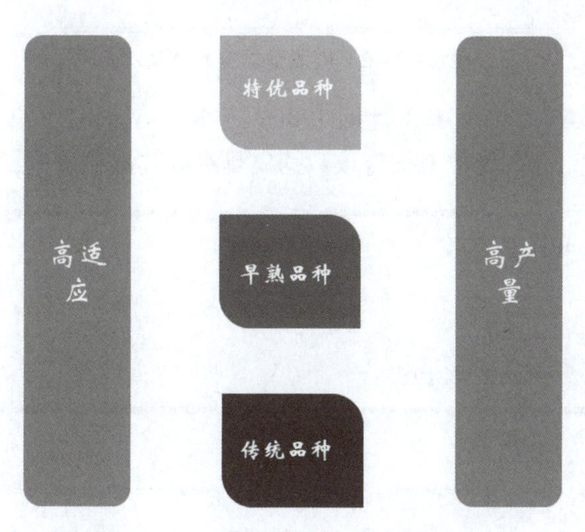


图3-2-1 葡萄酒产品展销会展位分布

现在又安排进来一个葡萄酒新品，如果放在靠前的位置，通常会认为这是个特优，否则就不是。把这个问题具体化：假设展位前四排中间位置现在安排的葡萄酒品种数量分别为2、1、0、2，前两排的3个品种是特优品，第四排其他两个品种不是。现在有一个新品种放在了第三排中间位置，那么这个葡萄酒品种是不是特优品呢？

### 2. 红酒数据集的认知

在本节红酒的分类中，实验所使用的数据集是来自Scikit-learn内置的酒数据集，这个数据集也包含在Scikit-learn的datasets模块中。下面通过Jupyter Notebook的记事本窗口来完成这个项目，首先输入多个模块的调用程序，代码如下：

```
import numpy as np
import matplotlib.pyplot as plt
from matplotlib.colors import ListedColormap
from sklearn import neighbors, datasets
from sklearn.model_selection import train_test_split
```

开始载入load_wine()函数的红酒数据集，包括键（keys）和数值（values）。先来总体观察一下红酒数据集的整体情况，代码如下：

```
wine = datasets.load_wine()
X = wine.data
y = wine.target
print('X 数据情况：{}'.format(X.shape))
```

运行结果如图 3-2-2 所示。

```
X数据情况：(178, 13)
```

图 3-2-2 红酒数据集整体情况

可以看出，红酒数据集具有 178 行即 178 个样本（sample），具有 13 列即 13 个特征（feature）变量。通过 print( ) 函数来检查该数据集具有哪些键和数值，代码如下：

```
wine = datasets.load_wine()
X = wine.data
y = wine.target
print('X 数据情况：{}'.format(X.shape))
```

运行结果如图 3-2-3 所示。

```
代码运行结果：
================================
红酒数据集中的键：
dict_keys(['data', 'target', 'frame', 'target_names', 'DESCR', 'feature_names'])
================================
```

图 3-2-3 红酒数据集的键和数值

从结果中可以看出，酒数据集中的键包括数据“data”、目标分类“target”、目标分类名称“target_names”、数据描述“DESCR”，以及特征变量的名称“features names”。

更细节的信息可以通过打印 DESCR 键来获得数据集中的简短描述，代码如下：

```
#输出数据集中的文字描述
print(wine['DESCR'])
```

输出结果如图 3-2-4 所示。

从结果中可以发现，文件中的每行代表一种酒的样本，共有 178 个样本，一共有 14 列，其中，第一个属性是类标识符，分别用 1、2、3 来表示，代表葡萄酒的三个分类。后面的 13 列为每个样本对应属性的样本值。数据集中的 178 个样本被归入 3 个类别中，分别是 class0、class1 和 class2，其中，class0 中包含 59 个样本，class1 中包含 71 个样本，class2 中包含 48 个样本。13 个特征变量包括酒精、苹果酸、灰、灰分的碱度、镁、总酚、黄酮类化合物、非黄烷类酚类、原花色素、颜色强度、色调、稀释葡萄酒的 OD280/OD315、脯氨酸，列表见表 3-2-1。

```
.. _wine_dataset:

Wine recognition dataset
------------------------

**Data Set Characteristics:**

    :Number of Instances: 178 (50 in each of three classes)
    :Number of Attributes: 13 numeric, predictive attributes and the class
    :Attribute Information:
            - Alcohol
            - Malic acid
            - Ash
            - Alcalinity of ash
            - Magnesium
            - Total phenols
            - Flavanoids
            - Nonflavanoid phenols
            - Proanthocyanins
            - Color intensity
            - Hue
            - OD280/OD315 of diluted wines
            - Proline

    - class:
            - class_0
            - class_1
            - class_2
```

```
    :Summary Statistics:

    ============================= ==== ===== ======= =====
                                   Min   Max   Mean     SD
    ============================= ==== ===== ======= =====
    Alcohol:                      11.0  14.8    13.0   0.8
    Malic Acid:                   0.74  5.80    2.34  1.12
    Ash:                          1.36  3.23    2.36  0.27
    Alcalinity of Ash:            10.6  30.0    19.5   3.3
    Magnesium:                    70.0 162.0    99.7  14.3
    Total Phenols:                0.98  3.88    2.29  0.63
    Flavanoids:                   0.34  5.08    2.03  1.00
    Nonflavanoid Phenols:         0.13  0.66    0.36  0.12
    Proanthocyanins:              0.41  3.58    1.59  0.57
    Colour Intensity:              1.3  13.0     5.1   2.3
    Hue:                          0.48  1.71    0.96  0.23
    OD280/OD315 of diluted wines: 1.27  4.00    2.61  0.71
    Proline:                       278  1680     746   315
    ============================= ==== ===== ======= =====

    :Missing Attribute Values: None
    :Class Distribution: class_0 (59), class_1 (71), class_2 (48)
    :Creator: R.A. Fisher
    :Donor: Michael Marshall (MARSHALL%PLU@io.arc.nasa.gov)
    :Date: July, 1988

This is a copy of UCI ML Wine recognition datasets.
https://archive.ics.uci.edu/ml/machine-learning-databases/wine/wine.data

The data is the results of a chemical analysis of wines grown in the same
region in Italy by three different cultivators. There are thirteen different
measurements taken for different constituents found in the three types of
wine.
```

**图 3-2-4 数据集中的简短描述**

**表 3-2-1 红酒数据集的 13 个特征变量和 1 个类标识**

| 序号 | 属性 | 属性描述 | 属性类型 |
|---|---|---|---|
| 1 | Class | 类别 | 离散 |
| 2 | Alcohol | 酒精 | 连续 |
| 3 | Malic acid | 苹果酸 | 连续 |
| 4 | Ash | 灰 | 连续 |
| 5 | Alcalinity of Ash | 灰分的碱度 | 连续 |
| 6 | Magnesium | 镁 | 连续 |
| 7 | Total Phenols | 总酚 | 连续 |
| 8 | Flavanoids | 黄酮类化合物 | 连续 |
| 9 | Noflavanoid Phenols | 非黄烷类酚类 | 连续 |
| 10 | Proanthocyanins | 原花色素 | 连续 |
| 11 | Color Intensity | 颜色强度 | 连续 |
| 12 | Hue | 色调 | 连续 |
| 13 | OD280/OD315 of diluted wines | 稀释葡萄酒的 OD280/OD315 | 连续 |
| 14 | Proline | 脯氨酸 | 连续 |

### 3. 分割数据集为训练集和测试集

需要一个能够自动将酒进行分类的机器学习的算法模型，在使用这个模型之前，需要对其可信度进行评判，用于分析它对于新的酒所进行的分类的准确性。肯定不能用生成模型的数据去评估算法模型，其判断结果肯定是满分，这就好像给苏炳添定制了一双跑鞋，那么这双跑鞋对于苏炳添来说肯定是百分之百合脚的，助力他成为百米飞人大战最新亚洲纪录保持者，但如果换成另一个运动员来穿这双跑鞋，就不一定合适了。

所以，需要把数据集分为两个部分，分别称为训练数据集和测试数据集。训练数据集就好比定制跑鞋时所用到的苏炳添的那双“摩打脚”，而测试数据集则是用来测试这双跑鞋的，验证这双跑鞋在其他运动员脚上是否合适。

通过使用 Scikit - learn 中的 train test split 函数工具来实现数据集的拆分，其拆分过程为：train test_split 函数将数据集进行随机排列，在默认情况下，将其中 75% 的数据及所对应的标签划归到训练数据集，并将其余 25% 的数据和所对应的标签划归到测试数据集。

一般情况下，数据的特征用大写的 X 表示，数据对应的标签用小写的 y 表示，X 是一个二维数组，也称为矩阵；而 y 是一个一维数组，或者说是一个向量。在 Juputer Notebook 中执行以下代码实现数据集拆分：

```
from sklearn.model_selection import train_test_split
X_train, X_test, y_train, y_test = train_test_split(X,y, random_state = 0)
print('X_train:{}, X_test:{}'.format(X_train.shape, X_test.shape))
print('y_train:{}, y_test:{}'.format(y_train.shape, y_test.shape))
```

结果显示，X、y 成功被分成训练集 X_train 和 y_train，为 133 条，约占原数据集的 75%；剩余的则分成测试集 X_test 和 y_test，为 45 条，约占原数据集的 25%，如图 3－2－5 所示。

```
X_train:(133, 13), X_test:(45, 13)
y_train:(133,), y_test:(45,)
```

**图 3－2－5　数据集拆分为训练集和测试集**

至此，酒数据集的拆分已经完成。在上述代码中，有一个随机数参数，称为 random state，其值被设定为 0。这是因为 train_test_split 函数需要一个伪随机数，并按照这个伪随机数对数据集进行拆分。在实施一个项目时，为了让实验结果呈现出可复现性，需要让多次生成的伪随机数相同，方法就是把 random state 参数的数值固定设置为某一具体数值，相同的 random state 参数会一直生成同样的伪随机数，但当这个值设为 0，或者保持默认的时候，则每次生成的伪随机数均不同。

wine 数据集是红酒数据集，可以用来测试分类算法的性能。该数据集为意大利同一地区生产的三个不同种类的葡萄酒的成分数据，对 178 条数据进行分析处理，其中共有 13 个成分特征。为了解决人工评审葡萄酒分类时容易产生错误的问题，提高分类效率，采用机器学习中支持向量机、逻辑回归等方法对其特征进行分析来确定葡萄酒的分类。

## 任务 2.2　用 KNN 算法实现红酒数据的分类

使用 KNN 算法实现红酒数据的分类

### 2.1　任务目标

（1）正确认识与理解程序框架。

（2）使用KNN框架程序实现红酒分类模型的搭建与训练。

**2.2 任务内容**

正确搭建分类模型、调整参数，实现对红酒的分类任务。

**2.3 任务函数**

Sklearn库、load_wine数据集、predict( )函数、train_test_split( )函数。

**2.4 任务步骤**

### 1. 使用KNN算法搭建模型

通过train_test_split函数将原数据集分割成训练数据集和测试数据集之后，就可以KNN算法进行建模了。从Scikit－learn的众多分类算法中选择KNN算法，在训练过程中，寻找新输入的数据与训练数据集中最近的数据点，并将训练数据集中的这个数据点的标签赋给新的数据点，从而实现对新的样本数据点的分类工作，代码如下：

```
from sklearn import neighbors, datasets
from sklearn.neighbors import KNeighborsClassifier
clf = neighbors.KNeighborsClassifier(n_neighbors=1, weights='distance')
clf.fit(X_train, y_train)
```

在KneighborsClassifier中，需要设置n_neighbors＝1这个参数，在scikit－learn中，KNN算法这一经典机器学习模块都需要在固定的类框架中运行，也就是在neighbors模块的KNeighborsClassifier类中运行。在KNeighborsClassifier类中，n_neighbors的具体数值就是最关键的参数，它表示的是近邻的数量。KNN则是在KNeighborsClassifier类中创建的一个对象。

下一步就是在KNN的对象中使用“拟合（fit）”的方法进行建模，建模的数据来源就是训练数据集中的样本数据X_train和其对应的标签y_train。代码如下：

```
print('训练集评分：{:.2f}'.format(clf.score(X_train, y_train)))
print('测试集模型评分：{:.2f}'.format(clf.score(X_test, y_test)))
```

从图3－2－6所示的结果中可以看到，KNN的拟合方法返回了自身作的结果。除了指定的n_neighbors＝1之外，其余参数都可以保持默认值而不做修改。然后分别采用训练集和测试集对模型进行评分，从上面的结果中看出，训练集得分为1，测试集得分为0.76，二者差别过大，可多次调节参数n_neighbors，直到两个分数都取得较高的分数和较好的一致性。

```
训练集评分：1.00
测试集模型评分：0.76
```

**图3－2－6　参数n_neighbors为1时的训练集与测试集得分**

最近邻的个数设置为8，测试集得分提高到了0.82，通过不断调整参数n_neighbors的数值实现程序的迭代，寻找最优化参数值，这就是人工智能岗位中调参工作的主要内容。代码如下：

```
from sklearn import neighbors, datasets
from sklearn.neighbors import KNeighborsClassifier
clf = neighbors.KNeighborsClassifier(n_neighbors=8, weights='distance')
clf.fit(X_train, y_train)
print('训练集评分：{:.2f}'.format(clf.score(X_train, y_train)))
print('测试集模型评分：{:.2f}'.format(clf.score(X_test, y_test)))
```

结果如图 3－2－7 所示。

```
训练集评分：1.00
测试集模型评分：0.82
```

**图 3－2－7　参数 n_neighbors 为 8 时的训练集及测试集得分**

### 2. 新批次红酒的分类

假设工厂完成了某一批次的红酒产品，其特征值参数测定见表 3－2－2，运用上面搭建并已经拟合的框架来判断。通过 Jupyter Notebook 中代码的运行结果（图 3－2－8）得知，新批次红酒可归到 class0 这一类。

**表 3－2－2　新批次红酒的特征测量值**

| 序号 | 属性 | 属性描述 | 数值 |
|---|---|---|---|
| 1 | Alcohol | 酒精 | 13.42 |
| 2 | Malic acid | 苹果酸 | 2.97 |
| 3 | Ash | 灰 | 2.01 |
| 4 | Alcalinity of Ash | 灰分的碱度 | 19.5 |
| 5 | Magnesium | 镁 | 90.6 |
| 6 | Total Phenols | 总酚 | 1.22 |
| 7 | Flavanoids | 黄酮类化合物 | 2.69 |
| 8 | Nonflavanoid Phenols | 非黄烷类酚类 | 0.42 |
| 9 | Proanthocyanins | 原花色素 | 1.54 |
| 10 | Color Intensity | 颜色强度 | 6.9 |
| 11 | Hue | 色调 | 1.56 |
| 12 | OD280/OD315 of diluted wines | 稀释葡萄酒的 OD280/OD315 | 3.83 |
| 13 | Proline | 脯氨酸 | 890 |

```
import numpy as np
#输入新的红酒批次特征点
x_xin=np.array([[13.42,2.97,2.01,19.5,90.6,1.22,2.69,0.42,1.42,6.9,1.54,3.83,890]])
prediction=clf.predict(x_xin)
print('x_xin 红酒分钟的判断结果:')
print("预测新批次红酒的分类为：{}".format(wine['target_names'][prediction]))
```

```
x_xin红酒分钟的判断结果:
预测新批次红酒的分类为：['class_0']
```

**图 3-2-8 新批次红酒分类预测**

如果大家已经手动完成 n_neighbours 参数的不断迭代，是不是感觉太麻烦了呢？也可以绘制得分随近邻个数变化的曲线图，从中可以更方便地找到最优的参数值，如图 3-2-9 所示。

```
#建立两个空列表，分别对于训练数据集和测试数据集的模型评分
training_score = []
test_score = []
neighbors_amount = [1,20]
for n_neighbors in neighbors_amount:
    clf3 = neighbors.KNeighborsClassifier(n_neighbors = n_neighbors)
    clf3.fit(X_train, y_train)
    #把不同的 n_neighbors 数量对应的得分放进列表
    training_score.append(clf3.score(X_train, y_train))
    test_score.append(clf3.score(X_test, y_test))

#下面用 matplotlib 将得分进行绘图
plt.plot(neighbors_amount, training_score, label = "training score")
plt.plot(neighbors_amount, test_score, label = "test score")
plt.ylabel("score")
plt.xlabel("n_neighbors")
plt.legend()
plt.show()
```

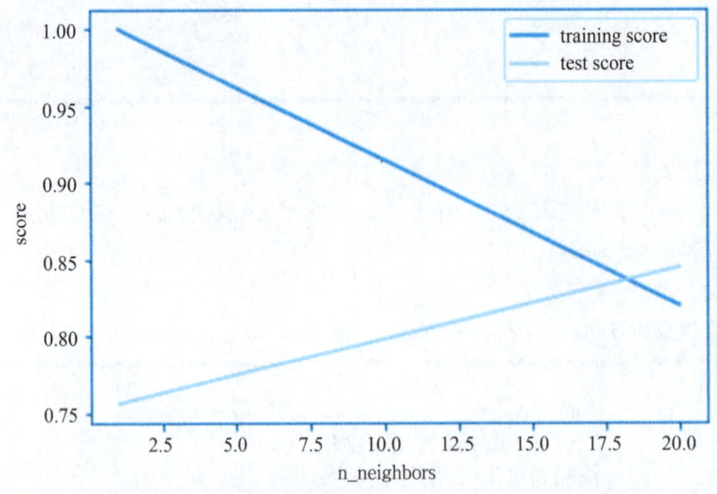


图 3-2-9　测试得分随参数 n_neighbors 变化的曲线图

## 任务 2.3　用 SVM 算法实现红酒数据的分类

使用 SVM 算法实现红酒数据的分类

### 2.1　任务目标

（1）正确认识与理解程序框架。

（2）使用 SVM 框架程序实现红酒分类模型的搭建与训练。

### 2.2　任务内容

正确搭建分类模型、调整参数，实现对红酒的分类任务。

### 2.3　任务函数

Sklearn 库、load_wine 数据集、predict( ) 函数、train_test_split( ) 函数、Pandas 库。

### 2.3.4　任务步骤

#### 1. 熟知 SVM 算法

支持向量机（Support Vector Machines，SVM）是一种二分类模型，它将实例的特征向量映射为空间中的一些点，SVM 的作用是画出合适的一条线或者分类平面（分类器的决策边界，比如 $y = \boldsymbol{w}^{\mathrm{T}}x + b$），以“最好地”区分这两类点，使得即使以后有了新的点，这条线也能做出很好的分类。其中核心思想就是支持向量机提出的最大化分类间距，如图 3-2-10 所示。SVM 适合中小型数据样本、非线性、高维的分类问题。

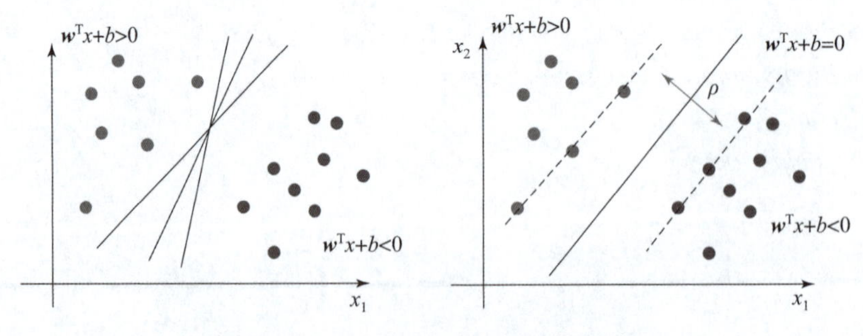


图 3-2-10　支持向量机分类平面示意图

两个支持平面之间的距离称作分类器的分类间距$\rho$，而支持向量机的核心思想就是最大化分类间距$\rho$。支持向量机的目标是找到数据间的最佳分割边界。在二维空间中，可以把它想象成分割数据集的最佳拟合线。在支持向量机中，其实是在处理向量空间，因此，分离线实际上是一个分离的超平面。最好的分离超平面被定义为包含支持向量之间“最宽”边界的超平面。超平面也可以称为决策边界。

### 2. 二分类模型的评价方法

二分类模型的评价方法

在模型建立之后，接下来就要去评估模型，确定这个模型是否有用。在实际情况中，根据模型的类型和模型以后要做的事，可采用不同的度量对模型进行评估。

二分类模型的是一种分类方法，输出只有0、1的分类模型。主要用于信息检索、分类、识别、翻译体系中。在机器学习、人工智能领域，混淆矩阵又称为可能性表格或错误矩阵，是一种矩阵呈现的可视化工具，用于有监督学习。在无监督学习中一般叫匹配矩阵。混淆矩阵是一个$N \times N$的矩阵，$N$为分类（目标值）的个数，假如面对的是一个二分类模型问题，即$N=2$，就得到一个$2 \times 2$的矩阵，它就是一个二分类评估问题，见表3-2-3。二分类模型中可能的分类结果如图的混淆矩阵，混淆矩阵涵盖了二分类模型所有可能的输出。

表3-2-3 混淆矩阵

| 混淆矩阵 | | 预测值 | |
|---|---|---|---|
| | | 1（决定P） | （0决定N） |
| 真实值 | 1 | TP | FN |
| | 0 | FP | TN |

混淆矩阵的每一列代表预测类别，每一列的总数表示预测为该类别的数据的数目，每一行代表了数据的真实归属类别，每一行的数据总数表示该类别的实例的数目。

阳（Positive，P）。

阴（Negative，N）。

真阳（True Positive，TP）：正确的肯定，又称“命中”(Hit)；被模型预测为正类的正样本。

真阴（True Negative，TN）：正确的否定，又称“正确拒绝”（correct rejection），被模型预测为负类的负样本。

伪阳（false Positive，FP）：错误的肯定，又称“假警报”（false alarm）；被模型预测为负类的正样本。

伪阴（false Negative，FN）：错误的否定，又称“未命中”（miss）；被模型预测为正类的负样本。

模型的常用评估参数有：

（1）准确率

首先给出准确率（Accuracy）的定义，即预测正确的结果占总样本的百分比，表达式见式（3-2-1）。

$$准确率=\frac{TP+TN}{TP+TN+FP+FN} \tag{3-2-1}$$

（2）精确度

预测认为对的中，确实是对的所占的比例，表达式见式（3-2-2）。

$$精确率=\frac{TP}{TP+FP} \tag{3-2-2}$$

（3）召回率

本来是对的，即真实值为 1 的数量 = TP + FN。

你找回了多少对的：TP。

本来是对的中，你找回的对的所占的比率，表达式见式（3-2-3）。

$$召回率=\frac{TP}{TP+FN} \tag{3-2-3}$$

（4）$F_1$ 值

精确率反映了模型对负样本的区分力，召回率反映了模型对正样本的识别力，$F_1$ 值是两者的综合，$F_1$ 值越大，分类模型越稳，精确率越高越好，召回率越高越好，表达式见式（3-2-4）。

$$F_1=\frac{2}{\frac{1}{精确率}+\frac{1}{召回率}} \Rightarrow F_1=\frac{2\ 精确率*召回率}{精确率+召回率} \tag{3-2-4}$$

（5）分类报告

该函数就是在进行了分类任务之后通过输入原始真实数据（y_true）和预测数据（y_pred）而得到的分类报告，常常用来观察模型的好坏，如利用 $f_1$ 值进行评判，输出界面如图 3-2-11 所示。

```
使用SVM预测红酒数据的分类报告为:
              precision    recall    F1值    support

           0       1.00      1.00      1.00       16
           1       1.00      1.00      1.00       21
           2       1.00      1.00      1.00        8

    accuracy                           1.00       45
   macro avg       1.00      1.00      1.00       45
weighted avg       1.00      1.00      1.00       45
```

**图 3-2-11　红酒数据的分类报告**

### 3. 使用 SVM 模型实现红酒的分类

使用 import 命令载入 NumPy 库、Sklearn 库、train_test_split( ) 等函数，载入红酒数据集并将其赋值给 wine。再次把数据集特征值 wine. data 赋值给 X，将目标数据赋值给 y，最后用 print( ) 函数输出数据集情况，如图 3-2-12 所示。

```
import numpy as np
import matplotlib.pyplot as plt
from matplotlib.colors import ListedColormap
from sklearn import neighbors, datasets
from sklearn.model_selection import train_test_split
wine = datasets.load_wine()
X = wine.data
y = wine.target
print('X 数据情况：{}'.format(X.shape))
```

```
X数据情况：(178, 13)
```

图 3-2-12　数据集情况

在将数据集分为训练集和测试集后输出结果，可以看出训练集和测试集的比例为 4∶1，实现了红酒数据集的分割，如图 3-2-13 所示。

```
from sklearn.model_selection import train_test_split
X_train, X_test, y_train, y_test = train_test_split(X,y, random_state = 0)
print('X_train:{}, X_test:{}'.format(X_train.shape, X_test.shape))
print('y_train:{}, y_test:{}'.format(y_train.shape, y_test.shape))
```

```
X_train:(133, 13), X_test:(45, 13)
y_train:(133,), y_test:(45,)
```

图 3-2-13　数据集分割

从 Sklearn 库中导入标准化工具并建立相应模型 MinMaxScaler. fit()，最后实现数据的标准化操作。

```
from sklearn.preprocessing import MinMaxScaler #标准差标准化
stdScale = MinMaxScaler().fit(X_train) #生成规则(建模)
wine_trainScaler = stdScale.transform(X_train)#对训练集进行标准化
wine_testScaler = stdScale.transform(X_test)#用训练集训练的模型对测试集标准化
```

下一步则是从 Sklearn 库中载入 SVM，并建立向量机模型，使用已经标准化后的数据 wine_trainScaler 训练模型，然后使用标准化后的测试数据。

```
from sklearn.svm import SVC
svm = SVC().fit(wine_trainScaler,y_train)
wine_target_pred = svm.predict(wine_testScaler)
```

分别标准化后，训练集和测试集分别评估模型得分，如图 3－2－14 所示，可以发现数据标准化后的训练集得分为 0.99，测试集得分则为 1，显然比上一任务的 KNN 模型靠谱多了。

```
print('训练集模型评分：{:.2f}'.format(svm.score(wine_trainScaler, y_train)))
print('测试集模型评分：{:.2f}'.format(svm.score(wine_testScaler, y_test)))
```

```
训练集模型评分：0.99
测试集模型评分：1.00
```

图 3－2－14　训练集及测试集评分

采用分类报告来查看模型评估参数情况，图 3－2－15 分别给出了模型的精确度、召回率及 $F_1$ 参数。

```
#打印出分类报告,评价分类模型性能
from sklearn.metrics import classification_report
print('使用 SVM 预测红酒数据的分类报告为：','\n',classification_report(y_test,wine_target_pred))
```

```
使用SVM预测红酒数据的分类报告为:
              precision    recall  f1-score   support

           0       1.00      1.00      1.00        16
           1       1.00      1.00      1.00        21
           2       1.00      1.00      1.00         8

    accuracy                           1.00        45
   macro avg       1.00      1.00      1.00        45
weighted avg       1.00      1.00      1.00        45
```

图 3－2－15　分类报告

最后一步则是对新来的一批酒进行分类判断，分类结果为 class_1，如图 3－2－16 所示。

```
import numpy as np
#输入新的红酒批次特征点
x_xin1=np.array([[13.42,2.97,2.01,19.5,90.6,1.22,2.69,0.42,1.42,6.9,1.54,3.83,890]])
#使用.predict 进行红酒分类的预测
prediction=svm.predict(x_xin1)
print('x_xin 红酒分类的判断结果:')
print("预测新批次红酒的分类为：{}".format(wine['target_names'][prediction]))
```

```
x_xin红酒分类的判断结果:
预测新批次红酒的分类为：['class_1']
```

图 3－2－16　新批次红酒分类的预测

## 小结

在本项目中，掌握了KNN算法和SVM的原理及使用方法，包括KNN分类和SVM分类，并且使用KNN算法和SVM算法对红酒的分类进行了分析。不过也看到，对于这个13维的数据集来说，KNN算法的表现较为差劲，而SVM算法的表现较佳。

KNN算法可以说是一个非常经典而且原理十分容易理解的算法，作为第一个算法来进行学习可以帮助大家在未来更好地理解其他的算法模型。不过KNN算法在实际使用当中会有很多问题，例如它需要对数据集认真地进行预处理、对规模超大的数据集拟合的时间较长、对高维数据集拟合欠佳，以及对于稀疏数据集束手无策等。所以，在当前各种常见的工业应用场景中，KNN算法的使用并不多见。

SVM属于监督学习，是在深度学习算法流行之前很火的一种机器学习算法。它的数学原理独到，功能强大，曾经一度是各类机器学习算法性能比较的基准。直到现在，各类变种SVM仍广泛用于学术圈和实业界。甚至和神经网络相比，SVM在拟合非线性的模型时可能会更强大，也更容易理解。不过SVM也有一些不足，比如容易过拟合。

## 学习测评

### 1. 工作任务交办单

工作任务交办单

<table>
<tr><td>工作任务</td><td colspan="3">红酒的分类</td></tr>
<tr><td>小组名称</td><td></td><td>工作成员</td><td></td></tr>
<tr><td>工作时间</td><td></td><td>完成总时长</td><td></td></tr>
<tr><td colspan="4">工作任务描述</td></tr>
<tr><td colspan="4">处理数据集，并完成各种库函数导入及数据集处理的练习。</td></tr>
<tr><td colspan="4">任务执行记录</td></tr>
<tr><td>序号</td><td>工作内容</td><td>完成情况</td><td>操作员</td></tr>
<tr><td></td><td></td><td></td><td></td></tr>
<tr><td></td><td></td><td></td><td></td></tr>
<tr><td></td><td></td><td></td><td></td></tr>
<tr><td></td><td></td><td></td><td></td></tr>
<tr><td></td><td></td><td></td><td></td></tr>
<tr><td></td><td></td><td></td><td></td></tr>
<tr><td></td><td></td><td></td><td></td></tr>
</table>

续表

| 任务执行记录 | | | |
|---|---|---|---|
| 序号 | 工作内容 | 完成情况 | 操作员 |
| | | | |
| | | | |
| 任务负责人小结 | | | |
| | | | |
| 上级验收评定 | | 验收人签名 | |

## 2. 工作任务评价表

工作任务评价表

| 工作任务 | | 分别使用 KNN 算法和 SVM 算法实现红酒的分类 | | | | |
|---|---|---|---|---|---|---|
| 小组名称 | | | 工作成员 | | | |
| 项目 | | 评价依据 | 参考分值 | 自我评价 | 小组互评 | 教师评价 |
| 任务需求分析（10%） | | 任务明确 | 5 | | | |
| | | 解决方案思路清晰 | 5 | | | |
| 任务实施准备（20%） | | 掌握各种库函数 | 5 | | | |
| | | 熟知模型的评价参数 | 5 | | | |
| | | 明确科学、合理的编写规范 | 5 | | | |
| 任务实施（50%） | 子任务 1 | 能结合实际对程序结构进行分析 | 5 | | | |
| | 子任务 2 | 高效地完成代码编写任务 | 10 | | | |
| | | 代码简洁，结构清晰 | 5 | | | |
| | | 代码注释完整 | 5 | | | |
| | 子任务 3 | 能够完成代码的基本编写 | 5 | | | |
| | | 能够使用 KNN 和 SVM 模型搭建 | 5 | | | |
| | | 能够完成红酒的分类完整编写 | 10 | | | |
| | | 能够在 Anaconda 中运行代码，并实现迭代 | 5 | | | |
| | | 能够对代码错误进行判定 | 5 | | | |
| | | 代码简洁，结构清晰 | 5 | | | |
| | | 代码注释完整 | 5 | | | |

续表

<table>
<tr><td>工作任务</td><td colspan="6">分别使用 KNN 算法和 SVM 算法实现红酒的分类</td></tr>
<tr><td>小组名称</td><td></td><td>工作成员</td><td colspan="4"></td></tr>
<tr><td>项目</td><td colspan="2">评价依据</td><td>参考分值</td><td>自我评价</td><td>小组互评</td><td>教师评价</td></tr>
<tr><td rowspan="2">思政劳动素养（20%）</td><td colspan="2">有理想、有规划，科学严谨的工作态度、精益求精的工匠精神</td><td>5</td><td></td><td></td><td></td></tr>
<tr><td colspan="2">良好的劳动态度、劳动习惯，团队协作精神，有效沟通，创造性劳动</td><td>5</td><td></td><td></td><td></td></tr>
<tr><td colspan="3">综合得分</td><td>100</td><td colspan="2"></td><td></td></tr>
<tr><td>评价小组签字</td><td colspan="2"></td><td colspan="2">教师签字</td><td colspan="2"></td></tr>
</table>

## 习题

1. 在 Anaconda 中建立 KNN 和 SVM 框架程序的步骤是什么？

2. 框架模型评价的基本参数有哪些？

3. 课本中就 KNN 和 SVM 算法写了两段代码，用于实现红酒的分类，请将两段代码写成一段代码来同时完成用 KNN 和 SVM 进行红酒的分类。

4. KNN 算法的基本要素不包括（　　）。

A. 距离度量　　B. $K$ 值的选择　　C. 样本大小　　D. 分类决策规则

5. 关于 KNN 算法的说法，错误的是（　　）。

A. KNN 算法是机器学习　　B. KNN 算法是无监督学习

C. $K$ 代表分类个数　　D. $K$ 的选择对分类结果没有影响

6. 以下关于 KNN 算法的说法中，正确的是（　　）。

A. KNN 算法不可以用来解决回归问题

B. 随着 $K$ 值的增大，决策边界会越来越光滑

C. KNN 算法适合解决高维稀疏数据上的问题

D. 相对 3 近邻模型而言，1 近邻模型的 bias 更大，variance 更小

7. 以下关于 KNN 算法的说法中，错误的是（　　）。

A. 一般使用投票法进行分类任务

B. KNN 算法属于懒惰学习

C. KNN 算法训练时间普遍偏长

D. 距离计算方法不同，效果也可能有显著差别

8. 利用 KNN 算法实现对 Sklearn 中的 iris 数据集的鸢尾花分类编程。

9. 利用 KNN 算法实现对 datingSet 数据集的约会分类编程，实现约会网站配对，并画出如图 3－2－17 所示图形。

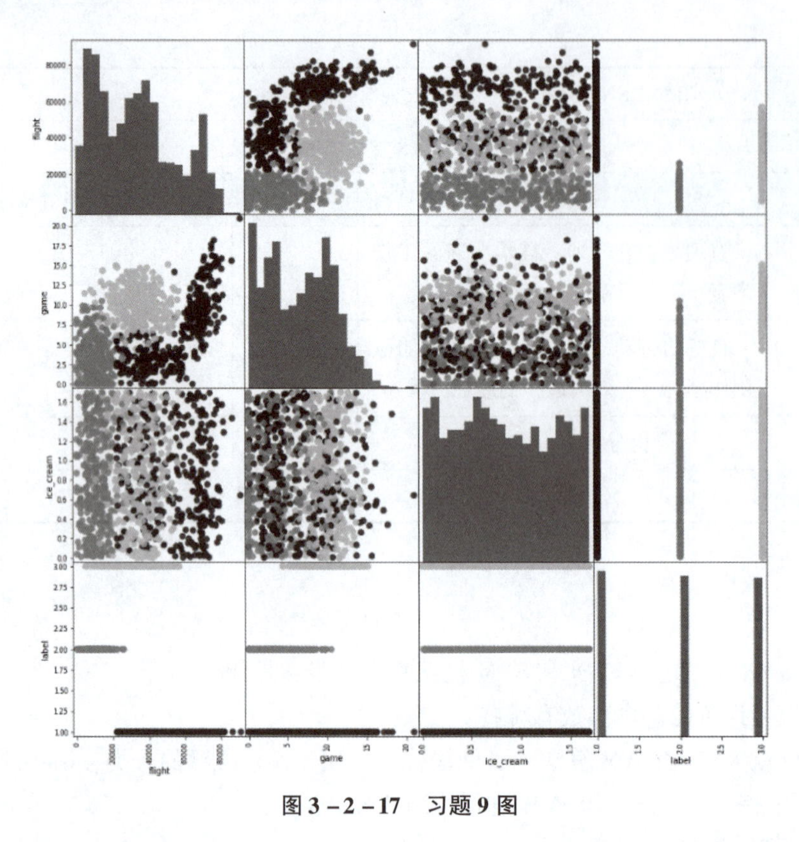


图 3-2-17　习题 9 图

10. 使用 Python（不使用框架）编写 KNN 实现约会网站配对的代码可参考配套代码包。

# 项目4

# 红酒数据的爬取与分析

## 项目目标

（1）能正确载入 Matplotlib 函数，了解其基本子模块和基本函数。

（2）能对运算结果进行可视化。

（3）使用 Requests 库进行网页爬取。

（4）使用 BeautifulSoup 进行 HTML 解析。

## 项目任务

从网页端爬取红酒销售数据、红酒文章信息，并且对红酒文章内容进行分词、词频统计、绘制词云图，最终将爬取到的各类数据保存到 Excel 文件中。

## 任务1 爬取“十四五”相关政策

### 1.1 任务目标

（1）正确认识、使用 Requests 库爬取网页信息。

（2）使用 BeautifulSoup 进行 HTML 解析和数据内容的提取。

### 1.2 任务内容

爬取国务院发布的“十四五”相关的政策信息。

安装并使用 Requests 库

### 1.3 任务函数

Requests 库、BeautifulSoup 库、Pandas 库。

### 1.4 任务步骤

#### 1. 安装 Requests 库

在 Python 中，能够实现爬虫功能的库有很多，其中，Requests 库是最常用的一个，其可以方便地向网站发送 HTTP 请求，并获取响应结果。首先要安装这个库。以管理员身份运行命令提示符，输入如图 4 - 1 - 1 所示代码。安装完成后，会出现图 4 - 1 - 1 中所显示的 Successfully installed charset - normalizer - 2.0.8 requests - 2.26.0。Requests 库是一个常用的 http 请求库，它本身就是用 Python 编写的。Requests 基于 Urllib，但是它的语法比 Urllib 简单易懂，而且功能强大，对新手来说都非常友好。在 Requests 库安装完成后，要对目标网站进行请求。

```
pip install requests
```

图 4-1-1　Requests 库的安装界面

### 2. 确定一个目标网站并分析其结构

在经过了上面的准备之后，可以开始爬取第一个网站了。在日常工作中，除了要关注具体的事务之外，还应该常常关注宏观政策形势，以便做出正确的商业决策。这里就以中华人民共和国中央人民政府官网作为目标，爬取一下“十四五”相关的最新的政策文件。首先，在浏览器地址栏输入“http://www.gov.cn”，打开中华人民共和国中央人民政府官网。为了查找“十四五”相关的政策性文件，在网页右上角搜索框中搜索“十四五”并单击“搜索”按钮，如图 4-1-2 所示。

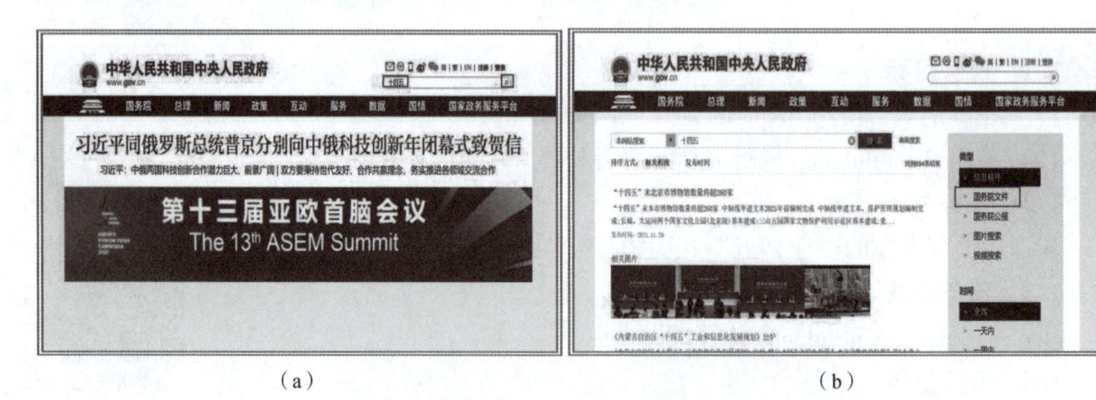


(a)　　　　(b)

图 4-1-2　在中华人民共和国中央人民政府官网爬取“十四五”政策

从图 4-1-2（b）中可以看出，搜索出来的资料中含有新闻报道等非政策性文件，这里需要单击右侧的国务院文件进行筛选，确保搜索得到的信息都是“十四五”相关的政策性文件。

筛选后的“十四五”政策文件如图 4-1-3 所示，复制该网页的网址 http://sousuo.gov.cn/s.htm?q=%E5%8D%81%E5%9B%9B%E4%BA%94&t=paper，后面介绍爬虫的时候，就使用该网址进行信息的爬取。

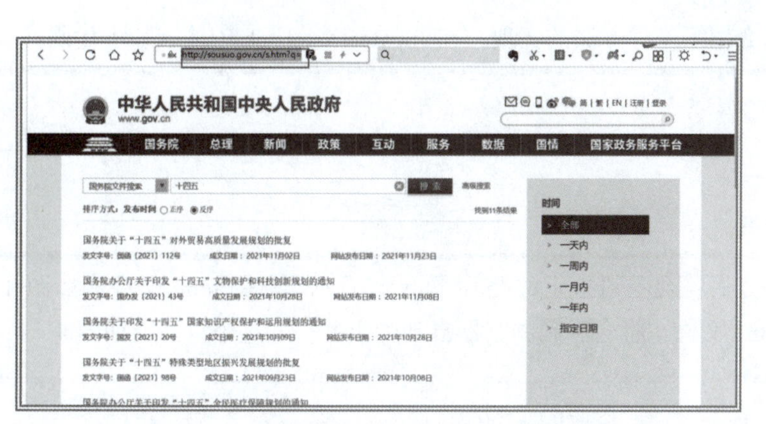


**图 4－1－3　筛选后的“十四五”政策性文件**

### 3. 进行爬取并保存为本地文件

接下来，要用上面这些政策文件的页面来进行实验，用安装好的 Requests 库来请求这个页面的内容。现在打开 Jupyter Notebook，新建 Python3 记事本，并输入如下代码：

```
#导入 request 库
import requests
#requests 库用来发送请求的语句是 requests .get
r                                                                    =
requests.get("http://sousuo.gov.cn/s.htm?q=%E5%8D%81%E5%9B%9B%E4%BA%94&t=pa
per")
#打印结果
print (r.text)
```

在这段代码中，使用 requests. get 来请求页面内容，括号中的链接就是刚刚搜索“十四五”得到的政策性文件的网页链接。运行代码后，得到如图 4－1－4 所示的结果。

```
<!DOCTYPE html PUBLIC "-//W3C//DTD XHTML 1.0 Transitional//EN" "http://www.w3.org/TR/xhtml1/DTD/xhtml1-transitional.dtd">
<html xmlns="http://www.w3.org/1999/xhtml">
<head>
<script id="allmobilize" charset="utf-8" src="http://ysp.www.gov.cn/efb21e959cfc1f75725c5f5df95ee8ff/allmobilize.min.js"></script>
<meta http-equiv="Cache-Control" content="no-siteapp" />
<meta name="viewport" content="width=1100" />
<link rel="alternate" media="handheld" href="#"/>
<meta name="description" content="国务院文件搜索。">
<title>国务院文件搜索</title>
<script type="text/javascript" src="http://sousuo.gov.cn/static/js/sim_selected.js"></script>
<script type="text/javascript" src="http://sousuo.gov.cn/static/js/jquery-1.8.3.min.js"></script>
<script type="text/javascript" src="http://sousuo.gov.cn/static/js/jquery-ui-1.9.0.custom.min.js"></script>
<script type="text/javascript" src="http://sousuo.gov.cn/static/js/jquery.date_input.pack.js"></script>
<script type="text/javascript" src="http://sousuo.gov.cn/static/js/jquery.ui.datepicker-zh-CN.js"></script>
<script src="http://sousuo.gov.cn/static/js/guosou.autocomplete.js"></script>
<script type="text/javascript" src="http://sousuo.gov.cn/static/js/checksearch.js"></script>
<script type="text/javascript" src="http://sousuo.gov.cn/static/js/imagesloaded.pkgd.min.js"></script>
<script type="text/javascript" src="http://sousuo.gov.cn/static/js/search_option.js"></script>
```

**图 4－1－4　运行 requests. get 代码得到的信息界面**

现在的问题是，这个页面夹杂了大量的 html 语言，给阅读造成极大的不便。为了能够让页面更加清晰易读，有两种方式：一是将这个页面保存为 html 文件，这样就可以用浏览器打开，从而清晰地阅读其中的内容；另一种方法是使用 html 解析器，将页面中重要的内容抽取出来，保存为需要的任意格式的文件（如 CSV 文件）。

下面先来介绍第一种方法的实现，在 Jupyter Notebook 中输入如下代码：

```
#指定保存 html 文件的路径、文件名和编码方式
with open('d:/requests/十四五.html','w',encoding = 'utf8') as f:
    #将文本写入
    f.write(r.text)
```

运行代码之后，会看到指定的路径下产生了一个新的 html 文件，如图 4－1－5 所示。双击图中的 html 文件，将会看到浏览器自动弹出并打开这个页面，如图 4－1－6 所示。

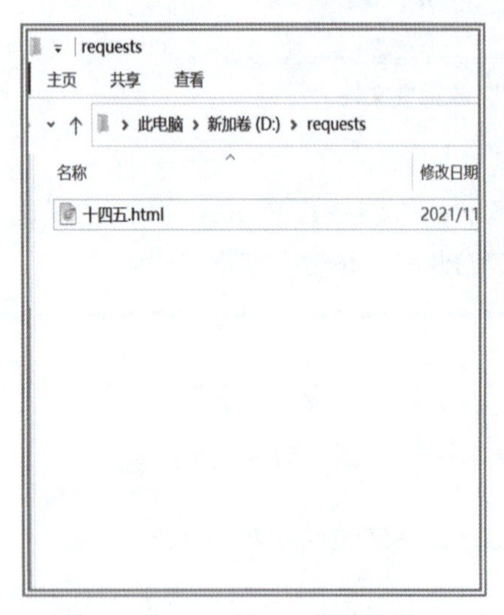


图 4－1－5　新 html 文件的产生

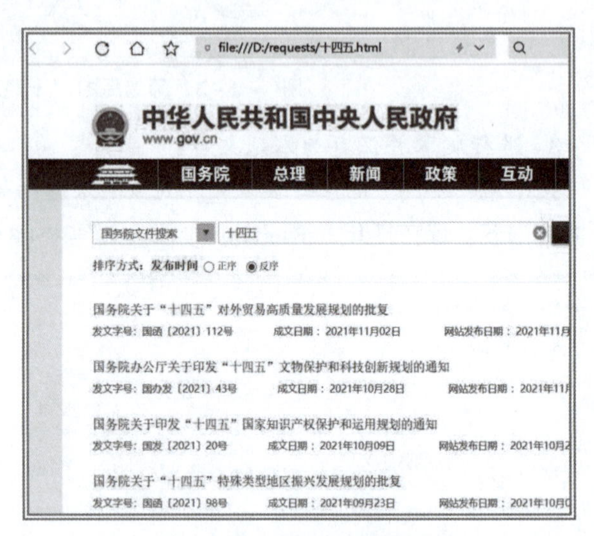


图 4－1－6　弹出浏览器页面

从图 4－1－6 所示浏览器的地址栏中可以看到，页面已经保存到本地，并且可以正常阅读。

当然，上面这部分只是为了展示 Requests 的基本用法，然而这样的爬取并没有实际的意义。因为如果把每一个页面地址都复制下来，再由 Requests 进行爬取后保存到本地进行阅读，这样做并没有提高工作效率，反而还有所降低。所以，接下来要换一种方式进行爬取。

事实上，对于日常的工作场景来说，可能更希望爬取的结果如图 4－1－7 所示。

| 标题 | 链接 |
|---|---|
| 国务院关于“十四五”对外贸易高质量发展规划的批复 | http://www.gov.cn/zhengce/content/2021-11/23/content_5652782.htm |
| 国务院办公厅关于印发“十四五”文物保护和科技创新规划的通知 | http://www.gov.cn/zhengce/content/2021-11/08/content_5649764.htm |
| 国务院关于印发“十四五”国家知识产权保护和运用规划的通知 | http://www.gov.cn/zhengce/content/2021-10/28/content_5647274.htm |
| 国务院关于“十四五”特殊类型地区振兴发展规划的批复 | http://www.gov.cn/zhengce/content/2021-10/08/content_5641325.htm |
| 国务院办公厅关于印发“十四五”全民医疗保障规划的通知 | http://www.gov.cn/zhengce/content/2021-09/29/content_5639967.htm |
| 国务院关于推进资源型地区高质量发展“十四五”实施方案的批复 | http://www.gov.cn/zhengce/content/2021-09/23/content_5638897.htm |
| 国务院关于东北全面振兴“十四五”实施方案的批复 | http://www.gov.cn/zhengce/content/2021-09/13/content_5637015.htm |
| 国务院关于印发“十四五”就业促进规划的通知 | http://www.gov.cn/zhengce/content/2021-08/27/content_5633714.htm |
| 国务院关于印发“十四五”残疾人保障和发展规划的通知 | http://www.gov.cn/zhengce/content/2021-07/21/content_5626391.htm |
| 国务院办公厅关于重点林区“十四五”期间年森林采伐限额的复函 | http://www.gov.cn/zhengce/content/2021-02/09/content_5586306.htm |

图 4－1－7　希望爬取的结果

图4-1-7展示的是在日常工作中更希望得到的结果，用一个表格呈现相关政策文件的标题以及链接。这样可以大致浏览一下有没有和业务相关的政策文件，如果有的话，再单击链接阅读详细内容。而且这样也便于使用邮件或即时通信工具进行分享。接下来研究如何解析数据并保存到本地磁盘。

### 4. 网页结构分析

下面来分析一下“十四五”政策文件所在页面的网页源代码，在网页上单击鼠标右键，在弹出的菜单中单击“审查元素”这一项，如图4-1-8所示。

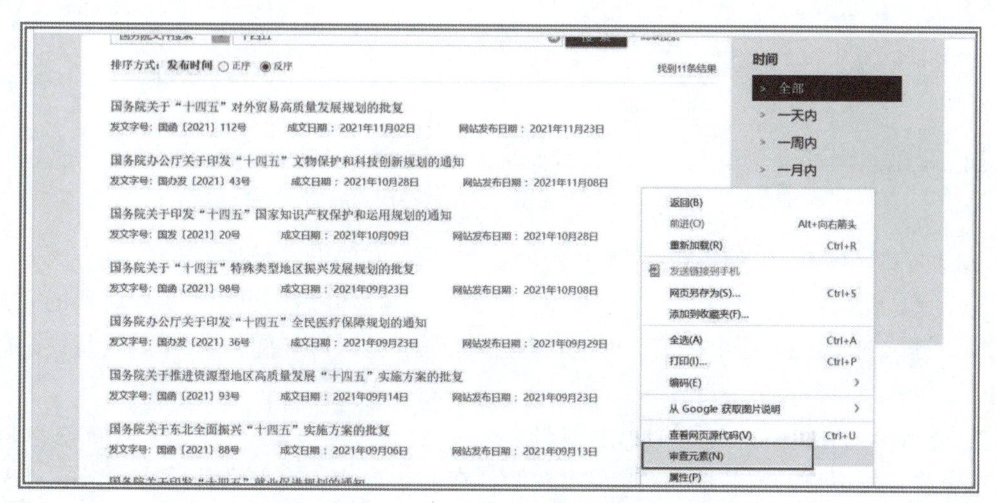


**图4-1-8　单击“审查元素”**

在单击“审查元素”之后，会看到浏览器下侧出现一个新的窗口，如图4-1-9所示。

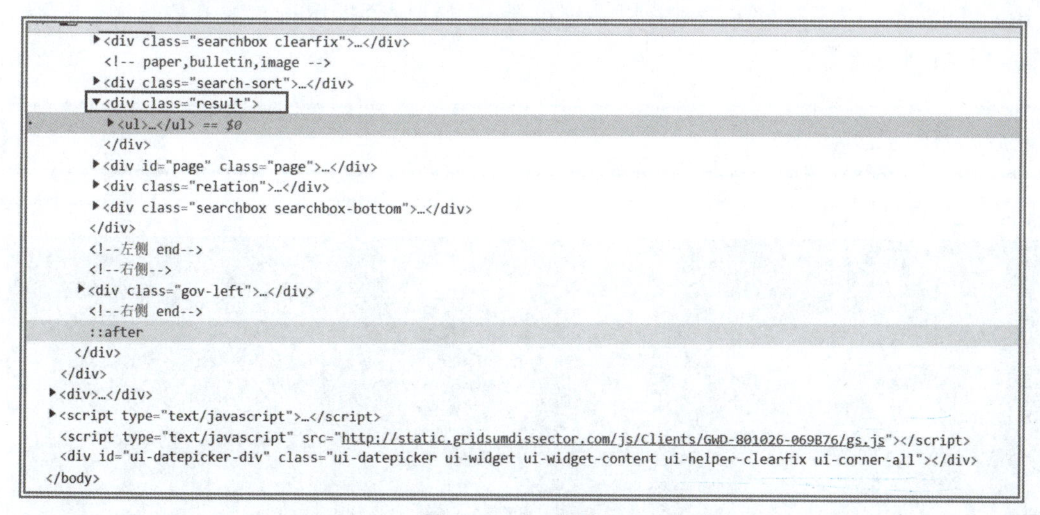


**图4-1-9　新窗口**

从图4-1-9中可以看到，新出现的窗口中显示的是该网页的元素，方框框住的位置class为“result”，需要爬取的内容就存储在这个元素当中。单击方框下方<ul>标签左边的小三角，可以展开这个元素，然后继续展开下面的<li>、<h3>、<a>这3个元素左边的小三角，如图4-1-10所示。

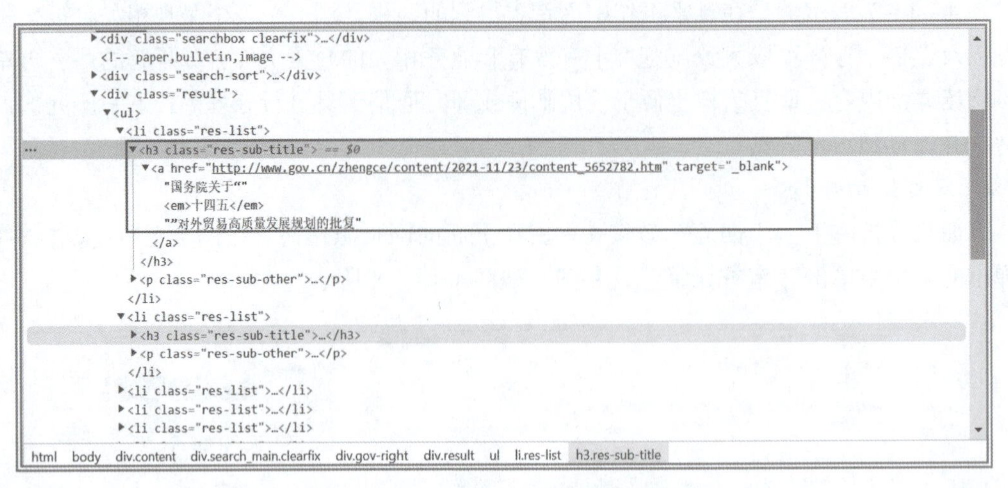


图 4-1-10　<ul>元素展开后的界面

从图 4-1-10 中可以看到，展开 <ul>元素之后，它的下一级是若干个 <li>元素。展开第一个 <li>元素后，可以看到一个 <h3>元素。继续展开后，出现了想要爬取的政策链接之一。继续展开 <a>这个标签，可以看到想要爬取的政策标题。方框中的信息便是想要的内容。

### 5. 使用 BeautifulSoup 进行 HTML 解析

进行 HTML 解析和数据内容的提取

接下来使用 HTML 解析器来获取这些内容。在 Python 中，有两个常用的用于 HTML 解析的库，分别是“lxml”和“BeautifulSoup”，它们都可以从 HTML 文件或者 XML 文件中提取各种类型的数据。初次使用时，需要先安装 BeautifulSoup，以 Windows 为例，以管理员身份运行命令提示符，输入如图 4-1-11 所示命令。

```
pip install beautifulsoup4
```

```
管理员: 命令提示符
C:\WINDOWS\system32>pip install beautifulsoup4
WARNING: Ignoring invalid distribution -ip (d:\users\think\anaconda3\lib\site-packages)
WARNING: Ignoring invalid distribution -ip (d:\users\think\anaconda3\lib\site-packages)
Collecting beautifulsoup4
  Downloading beautifulsoup4-4.10.0-py3-none-any.whl (97 kB)
     |████████████████████████████████| 97 kB 344 kB/s
Collecting soupsieve>1.2
  Downloading soupsieve-2.3.1-py3-none-any.whl (37 kB)
WARNING: Ignoring invalid distribution -ip (d:\users\think\anaconda3\lib\site-packages)
Installing collected packages: soupsieve, beautifulsoup4
WARNING: Ignoring invalid distribution -ip (d:\users\think\anaconda3\lib\site-packages)
WARNING: Ignoring invalid distribution -ip (d:\users\think\anaconda3\lib\site-packages)
Successfully installed beautifulsoup4-4.10.0 soupsieve-2.3.1
WARNING: Ignoring invalid distribution -ip (d:\users\think\anaconda3\lib\site-packages)
WARNING: Ignoring invalid distribution -ip (d:\users\think\anaconda3\lib\site-packages)
WARNING: Ignoring invalid distribution -ip (d:\users\think\anaconda3\lib\site-packages)
WARNING: You are using pip version 21.2.4; however, version 21.3.1 is available.
You should consider upgrading via the 'd:\users\think\anaconda3\python.exe -m pip install --upgrade pip' command.

C:\WINDOWS\system32>
```

图 4-1-11　BeautifulSoup 的安装界面

图4-1-11的框选中的部分就是输入的命令，按Enter键后稍等片刻，BeautifulSoup4就会自动下载完成并安装。当出现“Successfully installed beautifulsoup4-4.10.0 soupsieve-2.3.1”提示时，说明BeautifulSoup安装成功。

接下来就可以使用BeautifulSoup对网页进行解析了。在Jupyter Notebook中输入代码如下：

```
#导入 BeautifulSoup
from bs4 import BeautifulSoup
#创建一个名为 soup 的对象
soup = BeautifulSoup(r.text,'lxml',from_encoding= 'utf8')
print(soup)
```

在这段代码中，首先导入BeautifulSoup，然后创建一个名为soup的对象。这里指定BeautifulSoup使用lxml作为HTML解析器，当然，也可以不使用lxml，而是用Python标准库中的HTML解析器。不过，在实际应用中，lxml解析的速度会比Python标准库快一些。

注意：如果是第一次使用，那么需要使用pip install lxml命令安装lxml库，此处就不赘述了。运行代码，会得到如图4-1-12所示的结果。

```
<!DOCTYPE html PUBLIC "-//W3C//DTD XHTML 1.0 Transitional//EN" "http://www.w3.org/TR/xhtml1/DTD/xhtml1-transi
tional.dtd">
<html xmlns="http://www.w3.org/1999/xhtml">
<head>
<script charset="utf-8" id="allmobilize" src="http://ysp.www.gov.cn/efb21e959cfc1f75725c5f5df95ee8ff/allmobil
ize.min.js"></script>
<meta content="no-siteapp" http-equiv="Cache-Control"/>
<meta content="width=1100" name="viewport"/>
<link href="#" media="handheld" rel="alternate"/>
<meta content="国务院文件搜索。" name="description"/>
<title>国务院文件搜索</title>
<script src="http://sousuo.gov.cn/static/js/sim_selected.js" type="text/javascript"></script>
<script src="http://sousuo.gov.cn/static/js/jquery-1.8.3.min.js" type="text/javascript"></script>
<script src="http://sousuo.gov.cn/static/js/jquery-ui-1.9.0.custom.min.js" type="text/javascript"></script>
<script src="http://sousuo.gov.cn/static/js/jquery.date_input.pack.js" type="text/javascript"></script>
<script src="http://sousuo.gov.cn/static/js/jquery.ui.datepicker-zh-CN.js" type="text/javascript"></script>
<script src="http://sousuo.gov.cn/static/js/guosou.autocomplete.js"></script>
<script src="http://sousuo.gov.cn/static/js/checksearch.js" type="text/javascript"></script>
<script src="http://sousuo.gov.cn/static/js/imagesloaded.pkgd.min.js" type="text/javascript"></script>
```

**图4-1-12 lxml库安装后的代码运行界面**

由于文件很长，图中只显示了其中一部分，从图中可以看到文件包含若干个标签（Tag），每个标签注明了其作用。例如，<head>标签标注出这部分是HTML文件的头部，而<title>标签表明这部分是文件的标题，每个标签以反斜杠结束，如</title>表示标题部分结束。

### 6. 提取网页内容

在从网页提取具体的政策信息之前，先练习一下网页中简单内容的提取，下面尝试使用BeautifulSoup对title进行提取，输入代码如下：

```
#使用“标签名”即可提取这部分内容
print(soup.title)
```

运行代码，可以得到如图 4－1－13 所示的结果。

```
<title>国务院文件搜索</title>
```

图 4－1－13　网页内容中 title 的提取

从图中可以看到，BeautifulSoup 对页面标题进行了提取，但提取的内容还带着标签 <title> 和 </title>，希望提取的结果只有中间的文字，而不要显示标签的内容，可以使用两种方法：

一种方法是使用 . string 来提取文字部分，输入代码如下：

```
#使用.string 即可提取这部分内容中的文本数据
print(soup.title.string)
```

运行代码，会得到如图 4－1－14 所示的结果。

```
国务院文件搜索
```

图 4－1－14　使用 . string 提取文字部分

另一种方法是使用 . get_text( ) 来提取文字部分，输入代码如下：

```
#使用.get_text ()也可提取这部分内容中的文本数据
print(soup.title.get_text())
```

运行代码，会得到如图 4－1－15 所示的结果。

```
国务院文件搜索
```

图 4－1－15　使用 . get_text( ) 来提取文字部分

对比以上两段代码的结果，会发现结果是完全一样的。在实际使用中，使用 . string 或 . get_text( ) 方法都是可以的。从上面的内容可以看到，使用 BeautfulSoup 进行 HTML 文件内容的提取是非常容易的。

在掌握了网页简单内容的提取方法之后，可以尝试提取每个政策的标题和链接。通过前面的网页结构分析，可以发现，“十四五”相关政策的标题和链接都在标签 <h3> 下面的标签 <a> 的内容中，而且这些标签 <a> 中的 target 参数都是“_blank”，因此可以通过输入以下代码进行提取：

这里如果直接提取名称为“a”且 target 参数为“_blank”的标签，可能会提取到其他无关的内容，比如网页中“帮助”部分的内容也满足这样的条件。因此，这里先提取了 <h3> 标签，再通过循环遍历提取了 h3 标签下名称为“a”且 target 参数为“_blank”的标签。运行代码，得到如图 4－1－16 所示结果。

```
#提取每个 h3 标签中的内容，存放在变量 contents 中
contents=soup.find_all('h3')
#构造空列表 hrefs 和 titles 分别用于存放爬取到每个政策的链接和标题
hrefs=[]
titles=[]
#遍历 contents，得到每个 h3 标签内容
for content in contents:
    #在每个 h3 标签中找到标签名为 a 且 target 参数="_blank"的标签，得到该标签中 href 参数的值，也就是政策的链接
    href=content.find('a',target="_blank").get("href")
    #在每个 h3 标签中找到标签名为 a 且 target 参数="_blank"的标签，得到该标签中的文本数据，也就是政策的标题
    title=content.find('a',target="_blank").get_text()
    #将政策的链接和标题添加到相应的列表中
    hrefs.append(href)
    titles.append(title)
#打印爬取到的政策链接和标题
print(hrefs)
print(titles)
```

```
['http://www.gov.cn/zhengce/content/2021-11/23/content_5652782.htm', 'http://www.gov.cn/zhengce/content/2021-11/08/content_5649764.htm', 'http://www.gov.cn/zhengce/content/2021-10/28/content_5647274.htm', 'http://www.gov.cn/zhengce/content/2021-10/08/content_5641325.htm', 'http://www.gov.cn/zhengce/content/2021-09/29/content_5639967.htm', 'http://www.gov.cn/zhengce/content/2021-09/23/content_5638897.htm', 'http://www.gov.cn/zhengce/content/2021-09/13/content_5637015.htm', 'http://www.gov.cn/zhengce/content/2021-08/27/content_5633714.htm', 'http://www.gov.cn/zhengce/content/2021-07/21/content_5626391.htm', 'http://www.gov.cn/zhengce/content/2021-02/09/content_5586306.htm']
['国务院关于"十四五"对外贸易高质量发展规划的批复', '国务院办公厅关于印发"十四五"文物保护和科技创新规划的通知', '国务院关于印发"十四五"国家知识产权保护和运用规划的通知', '国务院关于"十四五"特殊类型地区振兴发展规划的批复', '国务院办公厅关于印发"十四五"全民医疗保障规划的通知', '国务院关于推进资源型地区高质量发展"十四五"实施方案的批复', '国务院关于东北全面振兴"十四五"实施方案的批复', '国务院关于印发"十四五"就业促进规划的通知', '国务院关于印发"十四五"残疾人保障和发展规划的通知', '国务院办公厅关于重点林区"十四五"期间年森林采伐限额的复函']
```

**图 4-1-16 “十四五”相关政策的标题和链接的提取**

从图中可以看出，完整地爬取了该网页中所有“十四五”相关政策的标题和链接。接下来，可以尝试将爬取内容保存到 Excel 表格中，方便对其中的内容进行浏览和梳理，同时也方便对爬取到的信息通过邮件或者即时通信软件进行分享。输入以下代码：

```
#导入 pandas 库，用缩写 pd 代表这个库
import pandas as pd
#将列表转换为 pandas 中的 DataFrame 数据结构，同时给每一列添加了相应的列名
df = pd.DataFrame({"标题":titles,"链接":hrefs})
#通过 DataFrame 对象中的.to_excel 方法将数据保存为 Excel 文件，
#index=False 表示数据写入 Excel 时不额外添加行号，使得数据的呈现更加简洁
df.to_excel('d:/requests/十四五.xlsx',index = False)
```

这里直接将列表转为 Pandas 中的 DataFrame 数据结构，这样直接调用 DataFrame 对象中的 . to_excel 方法就可以完成将列表中的数据保存到 Excel 文件中，非常简单方便，这也是实际工作中最常用的保存数据方法。运行代码之后，会看到指定的路径下产生了一个新的后缀为 . xlsx 的 Excel 文件，如图 4 - 1 - 17 所示。双击图中的 Excel 文件，将会看到表格中的数据正是爬取到的每个“十四五”政策的标题和链接，如图 4 - 1 - 18 所示。

图 4 - 1 - 17　保存数据的方法

| | A | B |
|---|---|---|
| 1 | 标题 | 链接 |
| 2 | 国务院关于“十四五”对外贸易高质量发展规划的批复 | http://www.gov.cn/zhengce/content/2021-11/23/content_5652782.htm |
| 3 | 国务院办公厅关于印发“十四五”文物保护和科技创新规划的通知 | http://www.gov.cn/zhengce/content/2021-11/08/content_5649764.htm |
| 4 | 国务院关于印发“十四五”国家知识产权保护和运用规划的通知 | http://www.gov.cn/zhengce/content/2021-10/28/content_5647274.htm |
| 5 | 国务院关于“十四五”特殊类型地区振兴发展规划的批复 | http://www.gov.cn/zhengce/content/2021-10/08/content_5641325.htm |
| 6 | 国务院办公厅关于印发“十四五”全民医疗保障规划的通知 | http://www.gov.cn/zhengce/content/2021-09/29/content_5639967.htm |
| 7 | 国务院关于推进资源型地区高质量发展“十四五”实施方案的批复 | http://www.gov.cn/zhengce/content/2021-09/23/content_5638897.htm |
| 8 | 国务院关于东北全面振兴“十四五”实施方案的批复 | http://www.gov.cn/zhengce/content/2021-09/13/content_5637015.htm |
| 9 | 国务院关于印发“十四五”就业促进规划的通知 | http://www.gov.cn/zhengce/content/2021-08/27/content_5633714.htm |
| 10 | 国务院关于印发“十四五”残疾人保障和发展规划的通知 | http://www.gov.cn/zhengce/content/2021-07/21/content_5626391.htm |

图 4 - 1 - 18　爬取的“十四五”政策标题和链接

图 4 - 1 - 18 所示表格中显示的就是爬取好的最新政策标题和相关链接，以后就可以使用这种方法快速获得中央政府的最新文件，时刻关注政策的变化，看到感兴趣的政策即可访问相对应的链接来阅读政策的全文。同样地，可以使用这种方法去爬取其他领域的最新政策，保持自己对宏观形势能够掌握，并调整相应的商业策略。

# 任务 2　使用 Matplotlib 绘制奥运五环

## 2.1　实训目标

（1）正确认识、使用 Matplotlib 扩展库绘制简单图形。

（2）使用 Matplotlib. pyplot 绘制奥运五环。

## 2.2　实训内容

（1）安装 Matplotlib 扩展库。

（2）设置奥运五环的线宽和半径。

（3）使用 circle( ) 函数依次绘制奥运五环。

## 2.3　实训函数

Matplotlib 扩展库、Pyplot 模块、circle( ) 函数。

## 2.4　实训步骤

安装 Matplotlib 库

### 1. 安装 Matplotlib 扩展库

如果想要用 Python 进行数据分析和建模，就需要在项目初期进行探索性的数据分析，这样方便对数据有一定的了解。其中最直观的就是采用数据可视化技术，这样，数据不仅一目了然，而且更容易被解读。Matplotlib 是 Python 中最广泛使用的数据可视化工具，支持的图形种类非常多。使用 Matplotlib 绘制统计图需要先导入相关库，先以管理员身份运行命令提示符，输入代码：

```
pip install matplotlib
```

安装界面如图 4－2－1 所示。

```
管理员: 命令提示符
C:\Windows\System32>pip install matplotlib
Looking in indexes: https://pypi.tuna.tsinghua.edu.cn/simple
Collecting matplotlib
  Downloading https://pypi.tuna.tsinghua.edu.cn/packages/40/d9/c1784db9db0d484c8e5deeafbaac0d6ed66e165c6eb4a74fb43a5fa94
7d9/matplotlib-3.8.0-cp311-cp311-win_amd64.whl (7.6 MB)
     ---------------------------------------- 7.6/7.6 MB  eta 0:00:00
Requirement already satisfied: contourpy>=1.0.1 in c:\users\huangkangming\appdata\roaming\python\python311\site-packages
 (from matplotlib) (1.0.7)
Requirement already satisfied: cycler>=0.10 in c:\users\huangkangming\appdata\roaming\python\python311\site-packages (fr
om matplotlib) (0.11.0)
Requirement already satisfied: fonttools>=4.22.0 in c:\users\huangkangming\appdata\roaming\python\python311\site-package
s (from matplotlib) (4.39.4)
Requirement already satisfied: kiwisolver>=1.0.1 in c:\users\huangkangming\appdata\roaming\python\python311\site-package
s (from matplotlib) (1.4.4)
Requirement already satisfied: numpy<2,>=1.21 in c:\users\huangkangming\appdata\roaming\python\python311\site-packages (
from matplotlib) (1.24.3)
Requirement already satisfied: packaging>=20.0 in c:\users\huangkangming\appdata\roaming\python\python311\site-packages
(from matplotlib) (23.1)
Requirement already satisfied: pillow>=6.2.0 in c:\users\huangkangming\appdata\roaming\python\python311\site-packages (f
rom matplotlib) (9.5.0)
Requirement already satisfied: pyparsing>=2.3.1 in c:\users\huangkangming\appdata\roaming\python\python311\site-packages
 (from matplotlib) (3.0.9)
Requirement already satisfied: python-dateutil>=2.7 in c:\users\huangkangming\appdata\roaming\python\python311\site-pack
ages (from matplotlib) (2.8.2)
Requirement already satisfied: six>=1.5 in c:\users\huangkangming\appdata\roaming\python\python311\site-packages (from p
ython-dateutil>=2.7->matplotlib) (1.16.0)
Installing collected packages: matplotlib
Successfully installed matplotlib-3.8.0
```

图 4－2－1　Matplotlib 库的安装界面

安装完成后，会出现图 4-2-1 中所显示的 Successfully 相关提示信息。

### 2. 创建一个 Jupyter Notebook 文件，导入 Matplotlib 画图模块

```
#导入 matplotlib.pyplot库中的pyplot的画图模块，用缩写plt代表这个模块
import matplotlib.pyplot as plt
#创建画布和坐标轴
fig, ax = plt.subplots()
```

### 3. 设置每个环的线宽和半径

```
# 设置五环的线宽
linewidth = 5
# 设置每个环的半径
radius = 50
```

### 4. 绘制奥运五环

这里使用 Matplotlib 中画圆的 circle( ) 函数来绘制五环。circle( ) 函数的语法格式如下：

matplotlib. patches. Circle ( (x, y), radius =5, * * kwargs)

其中，(x, y) 是圆心；r 是半径，默认值为 5。其他常用的参数有：edgecolor，表示圆圈的边框颜色；linewidth，表示圆圈边款粗细；facecolor，表示圆圈内部填充颜色。

绘制奥运五环的代码如下：

```
# 绘制蓝色环
circle_blue = plt.Circle((70, 30), radius, edgecolor='blue', linewidth=linewidth, facecolor=
'None')  ax.add_artist(circle_blue)
# 绘制黑色环
circle_black = plt.Circle((190, 30), radius, edgecolor='black', linewidth=linewidth, facecolor=
'None')  ax.add_artist(circle_black)
# 绘制红色环
circle_red = plt.Circle((310, 30), radius, edgecolor='red', linewidth=linewidth, facecolor=
'None') ax.add_artist(circle_red)
# 绘制黄色环
circle_yellow = plt.Circle((130, -30), radius, edgecolor='yellow', linewidth=linewidth, facecolor
='None')  ax.add_artist(circle_yellow)
# 绘制绿色环
circle_green = plt.Circle((250, -30), radius, edgecolor='green', linewidth=linewidth, facecolor=
'None') ax.add_artist(circle_green)
# 设置坐标轴范围和背景颜色
ax.set_xlim(-50, 430)
ax.set_ylim(-150, 150)
```

```
ax.set_facecolor('#f0f0f0')
# 隐藏坐标轴
ax.axis('off')
# 设置中文字体
plt.rcParams['font.sans-serif'] =['SimHei']
plt.rc('axes', unicode_minus=False)
# 设置图片标题
plt.title('奥运精神，永争第一！')
# 显示图形
plt.show()TTt
```

这里由于设置的标题为中文，因此还需要加上“plt. rcParams['font. sans - serif'] = ['SimHei']”这句代码，保证让中文文本可以正常显示。同时，还使用了 savefig( )方法来保存图片。在实际工作中，也可以通过这个方法将绘制的统计图表保存下来，便于使用邮件或者即时通信工具来分享我们的工作成果，为工作中的信息共享提供方便。

运行代码，将会得到如图 4-2-2 所示的奥运五环图片。

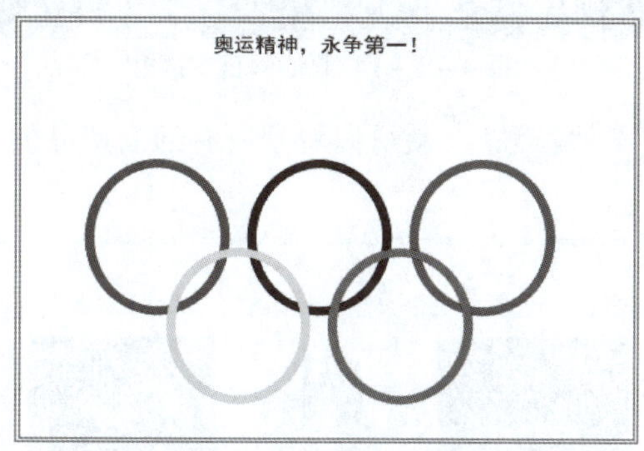


图 4-2-5　奥运五环的绘制结果

## 任务3　爬取酒仙网的红酒销售数据并绘制散点图

### 3.1　任务目标

（1）正确认识、使用 Requests 库爬取网页信息。

（2）使用 BeautifulSoup 进行 HTML 解析和数据内容的提取。

### 3.2　任务内容

爬取酒仙网的红酒销售数据。

### 3.3　任务函数

Requests 库、BeautifulSoup 库、Pandas 库。

### 3.4　任务步骤

#### 1. 确定爬取目标

在正式开始数据爬取工作之前，首先要明确爬取目标。酒仙网是我国著名的酒类零售电商平台。目前，酒仙网平台在售商品数量超过 2 万个，涵盖全球 26 个国家超过 1 500 个品牌，覆盖白酒、葡萄酒、洋酒、黄酒、保健酒等全品类酒水。可以通过分析酒仙网上的红酒销售数据，了解酒类销售的趋势，掌握当前酒类流通的种种特点，这对于红酒生产和流通企业把握酒类流通趋势、制定生产和营销政策具有重要借鉴意义。因此，这里确定爬取的目标就是酒仙网的红酒销售数据。

在明确了爬取目标之后，下一步还需要确认爬取目标的具体字段。可以使用百度搜索“酒仙网”，进入酒仙网官方网站，如图 4 – 3 – 1 所示。

图 4 – 3 – 1　酒仙网官方网站

在该网页搜索栏中搜索“红酒”，就可以看到所有红酒产品的名称、价格等数据，如图 4 – 3 – 2 所示。

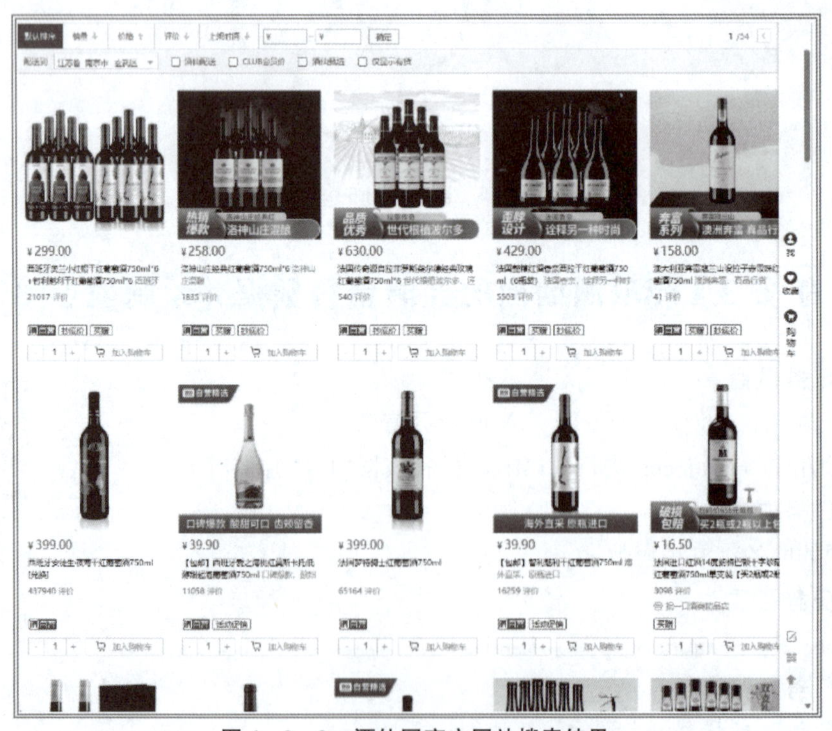


图 4 – 3 – 2　酒仙网官方网站搜索结果

单击其中一个红酒产品，从商品页面中可以看到该红酒产品的累计销量、产地、口感、香味、净含量、箱规、酒精度、色泽等详细信息，如图4－3－3所示。

图4－3－3　红酒产品的详细信息

由于红酒的价格、产地、口感、香味、净含量、箱规、酒精度、色泽这些属性可能都会对消费者的购买意愿产生影响，因此这些属性可能都会影响到最终红酒产品的销量。所以，这里确定爬取数据字段应该包括产品名称、价格、产地、口感、香味、净含量、箱规、酒精度、色泽、销量。其中，产品名称用于标识不同的红酒产品，销量是分析和预测的目标，价格、产地、口感、香味、净含量、箱规、酒精度、色泽这些都是销量的影响因素。

### 2. 分析网页结构

在明确爬取目标之后，就可以通过分析网页结构来确定具体的爬取思路和爬取方法。首先分析全部红酒产品的页面，网址为 https://list.jiuxian.com/search.htm?key=%E7%BA%A2%E9%85%92，打开网页，页面如图4－3－4所示。

解析网页信息

从图中可以看出，通过这个页面可以爬取到红酒的产品名称和价格数据。接下来，在网页上单击鼠标右键，在弹出的菜单中单击“审查元素”这一项，如图4－3－5所示。

在单击“审查元素”之后，会看到浏览器下侧出现一个新的窗口——网页调试窗口，如图4－3－6所示。

从图中可以看到，新出现的窗口中显示的是该网页的元素，方框框住的位置标签为<a>，class为“img clearfix”，需要爬取的产品名称就存储在这个元素当中。另外，还需要拿到每个产品对应的链接，这样后面才能进入商品详情页面爬取每个产品的产地、口感、香味、净含量、箱规、酒精度、色泽等信息。通过图4－3－6可以发现，商品的链接也正是在标签为<a>，class为“img clearfix”这个元素当中。也就是说，通过这个元素，可以同时爬取到产品的名称和链接。

图 4-3-4　全部红酒产品的页面

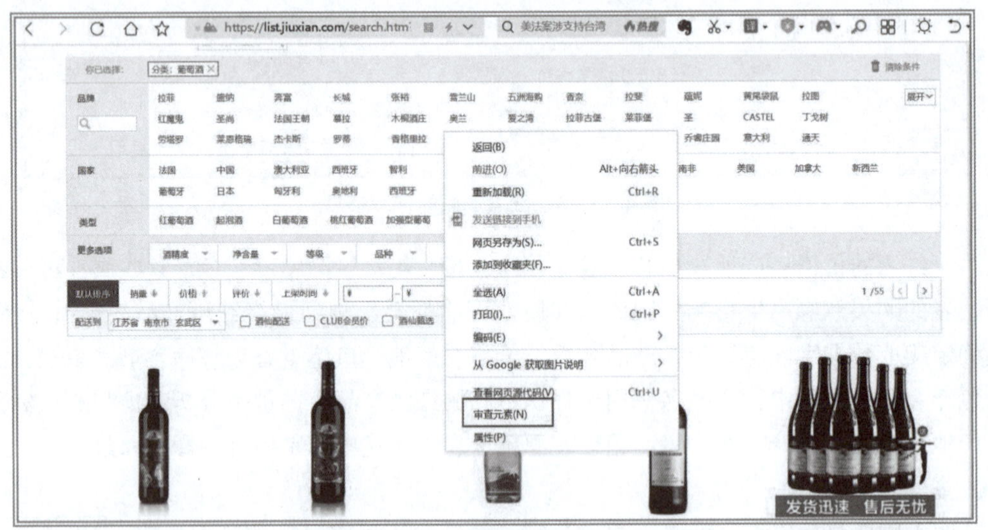


图 4-3-5　单击“审查元素”

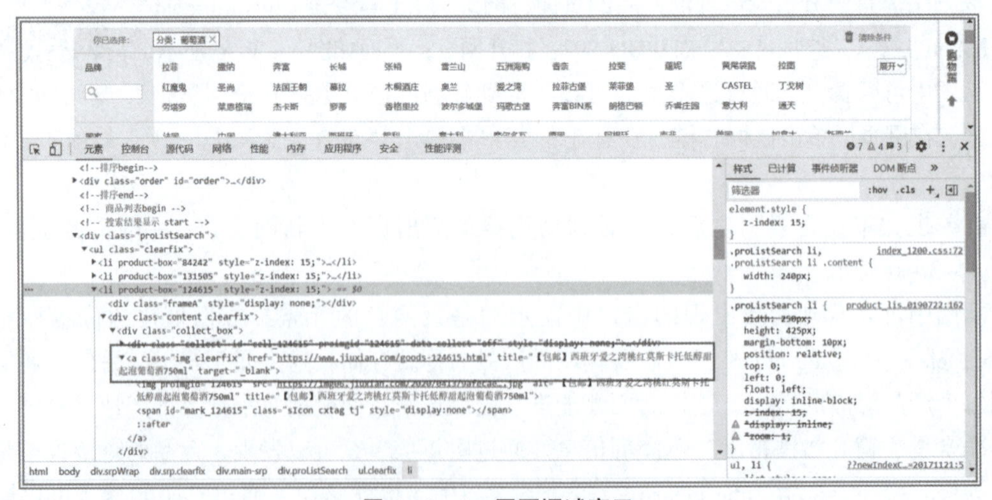


图 4-3-6　网页调试窗口

接下来需要分析如何爬取产品价格。这里可以尝试查找一个产品的价格，比如查找第一个产品的价格——“399. 00”。把鼠标停留在网页调试窗口，然后按下快捷键 Ctrl + F，会看到网页调试窗口下方出现了一个搜索栏，如图 4 – 3 – 7 所示。

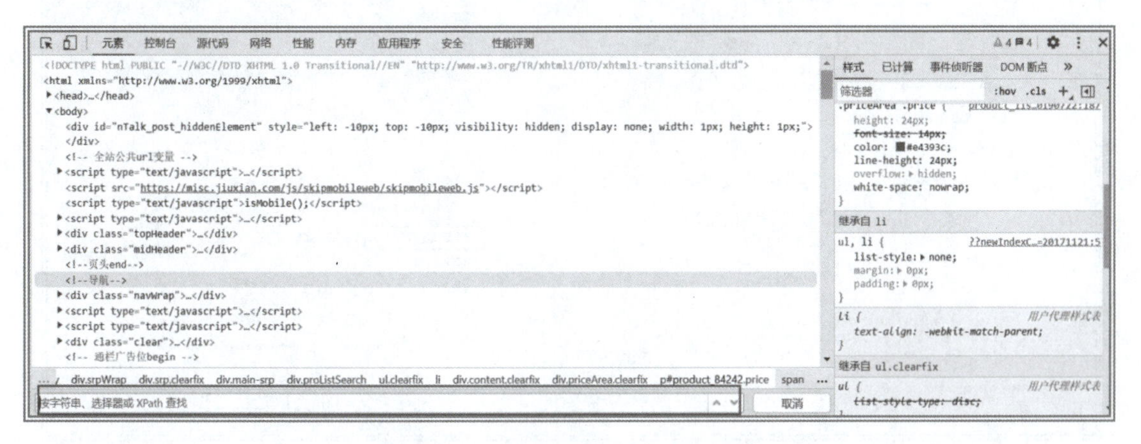


**图 4 – 3 – 7　网页调试窗口下的搜索栏**

在搜索栏中输入数字“399. 00”，然后按 Enter 键进行搜索，如图 4 – 3 – 8 所示。

**图 4 – 3 – 8　在搜索栏搜索数字“399. 00”的结果**

单击方框中 <ul> 标签左边的小三角，可以展开这个元素，然后继续单击下面的 <li>、<h3>、<a> 这 3 个元素左边的小三角。

从图 4 – 3 – 8 中可以看出，产品的价格是在 span 这个标签里的。但是一般产品的价格都是动态 JS 加载进来的，很难通过静态的方式爬取到，需要分析网页源代码，确认是否能够通过静态的方式爬取到价格数据。在网页上单击鼠标右键，在弹出的菜单中单击“查看网页源代码”这一项，如图 4 – 3 – 9 所示。

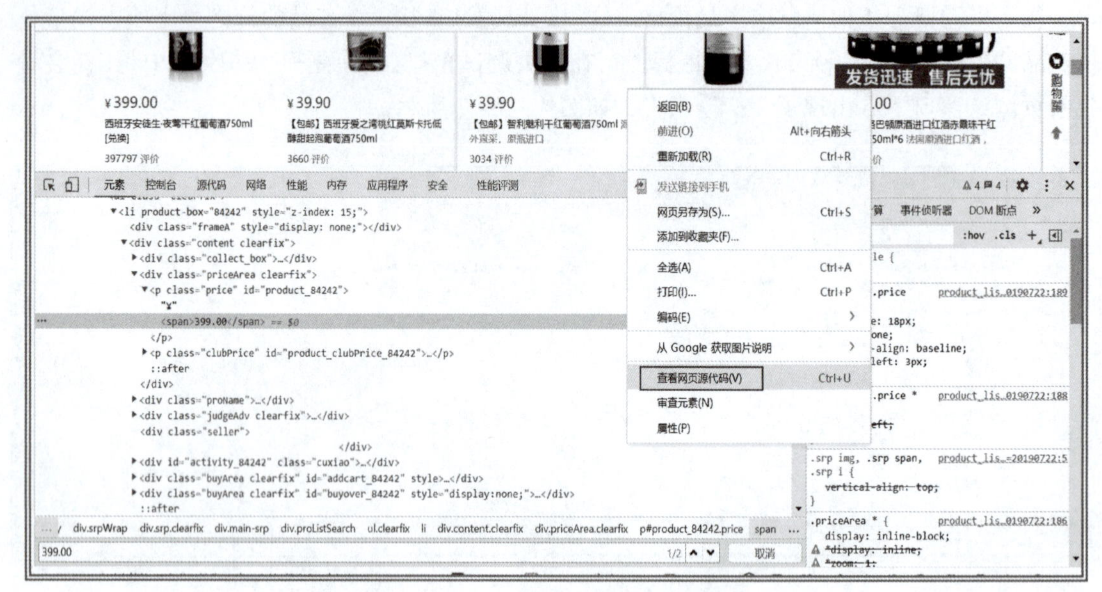


图 4-3-9 单击“查看网页源代码”

浏览器跳转至一个新的窗口，如图 4-3-10 所示。

```
view-source:https://list.jiuxian.com/search

1  <!DOCTYPE html PUBLIC "-//W3C//DTD XHTML 1.0 Transitional//EN" "http://www.w3.org/TR/xhtml1/DTD/xhtml1-transitional.dtd">
2  <html xmlns="http://www.w3.org/1999/xhtml">
3  <head>
4  <meta http-equiv="Content-Type" content="text/html; charset=UTF-8"/>
5  <title>红酒-商品搜索-酒仙网</title>
6  <meta name="Keywords" content="红酒，酒仙红酒" />
7  <meta name="Description" content="在酒仙网中找到了3276件红酒的类似商品" />
8  <script src="https://misc.jiuxian.com/js/tingyun/search-web-pc.js" type="text/javascript"></script>
9
10 <link href="https://misc.jiuxian.com/css/??newIndexCss/base.css,newIndexCss/header.css,newIndexCss/footer.css?version=20171121" type="text/css" rel="stylesheet" />
11 <link href="https://misc.jiuxian.com/css/search/product_list-20180909.css?version=20190722" rel="stylesheet" type="text/css" />
12 <link href="https://misc.jiuxian.com/css/index_1200.css" type='text/css' rel='stylesheet' id="newLink" />
13 <link rel="shortcut icon" href="https://misc.jiuxian.com/logo/favicon.ico" mce_href="https://misc.jiuxian.com/logo/favicon.ico" type="image/x-icon" />
14
15
16 <script src="https://misc.jiuxian.com/js/??jquery-1.11.1.min.js,jquery.lazyload.js,public/region.js,public/public.js,control_width.js?version=20180909" type="text/javascript"></script>
17 <script src="https://misc.jiuxian.com/js/jquery.min.js?version=20170620" type="text/javascript"></script>
18
19 <script src="https://list.jiuxian.com/js/base/base.js" type="text/javascript"></script>
20 <script src="https://list.jiuxian.com/js/list/list.js?version=20190723" type="text/javascript"></script>
21 <script src="https://list.jiuxian.com/js/list/list_product.js?version=20201020" type="text/javascript"></script>
22 <script src="https://list.jiuxian.com/js/base/slider.js?version=20180831" type="text/javascript"></script>
23 <script src="https://list.jiuxian.com/js/list/coupon_search.js?version=20180831" type="text/javascript"></script>
24
25
26 <script type="text/javascript">
27     // 优惠券信息
28     window.jxsearch={};
29     window.jxsearch._couponId = '';
30     $(function(){
31         // 优惠券
32         if(window.jxsearch._couponId){
33             CouponSearchPcJs.getCouponInfo(window.jxsearch._couponId);
34             CouponSearchPcJs.getCartInfoByCouponId(window.jxsearch._couponId);
35         }
36
37         // 促销
38         SearchPcJs.getPriceAndClubPrice();
39         SearchPcJs.getProductPromos();
40         SearchPcJs.getProductStocks();
41         SearchPcJs.getProductMarks();
42         //SearchPcJs.getSearchAdv();
43         //SearchPcJs.getPopRecommendProducts();
```

图 4-3-10 弹出的新窗口

在这个窗口中，同时按下快捷键 Ctrl + F，会看到网页右上方出现了一个搜索栏，如图 4-3-11 所示。

在搜索栏中输入数字“399.00”，然后按 Enter 键进行搜索，结果如图 4-3-12 所示。

从图 4-3-12 中看到，在网页源代码这个页面中，无法搜索到商品的价格数据，也就是说，用静态的方式无法爬取到产品价格，因此需要动态解析 JS 来获取产品的价格。这里还是回到所有红酒商品的页面，在网页调试窗口单击“网络”→“XHR”，如图 4-3-13 所示。

为了得到最新的响应数据，需要刷新网页。在网页上单击鼠标右键，在弹出的菜单中单击“重新加载”这一项，如图 4-3-14 所示。

图 4－3－11 搜索栏窗口

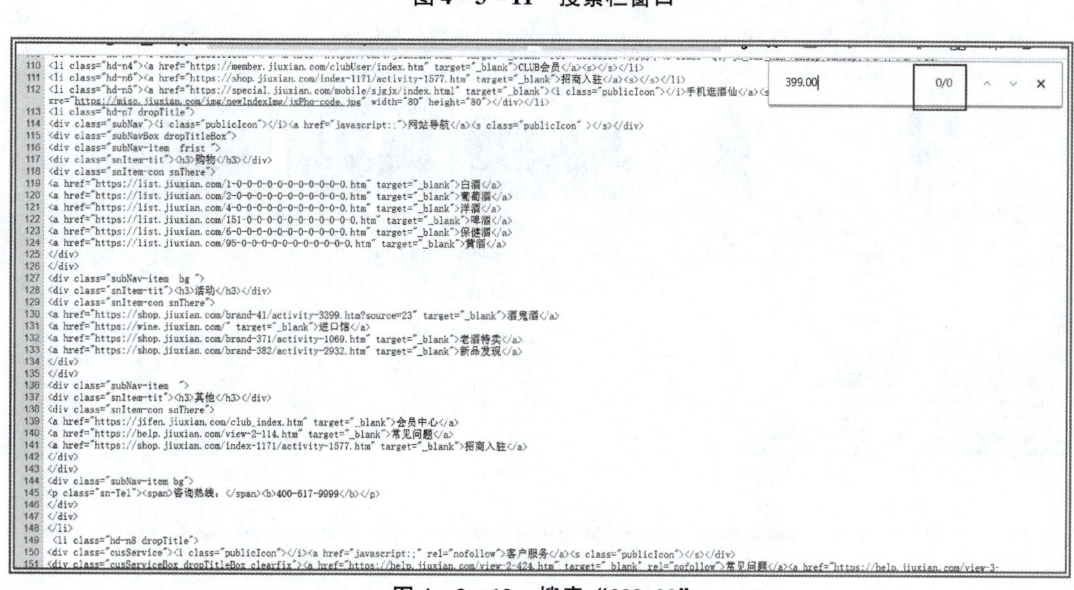



```
110 <li class="hd-n4"><a href="https://member.jiuxian.com/clubUser/index.htm" target="_blank">CLUB会员</a><s></s></li>
111 <li class="hd-n6"><a href="https://shop.jiuxian.com/index-1171/activity-1577.htm" target="_blank">招商入驻</a><s></s></li>
112 <li class="hd-n5"><a href="https://special.jiuxian.com/mobile/sjgjx/index.html" target="_blank"><i class="publicIcon"></i>手机逛酒仙</a><s
    src="https://misc.jiuxian.com/img/newIndexImg/jxPho-code.jpg" width="80" height="80"></div></li>
113 <li class="hd-n7 dropTitle">
114 <div class="subNav"><i class="publicIcon"></i><a href="javascript:;">网站导航</a><s class="publicIcon" ></s></div>
115 <div class="subNavBox dropTitleBox">
116 <div class="subNav-item  frist ">
117 <div class="snItem-tit"><h3>购物</h3></div>
118 <div class="snItem-con snThere">
119 <a href="https://list.jiuxian.com/1-0-0-0-0-0-0-0-0-0-0-0.htm" target="_blank">白酒</a>
120 <a href="https://list.jiuxian.com/2-0-0-0-0-0-0-0-0-0-0-0.htm" target="_blank">葡萄酒</a>
121 <a href="https://list.jiuxian.com/4-0-0-0-0-0-0-0-0-0-0-0.htm" target="_blank">洋酒</a>
122 <a href="https://list.jiuxian.com/151-0-0-0-0-0-0-0-0-0-0-0.htm" target="_blank">啤酒</a>
123 <a href="https://list.jiuxian.com/6-0-0-0-0-0-0-0-0-0-0-0.htm" target="_blank">保健酒</a>
124 <a href="https://list.jiuxian.com/95-0-0-0-0-0-0-0-0-0-0-0.htm" target="_blank">黄酒</a>
125 </div>
126 </div>
127 <div class="subNav-item  bg ">
128 <div class="snItem-tit"><h3>活动</h3></div>
129 <div class="snItem-con snThere">
130 <a href="https://shop.jiuxian.com/brand-41/activity-3399.htm?source=23" target="_blank">酒鬼酒</a>
131 <a href="https://wine.jiuxian.com/" target="_blank">进口馆</a>
132 <a href="https://shop.jiuxian.com/brand-371/activity-1069.htm" target="_blank">老酒特卖</a>
133 <a href="https://shop.jiuxian.com/brand-382/activity-2932.htm" target="_blank">新品发现</a>
134 </div>
135 </div>
136 <div class="subNav-item  ">
137 <div class="snItem-tit"><h3>其他</h3></div>
138 <div class="snItem-con snThere">
139 <a href="https://jifen.jiuxian.com/club_index.htm" target="_blank">会员中心</a>
140 <a href="https://help.jiuxian.com/view-2-114.htm" target="_blank">常见问题</a>
141 <a href="https://shop.jiuxian.com/index-1171/activity-1577.htm" target="_blank">招商入驻</a>
142 </div>
143 </div>
144 <div class="subNav-item bg">
145 <p class="sn-Tel"><span>咨询热线：</span><b>400-617-9999</b></p>
146 </div>
147 </div>
148 </li>
149  <li class="hd-n8 dropTitle">
150 <div class="cusService"><i class="publicIcon"></i><a href="javascript:;" rel="nofollow">客户服务</a><s class="publicIcon"></s></div>
151 <div class="cusServiceBox dropTitleBox clearfix"><a href="https://help.jiuxian.com/view-2-424.htm" target="_blank" rel="nofollow">常见问题</a><a href="https://help.jiuxian.com/view-3-
```

图 4－3－12 搜索“399. 00”

图 4－3－13 用动态解析 JS 获取价格

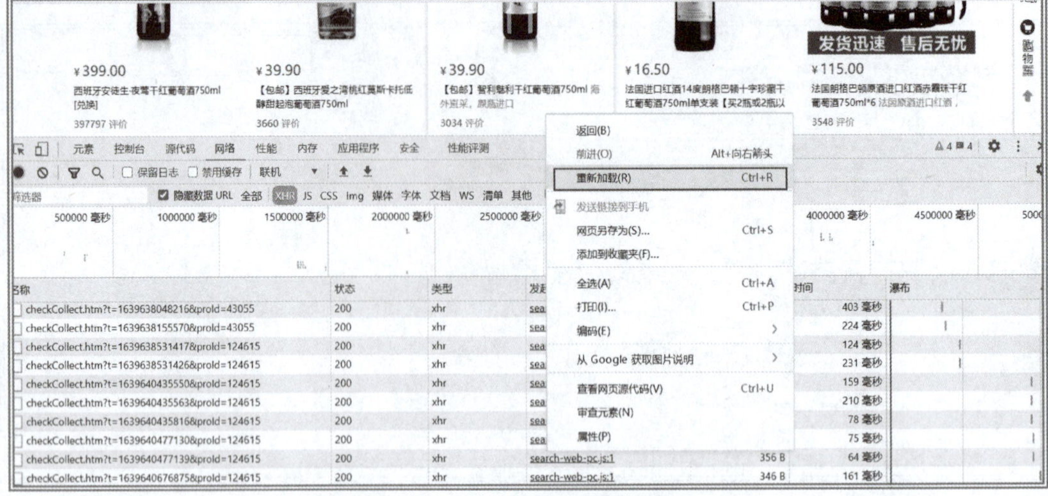

图 4－3－14　单击“重新加载”

网络窗口中的内容发生了变化，这时，单击其中第一个链接，如图 4－3－15 所示。

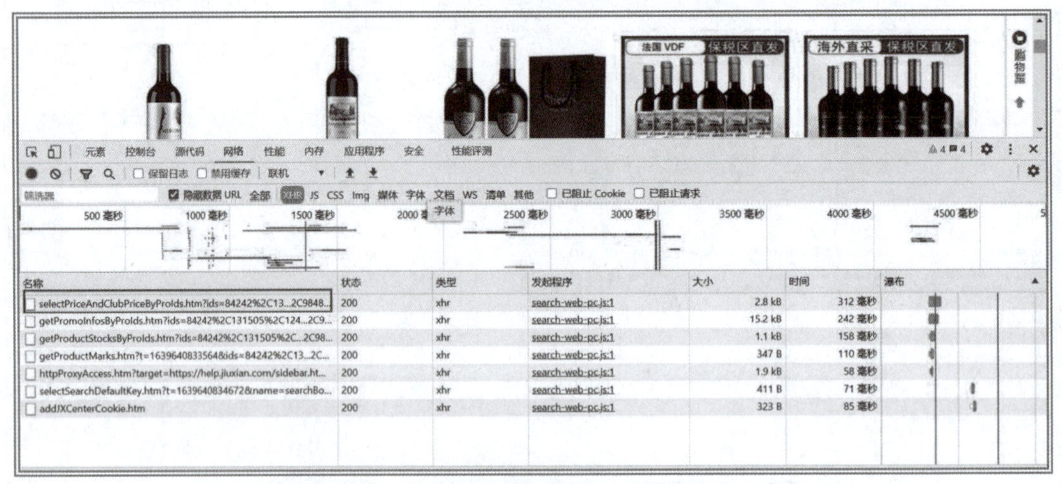

图 4－3－15　单击“重新加载”之后的网络窗口内容

右侧弹出一个新的窗口，如图 4－3－16 所示。

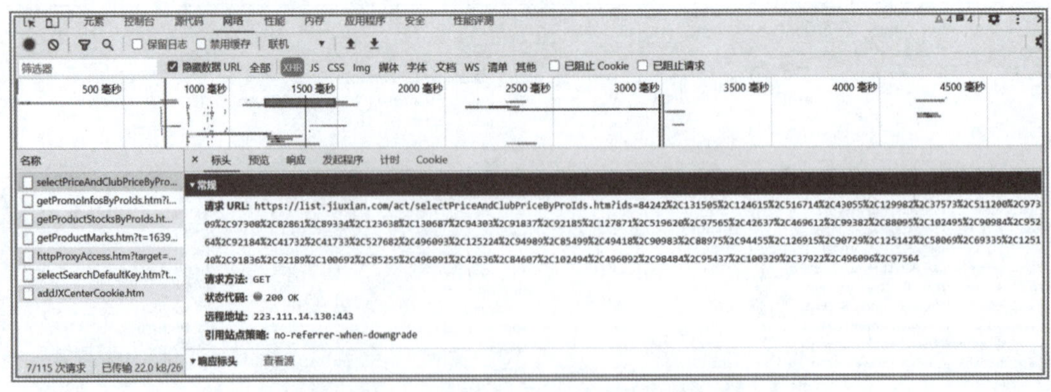

图 4－3－16　单击“链接”后弹出的新窗口

在这个窗口中单击“响应”，得到如图 4-3-17 所示结果。

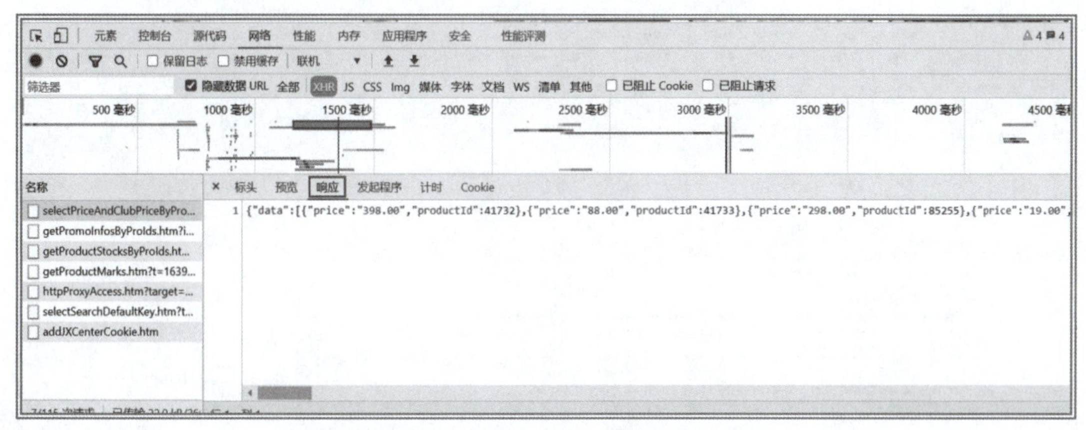


图 4-3-17　单击“响应”后弹出的新窗口

从图 4-3-17 中可以看出，要爬取的产品价格正是请求这个链接之后得到的响应数据。因此，这个链接就是要分析的重点。单击标头，查看此链接的完整网址，如图 4-3-18 所示。

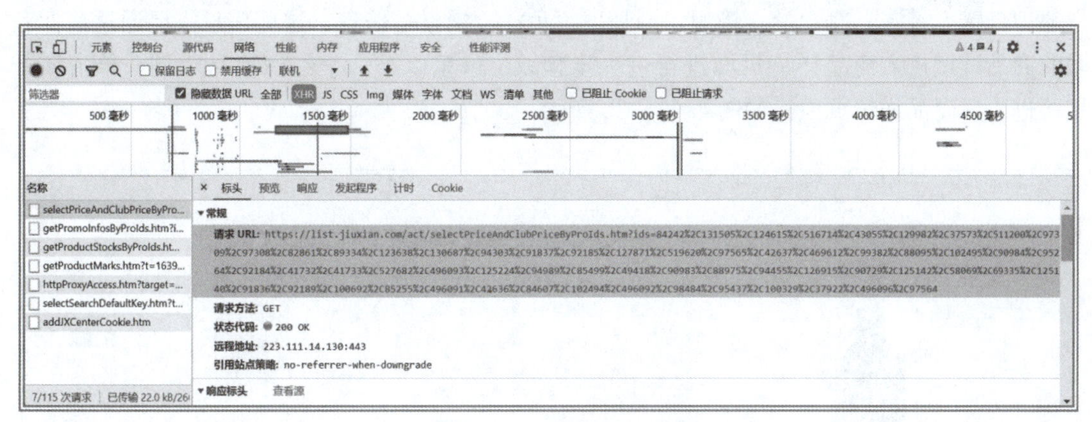


图 4-3-18　完整网址的查看

从图 4-3-18 中可以看出，网址中“=”前面的关键词是 ids，意味着“=”后面的长串数字都是商品的 id，这些 id 通过分隔符“%”拼接在一起。这里可以发现，通过把网址“https://list.jiuxian.com/act/selectPriceAndClubPriceByProIds.htm?ids=”和指定商品 id 拼接，就可以得到指定商品的价格数据。这里产生了一个新的问题：如何得到商品 id？一般来说，商品的链接里面都蕴藏着商品的 id 数据，可以观察一下之前分析过的商品链接，如图 4-3-19 所示。

从图 4-3-19 中可以看出，网址中“goods-”之后的那串数字应该就是商品的 id。也就是说，获取商品链接之后，可以对其中的字符串进行处理，得到其中的商品 id，然后再将网址“https://list.jiuxian.com/act/selectPriceAndClubPriceByProIds.htm?ids=”和这个商品 id 进行拼接，这样就可以动态解析得到商品的价格数据。

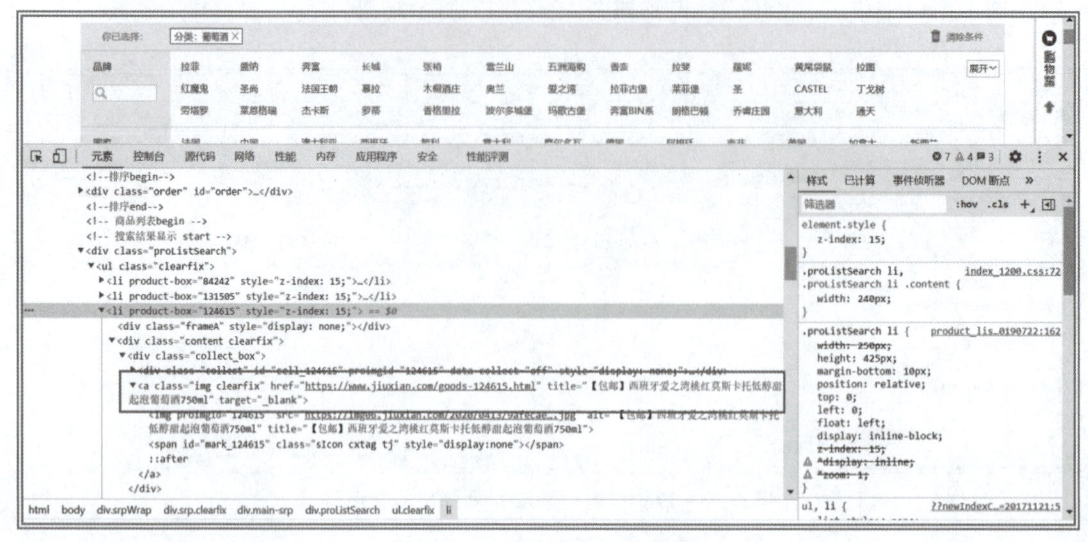


图 4-3-19　商品 id 的查看

通过分析红酒商品的网页，可以爬取得到商品的 id、链接、价格、名称等数据，但这和爬取目标相比还远远不够。为了对红酒数据进行完整和详细的分析，还需要得到红酒产品的产地、口感、香味、净含量、箱规、酒精度、色泽、销量等信息。这些信息需要通过前面获取的商品链接进入商品详情页面进行进一步爬取。这里以第一个红酒商品为例，单击该产品，进入其商品详情页面，如图 4-3-20 所示。

图 4-3-20　商品详情页面

在网页上单击鼠标右键，在弹出的菜单中单击“审查元素”这一项，如图 4-3-21 所示。

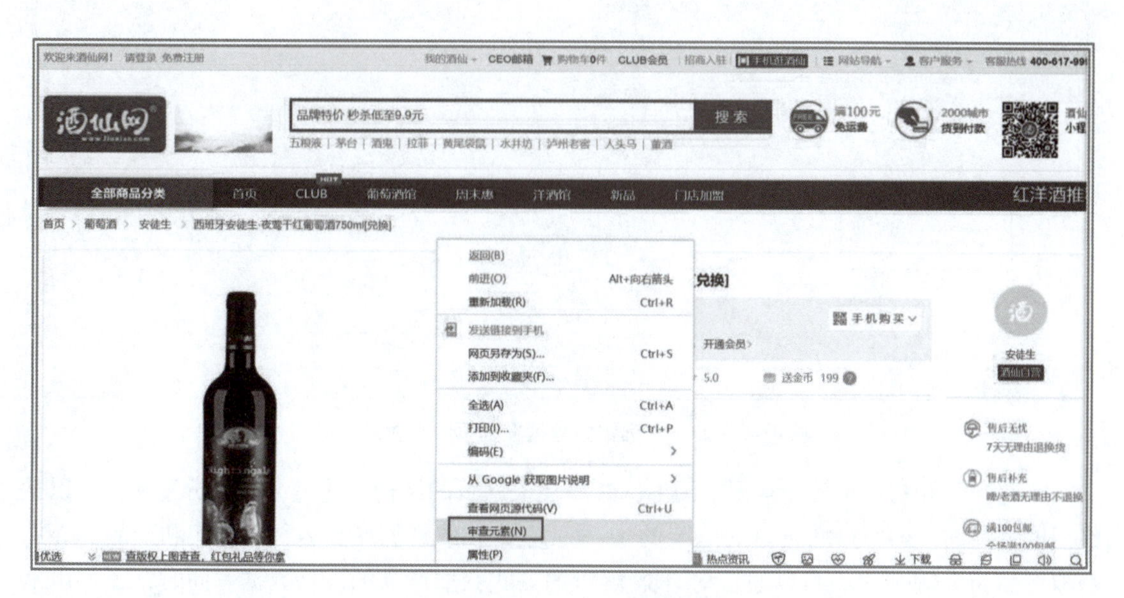


图 4 - 3 - 21　单击“审查元素”

浏览器下侧弹出了网页调试窗口，如图 4 - 3 - 22 所示。

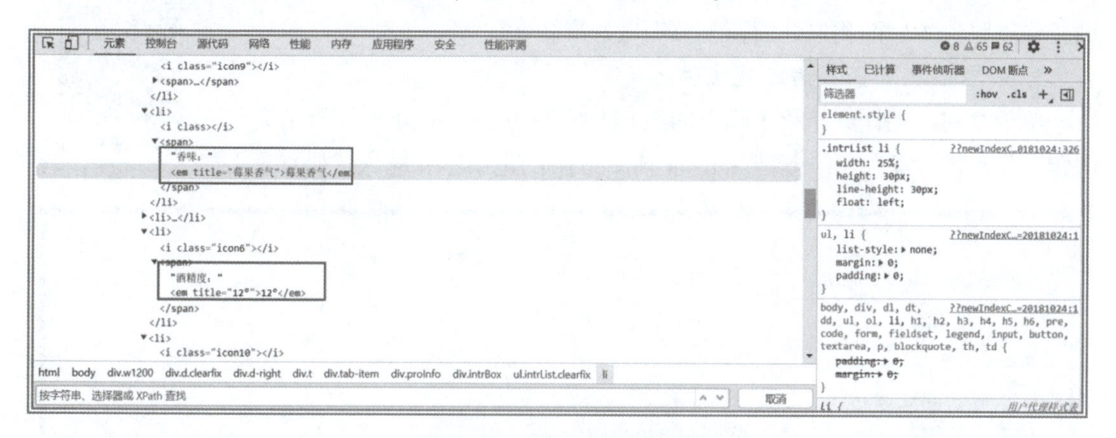


图 4 - 3 - 22　网页调试窗口

从图 4 - 3 - 22 中可以看出，红酒产品的产地、口感、香味、净含量、箱规、酒精度、色泽等信息都存在于 span 这个元素里面。具体来看，红酒产品各个属性的名称存放在 span 元素的文本信息中，比如对香味这个属性，“香味”这两个字是在 span 元素中的；而红酒各个属性所对应的具体内容存放在 span 元素下的子元素 em 中，比如描述红酒香味的“莓果香气”这个内容在 em 元素中。接下来，还需要找到红酒销量数据在网页中存放的位置，向上拖动网页调试窗口右侧的滚动条，如图 4 - 3 - 23 所示。

从图 4 - 3 - 23 中可以看出，红酒的销量数据存放在 class = "comSales" 的 li 元素下的 em 元素中。

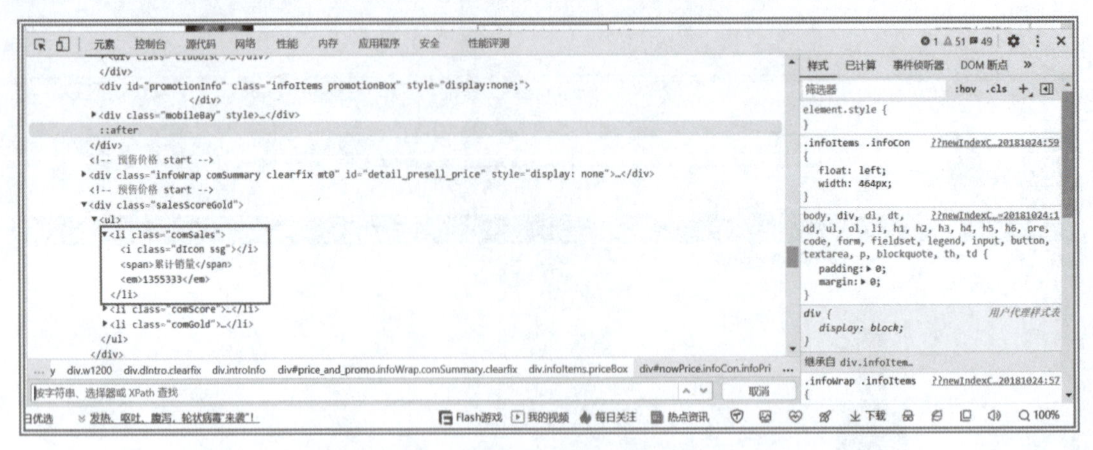


图 4-3-23　红酒销量数据在网页中存放的位置

至此，已经初步了解和掌握了酒仙网红酒相关网页的结构。通过结构分析发现，可以从红酒的主页面 class 为“img clearfix”的 <a> 元素中获取红酒产品名称、链接和产品 id。在获取产品 id 的基础上，可以通过动图 JS 解析的方式获取产品的价格数据。同时，还可以从红酒的详情页面的 span 和 em 元素中获取红酒产品的产地、口感、香味、净含量、箱规、酒精度、色泽、销量等信息。了解网页中数据存放位置和方法，能够帮助明确爬取思路，为后面爬取红酒销售数据做好准备。

### 3. 爬取数据并保存为本地文件

鉴于之前已经详细介绍了爬取的原理与实现方法，此处直接给出完整的爬取代码供大家参考。新建 Jupyter Notebook 的记事本，输入代码如下：

爬取数据并保存为本地文件

```
import requests
from bs4 import BeautifulSoup
#导入 json 库
import json
import pandas as pd
#请求网页内容，将网页内容保存在变量 wines 中
wines= requests.get('https://list.jiuxian.com/search.htm?key=%E7%BA%A2%E9%85%92')
#用 BeautifulSoup 对网页内容进行解析，解析的结果保存在变量 p 中
p = BeautifulSoup(wines.content.decode(), 'lxml')
#查找同时含有'a'和"img clearfix"这两个字符串的位置
contents = p.find_all('a', "img clearfix")
#构造 4 个空列表，分别用于存放产品的 id、名称、链接、价格
ids,names,hrefs,prices=[],[],[],[]
#遍历提取每个产品的数据
for content in contents:
    #提取产品的名称和链接并添加进相应的列表
    names.append(content.get("title"))
    hrefs.append(content.get("href"))
```

```
        #通过对产品的链接做字符串处理来提取产品 id，提取 "-" 和 "." 之前的内容，保存在变量 id 中
        id=content.get("href").split("-")[1].split(".")[0]
        #将产品 id 添加进相应的列表中
        ids.append(id)
        #对接口链接发起请求，爬取产品价格
        url="https://list.jiuxian.com/act/selectPriceAndClubPriceByProIds.htm?ids="+id
        price_text= requests.get(url).text
        #json.loads 可以识别出字符串中的 json 格式,转换成通用的 json
        price_json=json.loads(price_text)
        #将产品价格添加进相应列表中
        prices.append(price_json['data'][0]['price'])
#合并产品的 id、名称、链接、价格数据并转换为 dataframe 格式
wine_data=pd.DataFrame([ids,names,prices,hrefs]).T
wine_data.columns=['id', 'name','price','href']
#查看前 3 行数据
print(wine_data.head(3))
```

运行以上代码，得到的结果如图 4－3－24 所示。

```
       id                              name   price  \
0   84242   西班牙安徒生·夜莺干红葡萄酒750ml[兑换]  399.00
1  131505   西班牙安徒生·凤凰干红葡萄酒750ml[兑换]  399.00
2  129982        【包邮】智利魅利干红葡萄酒750ml   39.90

                                        href
0   https://www.jiuxian.com/goods-84242.html
1  https://www.jiuxian.com/goods-131505.html
2  https://www.jiuxian.com/goods-129982.html
```

**图 4－3－24　爬取结果显示**

图 4－3－24 中显示的就是所爬取的红酒产品的 id、名称、价格、链接等信息，然而这里的红酒数据并不完整，需要请求每个产品详情的网页链接，获取红酒的产地、口感、香味、净含量、箱规、酒精度、色泽、销量等信息。输入以下代码：

```
#构建存放红酒详细信息的空列表
detail_infos=[]
#遍历红酒详情页面的链接
for href in hrefs:
    #构建空字典用于存放红酒产品的属性名称和属性值
    detail_info={}
    #请求网页内容，将网页内容保存在变量 wine 中
    wine= requests.get(href)
    #用 BeautifulSoup 对网页内容进行解析，解析的结果保存在变量 p 中
    p = BeautifulSoup(wine.content.decode(), 'lxml')
```

```
    #为获取销量数据，查找同时含有'li'和"comSales"这两个字符串的内容并存放在变量 contents2
中
    contents2=p.find_all("li","comSales")
    #遍历 contents
    for content2 in contents2:
        #获取销量数据，即元素 em 中的文本内容
        each_sales=content2.find("em").get_text()
        #将销量数据添加到字典 detail_info 中
        detail_info['累计销量']=each_sales
    #为获取红酒的产地、香味等属性，查找 span 元素的内容并存放在变量 contents1 中
    contents1 = p.find_all('span')
    #遍历 contens1
    for content1 in contents1:
        #筛选出含有"："和"em"两个字符串的内容
        if "：" in str(content1) and content1.find('em') !=None:
            #通过字符串处理提取出属性的名称
            key=str(content1).split("：")[0].replace("<span>","")
            #获取存放在 em 元素中的属性值
            value=content1.find('em').string
            #将属性的名称和值添加到字典中
            detail_info[key]=value
    #在列表中添加产品属性的字典
    detail_infos.append(detail_info)
print(detail_infos)
```

运行以上代码，得到的结果如图 4－3－25 所示。

```
[{'累计销量': '1355333', '产地': '西班牙', '产品类型': '红葡萄酒,干红', '建议醒酒时间': '20分钟', '口感': '口感柔顺', '香味': '莓果香气',
'净含量': '750ml', '酒精度': '12° ', '色泽': '宝石红', '箱规': '1*6'}, {'累计销量': '158358', '产地': '西班牙', '净含量': '750ml', '酒精度':
'12.5° ', '箱规': '1*6'}, {'累计销量': '12598', '产地': '智利', '净含量': '750ml', '酒精度': '13° ', '箱规': '1*6'}, {'累计销量': '7154',
'产地': '法国', '酒庄': 'MTE INTERNATIONAL', '产品类型': '红葡萄酒,干红', '参考年份': '2021年', '口感': '干红', '香味': '果香味', '净含量':
'750ml', '酒精度': '14', '色泽': '宝石红', '箱规': '1*1'}, {'累计销量': '28270', '产地': '法国', '酒庄': '朗格巴顿酒庄', '产品类型': '红葡萄
酒,干红', '建议醒酒时间': '30分钟', '瓶塞': '颗粒赛', '香味': '水果香味', '葡萄品种': '赤霞珠、美乐', '搭配美食': '肉类，海鲜，烧烤', '酒精
度': '12度', '最佳饮用期': '10年', '参考年份': '2014', '口感': '酸涩适中', '橡木桶陈酿': '6个月', '净含量': '750ml', '色泽': '宝石红', '箱
规': '1*6'}, {'累计销量': '7982', '产地': '法国', '酒庄': 'MTE INTERNATIONAL', '产品类型': '红葡萄酒,干红', '香味': '果香味', '葡萄品种':
'赤霞珠、美乐、丹魄', '酒精度': '14', '参考年份': '2017年', '口感': '干红', '净含量': '750ml*2', '色泽': '红宝石', '箱规': '1*2'}, {'累计销
量': '11240', '产地': '法国', '酒庄': '朗格巴顿', '产品类型': '红葡萄酒,干红', '建议醒酒时间': '15-30分钟', '瓶塞': '颗粒塞', '香味': '果香
味', '葡萄品种': '赤霞珠', '搭配美食': '海鲜 烤肉 牛排', '酒精度': '14度', '最佳饮用期': '十年内', '参考年份': '2016', '口感': '酸涩适中',
'橡木桶陈酿': '6个月', '净含量': '750ml', '色泽': '宝石红色', '箱规': '1*6'}, {'累计销量': '7123', '产地': '法国', '酒庄': '朗格巴顿', '产品
类型': '红葡萄酒,干红', '建议醒酒时间': '15-30分钟', '瓶塞': '颗粒塞', '香味': '水果香味', '葡萄品种': '赤霞珠', '搭配美食': '海鲜 烤肉 牛
排', '酒精度': '14度', '最佳饮用期': '十年内', '参考年份': '2016', '口感': '酸涩适中', '橡木桶陈酿': '6个月', '净含量': '750', '色泽': '宝石
红', '箱规': '1*2'}, {'累计销量': '7451', '产地': '法国', '产品类型': '红葡萄酒,干红', '香味': '果香', '葡萄品种': '美乐/赤霞珠', '净含量':
'750', '酒精度': '13', '色泽': '深红', '箱规': '1*6'}, {'累计销量': '13018', '产地': '法国', '酒庄': '博列诺酒庄', '产品类型': '红葡萄酒,干
红', '建议醒酒时间': '30分钟', '瓶塞': '橡木塞', '香味': '水果香味', '葡萄品种': '西拉75% 歌海娜25%', '搭配美食': '海鲜 烧烤 肉类 美食', '酒
精度': '13.5度', '最佳饮用期': '10年', '参考年份': '2015', '口感': '酸涩适中 果香味浓', '橡木桶陈酿': '6个月', '净含量': '750ml', '色泽':
'宝石红色', '箱规': '1*6'}, {'累计销量': '7279', '产地': '智利', '产品类型': '红葡萄酒,干红', '建议醒酒时间': '30', '瓶塞': '木塞', '香味':
'果香', '葡萄品种': '佳美娜', '搭配美食': '牛排', '酒精度': '13.5', '参考年份': '2018', '净含量': '750ml', '箱规': '1*6'}, {'累计销量': '914
```

图 4－3－25　爬取的红酒详细信息

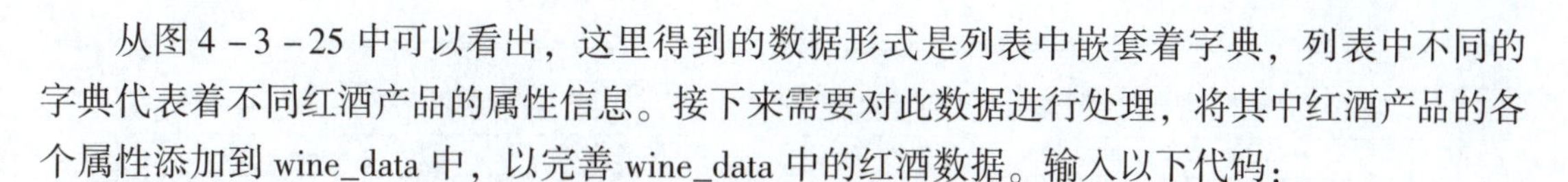

从图4－3－25中可以看出，这里得到的数据形式是列表中嵌套着字典，列表中不同的字典代表着不同红酒产品的属性信息。接下来需要对此数据进行处理，将其中红酒产品的各个属性添加到wine_data中，以完善wine_data中的红酒数据。输入以下代码：

```
#构建列表，其中每个元素都是产品的属性名称
property_names=['产地','产品类型','建议醒酒时间','口感','香味','净含量','酒精度','色泽','箱规','累计
销量']
#遍历属性名称，根据属性名称，将 detail_infos 中每个产品的对应属性值都提取到列表中，然后作
为一列添加到 wine_data 中
for property_name in property_names:
    #构造空列表，用于存放每个产品的属性值
    property_value=[]
    #遍历红酒产品
    for detail_info in   detail_infos:
        #由于部分产品的属性不完整，这里用 try-except 结构去提取
        try:
            #根据属性名称，找到 detail_infos 对应的属性值并将其添加到属性值列表中
            property_value.append(detail_info[property_name])
        except:
            #如果提取不到，就在属性值列表中添加空字符串
             property_value.append("")
    #在 wine_data 中添加一列，数据为每个产品的属性值，列名为属性名称
    wine_data[property_name]= property_value
#将爬取并整理好的红酒数据保存到 Excel 文件中
wine_data.to_excel("wine_data.xlsx")
```

运行以上代码，在代码所在的文件夹中会出现一个新的Excel文件wine_data. xlsx，如图4－3－26所示。

图4－3－26 运行结果存储的文件

双击图标打开此文件，结果如图4－3－27所示。图中显示的就是爬取得到的红酒产品的完整数据。以后就可以基于这个数据对红酒进行数据分析，比如分析红酒的价格对其销量的影响，或是构建模型对红酒的销量进行预测。通过数据分析和建模，为红酒企业生产和销售决策提供更加科学的指导。

| A | B | C | D | E | F | G | H | I | J | K | L | M | N | O |
|---|---|---|---|---|---|---|---|---|---|---|---|---|---|---|
| | 产品id | 产品名称 | 价格 | 链接 | 产地 | 产品类型 | 建议醒酒时间 | 口感 | 香味 | 净含量 | 酒精度 | 色泽 | 箱规 | 累计销量 |
| 0 | 84242 | 西班牙安( | 399.00 | https://wv | 西班牙 | 红葡萄酒, | 20分钟 | 口感柔顺 | 莓果香气 | 750ml | 12° | 宝石红 | 1*6 | 1355333 |
| 1 | 131505 | 西班牙安( | 399.00 | https://wv | 西班牙 | | | | | 750ml | 12.5° | | 1*6 | 158358 |
| 2 | 129982 | 【包邮】( | 39.90 | https://wv | 智利 | | | | | 750ml | 13° | | 1*6 | 12598 |
| 3 | 516714 | 法国进口纟 | 16.50 | https://wv | 法国 | 红葡萄酒, | 干红 | 干红 | 果香味 | 750ml | 14 | 宝石红 | 1*1 | 7154 |
| 4 | 43055 | 法国朗格[ | 115.00 | https://wv | 法国 | 红葡萄酒, | 30分钟 | 酸涩适中 | 水果香味 | 750ml | 12度 | 宝石红 | 1*6 | 28270 |
| 5 | 511200 | 法国进口纟 | 28.00 | https://wv | 法国 | 红葡萄酒, | 干红 | 干红 | 果香味 | 750ml*2 | 14 | 红宝石 | 1*2 | 7982 |
| 6 | 37573 | 法国14度[ | 259.00 | https://wv | 法国 | 红葡萄酒, | 15-30分钟 | 酸涩适中 | 果香味 | 750ml | 14度 | 宝石红色 | 1*6 | 11240 |
| 7 | 34037 | 【红酒礼1 | 109.00 | https://wv | 法国 | 红葡萄酒, | 15-30分钟 | 酸涩适中 | 水果香味 | 750 | 14度 | 宝石红 | 1*2 | 7123 |
| 8 | 97309 | 法国进口纟 | 199.00 | https://wv | 法国 | 红葡萄酒, | 干红 | | 果香 | 750 | 13 | 深红 | 1*6 | 7451 |
| 9 | 41732 | 法国获奖[ | 378.00 | https://wv | 法国 | 红葡萄酒, | 30分钟 | 酸涩适中 | 水果香味 | 750ml | 13.5度 | 宝石红色 | 1*6 | 13018 |
| 10 | 97308 | 【高档礼( | 249.00 | https://wv | 智利 | 红葡萄酒, | 30 | | 果香 | 750ml | 13.5 | | 1*6 | 7279 |
| 11 | 82861 | 拉斐庄园2 | 368.00 | https://wv | 中国，山东 | 红葡萄酒, | 干红 | | | 750ml | 12.5 | | 750ml*6瓶 | 9143 |
| 12 | 89334 | 法国进口纟 | 298.00 | https://wv | 法国 | 红葡萄酒, | 干红 | | | 750ml | 13.5 | | 750ml*2瓶 | 5565 |
| 13 | 123638 | 拉斐庄园( | 498.00 | https://wv | 中国，山东 | 红葡萄酒, | 干红 | | | 750ml | 12.5 | | 750ml*6瓶 | 4694 |
| 14 | 92161 | 【红酒礼1 | 269.00 | https://wv | 法国 | 红葡萄酒, | 干红 | | | 750ml*6瓶 | 16° | | 1*6 | 2167 |
| 15 | 130687 | 【红酒礼1 | 198.00 | https://wv | 法国 | 红葡萄酒, | 干红 | | | 750ml*6瓶 | 16° | | 1*6 | 2782 |
| 16 | 94303 | 拉斐庄园( | 298.00 | https://wv | 中国，山东 | 红葡萄酒, | 干红 | | | 750ml | 12.5 | | 750ml*6瓶 | 4576 |
| 17 | 92185 | 【高档礼( | 249.00 | https://wv | 澳大利亚 | | | | | 750ml | 14.5 | | 1*6 | 5875 |
| 18 | 127871 | 智利进口纟 | 189.00 | https://wv | 智利 | 红葡萄酒, | 30分钟以 | 淡爽 | 果香味 | 750ml | 13.5%vol | 宝石紫红 | 40*26*36 | 5609 |

图 4-3-27　爬取结果显示

## 任务 4　爬取红酒相关文章并进行分词和关键词提取

### 4.1　任务目标

（1）正确认识、使用 Requests 库爬取网页信息。

（2）使用 BeautifulSoup 进行 HTML 解析和数据内容的提取。

（3）使用 Jieba 库进行分词和关键词提取。

（4）使用 Wordcloud 进行词云图的绘制。

### 4.2　任务内容

爬取红酒相关文章；完成词云图的绘制和关键词的提取。

### 4.3　任务函数

Requests 库、BeautifulSoup 库、Pandas 库、Jieba 库、Wordcloud 库。

#### 1. 确定爬取目标

确定爬取目标

在正式开始数据爬取工作之前，首先要明确爬取目标。要对红酒产品进行数据分析，需要广泛阅读红酒相关文章，从而了解红酒产品的酿造方法、品类特点、行业标准和法律法规。在广泛阅读红酒文章之前，需要对红酒相关文章进行大量的收集和整理。食品资讯中心（http://news.foodmate.net/）专业传播国内外食品行业新资讯，主要包括食品安全事件报道、食品标准和法律法规动态跟踪、食品进出口预警信息通报、食品行业监管和企业动向、食品新理论/新工艺/新技术。因此，这里确定爬取的目标就是食品资讯中心网站的红酒相关文章。

在明确了爬取目标之后，还需要确认爬取目标的具体字段。在实际工作中，经常将文章的标题、关键词和链接保存到 Excel 文件中，从而完成文献资料的搜集和整理。因此，这里将红酒相关文章的标题、关键词和链接作为爬取的具体字段。

#### 2. 分析网页结构

分析网页结构

在明确爬取目标之后，就可以通过分析网页结构来确定具体的爬取思路和爬取方法。首先进入食品咨询中心的官方网站，网址为 http://news. foodmate. net/。打开网址，页面如图 4 – 4 – 1 所示。

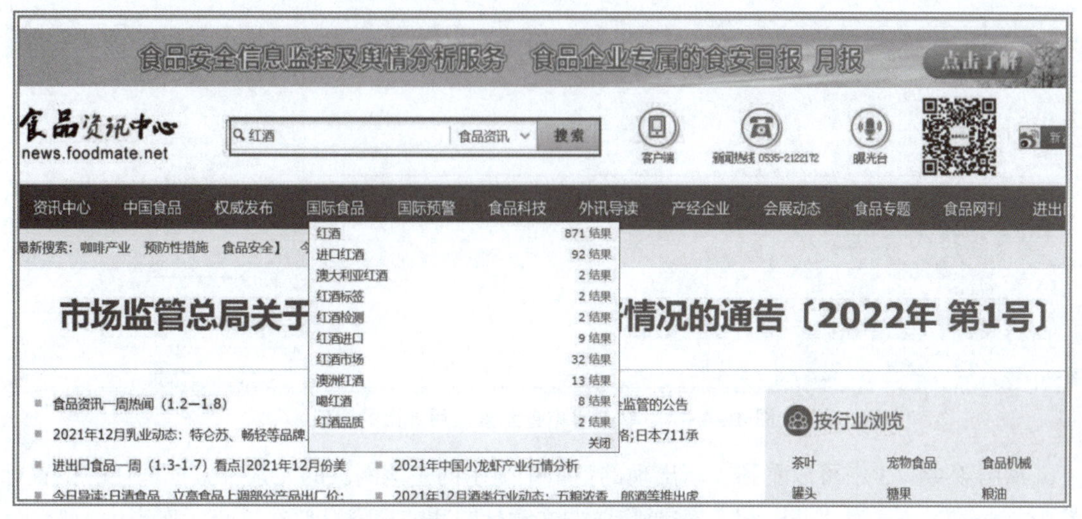


图 4 – 4 – 1　食品咨询中心官方网站

为了查找“红酒”相关的文章，在网页搜索框中搜索“红酒”并单击“搜索”按钮，得到如图 4 – 4 – 2 所示的页面。该页面的网址为 http://news. foodmate. net/search. php?kw = %E7%BA%A2%E9%85%92。

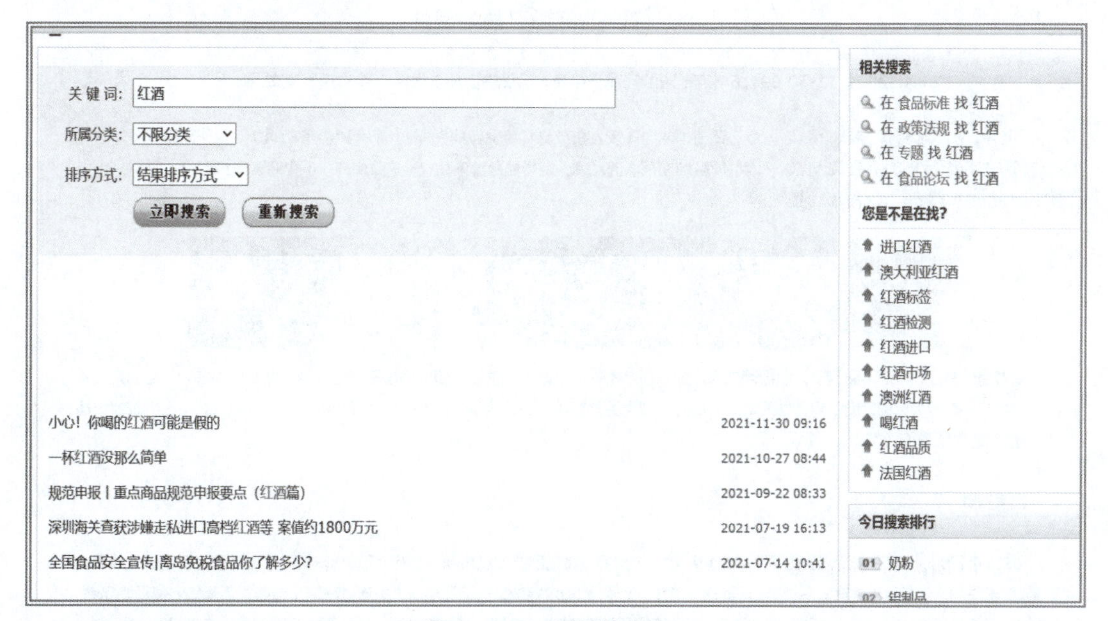


图 4 – 4 – 2　网页搜索窗口

在这个网页中单击文章的标题，就可以进入相应的文章页面。因此，通过这个页面可以爬取到红酒相关文章的标题和链接。在网页上右击，在弹出的菜单中单击“审查元素”这一项，弹出如图 4 – 4 – 3 所示窗口。

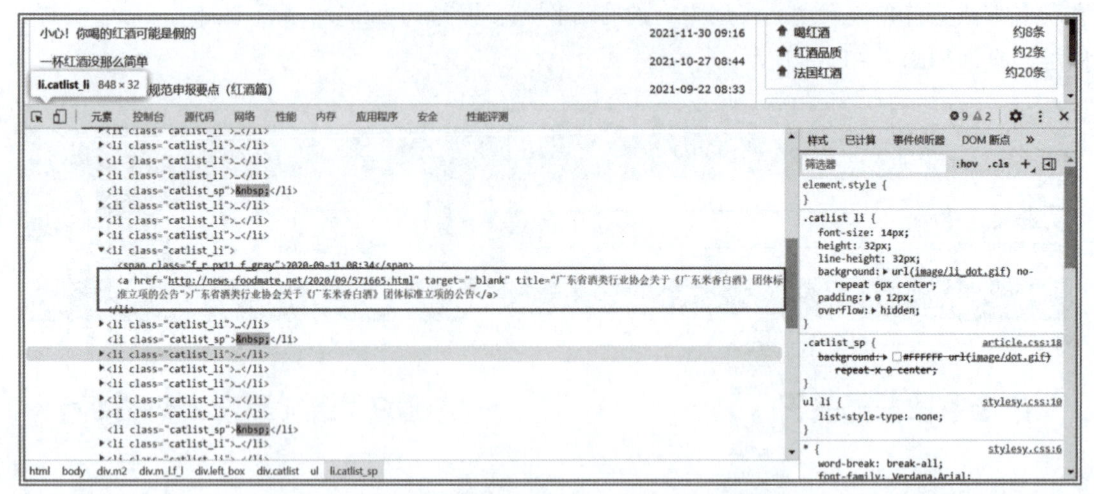


图 4-4-3　单击“审查元素”后弹出的窗口

从图 4-4-3 中可以看到，新出现的窗口中显示的是该网页的元素，方框框住的位置标签为 < a >，target 为“_blank”，需要爬取的文章标题和链接就存储在这个元素当中。

了解了文章标题和链接在网页中的具体位置之后，继续分析红酒相关文章的详情页面。这里单击网页中第一篇文章的标题，进入文章详情页面，如图 4-4-4 所示。

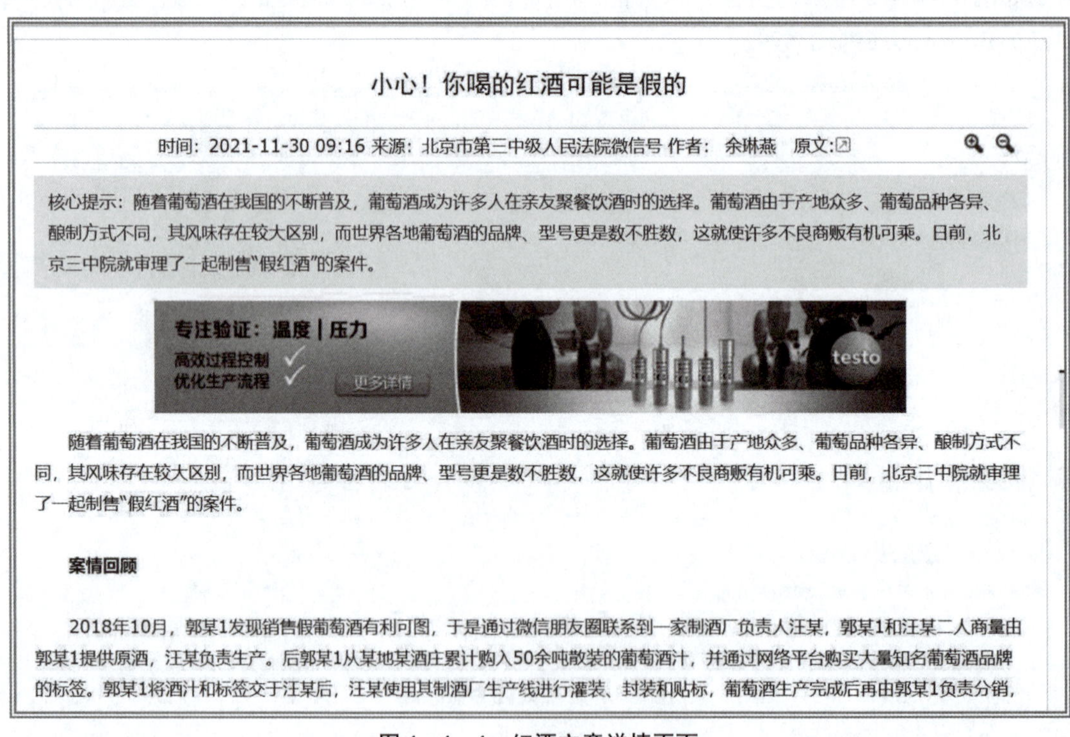
小心！你喝的红酒可能是假的

时间：2021-11-30 09:16 来源：北京市第三中级人民法院微信号 作者：余琳燕 原文：

核心提示：随着葡萄酒在我国的不断普及，葡萄酒成为许多人在亲友聚餐饮酒时的选择。葡萄酒由于产地众多、葡萄品种各异、酿制方式不同，其风味存在较大区别，而世界各地葡萄酒的品牌、型号更是数不胜数，这就使许多不良商贩有机可乘。日前，北京三中院就审理了一起制售“假红酒”的案件。



随着葡萄酒在我国的不断普及，葡萄酒成为许多人在亲友聚餐饮酒时的选择。葡萄酒由于产地众多、葡萄品种各异、酿制方式不同，其风味存在较大区别，而世界各地葡萄酒的品牌、型号更是数不胜数，这就使许多不良商贩有机可乘。日前，北京三中院就审理了一起制售“假红酒”的案件。

**案情回顾**

2018年10月，郭某1发现销售假葡萄酒有利可图，于是通过微信朋友圈联系到一家制酒厂负责人汪某，郭某1和汪某二人商量由郭某1提供原酒，汪某负责生产。后郭某1从某地某酒庄累计购入50余吨散装的葡萄酒汁，并通过网络平台购买大量知名葡萄酒品牌的标签。郭某1将酒汁和标签交于汪某后，汪某使用其制酒厂生产线进行灌装、封装和贴标，葡萄酒生产完成后再由郭某1负责分销，

图 4-4-4　红酒文章详情页面

在网页上单击鼠标右键，在弹出的菜单中单击“审查元素”这一项，弹出如图 4-4-5 所示窗口。

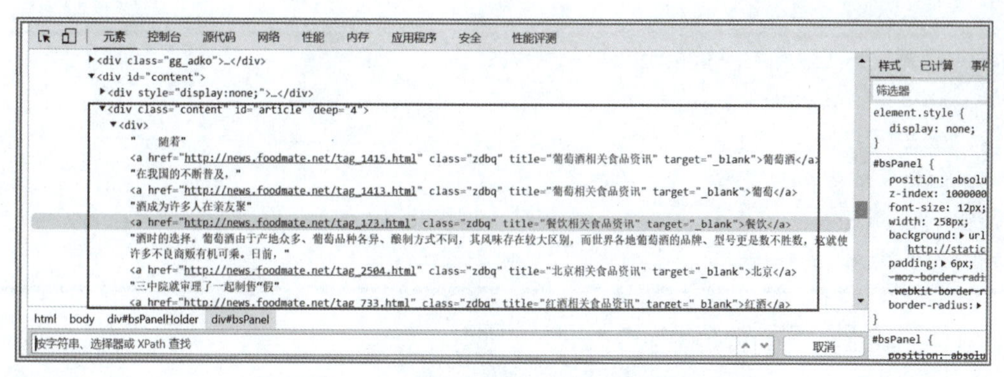


**图 4 -4 -5 单击“审查元素”后弹出的窗口**

从图 4 -4 -5 中可以看到，新出现的窗口中显示的是该网页的元素，方框框住的位置标签为 <div>，id 为“article”，需要爬取的文章内容就存储在这个元素当中。后续可以基于文章内容去提取其关键词，完成关键词的爬取。

### 3. 爬取红酒文章数据

鉴于之前已经详细介绍了爬虫的原理与实现，直接给出完整的代码供大家参考。新建 Jupyter Notebook 的记事本，输入代码如下：

```
import requests
from bs4 import BeautifulSoup
import pandas as pd
#请求网页内容，将网页内容保存在变量 papers 中
papers=
requests.get('http://news.foodmate.net/search.php?kw=%E7%BA%A2%E9%85%92')
#用 BeautifulSoup 对网页内容进行解析，解析的结果保存在变量 p 中
p = BeautifulSoup(papers.content.decode(), 'lxml')
#查找含有'a'且 target="_blank"的元素
contents = p.find_all( "a",target="_blank")
#构造 2 个空列表分别用于存放红酒文章的标题和链接
titles,hrefs=[],[]
#遍历提取每个红酒文章的的数据
for content in contents:
    #尝试提取文章标题
    title=content.get("title")
    #如果能够提取到标题，说明该元素确实是包含红酒标题和链接的元素，可以进行相关信息的
提取
    if title != None:
        #将标题添加到标题列表中
        titles.append(title)
        #提取链接并添加到链接列表中
        hrefs.append(content.get("href"))
```

```
#将标题列表和链接列表拼接并转换为 dataframe 格式
wine_papers=pd.DataFrame([titles,hrefs]).T
#添加相应的列名
wine_papers.columns=['标题', '链接']
#查看前 3 行数据
print(wine_papers.head(3))
```

运行以上代码，得到的结果如图 4 –4 –6 所示。

```
                         标题                                           链接
0          小心！你喝的红酒可能是假的   http://news.foodmate.net/2021/11/613440.html
1               一杯红酒没那么简单   http://news.foodmate.net/2021/10/610183.html
2  规范申报丨重点商品规范申报要点（红酒篇）  http://news.foodmate.net/2021/09/606825.html
```

**图 4 –4 –6　爬取的红酒文章信息**

图 4 –4 –6 中显示的就是爬取的红酒文章的标题和链接等信息。接下来继续爬取红酒文章内容并绘制词云图，输入以下代码：

```
#请求网页内容，将网页内容保存在变量 paper 中
paper= requests.get(hrefs[0])
#用 BeautifulSoup 对网页内容进行解析，解析的结果保存在变量 p 中
p = BeautifulSoup(paper.content.decode(), 'lxml')
#为获取文章内容，查找 id="article"的 div 标签中的文本内容并存放在变量 contents 中
content=p.find_all("div",id="article")[0].get_text()
print(content)
```

运行以上代码，得到的结果如图 4 –4 –7 所示。

```
    随着葡萄酒在我国的不断普及，葡萄酒成为许多人在亲友聚餐饮酒时的选择。葡萄酒由于产地众多、葡萄品种各异、酿制方式不同，其风味存在较大区别，而世界各地葡萄酒的品牌、型号更是数不胜数，这就使许多不良商贩有机可乘。日前，北京三中院就审理了一起制售“假红酒”的案件。

    案情回顾

    2018年10月，郭某1发现销售假葡萄酒有利可图，于是通过微信朋友圈联系到一家制酒厂负责人汪某，郭某1和汪某二人商量由郭某1提供原酒，汪某负责生产。后郭某1从某地某酒庄累计购入50余吨散装的葡萄酒汁，并通过网络平台购买大量知名葡萄酒品牌的标签。郭某1将酒汁和标签交于汪某后，汪某使用其制酒厂生产线进行灌装、封装和贴标，葡萄酒生产完成后再由郭某1负责分销，由郭某2负责运输和配送。

    这批假冒的葡萄酒涉及了澳大利亚某著名葡萄酒品牌和国产某著名葡萄酒品牌，并且部分产品已经通过线上或线下渠道售出，价值共计人民币1 869 823元。

    法院判决

    生效判决认为，被告人郭某1、汪某、郭某2未经注册商标所有人许可，在同一种商品上使用与注册商标相同的商标，情节特别严重，其行为触犯了刑法，已构成假冒注册商标罪，应予惩处。其中，被告人汪某事前知道被告人郭某1从事假酒生意，但为谋私利，选择与被告人郭某1合作，客观上有偿为被告人郭某1灌装假葡萄酒并贴标，具备了主观故意和客观行为。在共同犯罪活动中，被告人郭某2负责搬运、装卸、运输等辅助行为，其作用较小，系从犯，依法对其从轻处罚。

    鉴于郭某1、汪某、郭某2三人归案后能够如实供述基本犯罪事实，被告人汪某退缴部分违法所得，故依法对三被告人从轻处罚。最终判决被告人郭某1犯假冒注册商标罪，判处有期徒刑六年，罚金人民币一百五十万元；被告人汪某犯假冒注册商标罪，判处有期徒刑五年，罚金人民币一百万元；被告人郭某2犯假冒注册商标罪，判处有期徒刑三年，罚金人民币八万元；追缴被告人郭某2违法所得人民币二万元依法予以没收，追缴被告人汪某违法所得人民币十万三千一百元依法予以没收。
```

**图 4 –4 –7　爬取红酒文章的内容**

图 4－4－7 中显示的就是爬取的红酒文章内容。接下来以这篇文章为例，对文章内容进行分词和词频的统计，输入以下代码：

```
#导入分词库 Jieba
import jieba
#分词
word_list = jieba.cut(content)
#统计词频
tf = {}
for word in word_list:
    # 如果该键在集合 tf 的对象中，则该键所属对象值加 1
    if word in tf:
        tf[word] +=1
    #否则，生成新词的键值对，初始值为 1
    else:
        tf[word] = 1
#遍历所有的词语，删除词频小于 3 且字符串长度小于 2 的词语
for word in list(tf.keys()):
    if tf[word]<3 or len(word)<2:
        del tf[word]
print(tf)
```

注意：如果是第一次使用 Jieba，那么需要使用 pip install jieba 命令安装 Jieba 库，此处就不赘述了。运行以上代码，得到的结果如图 4－4－8 所示。

```
{'葡萄酒': 14, '方式': 3, '不同': 3, '品牌': 5, '制售': 4, '郭某': 18, '销售': 4, '通过': 4, '汪某': 8, '负责': 4, '生产': 5, '购买': 3, '使用': 3, '假冒': 6, '人民币': 6, '判决': 3, '被告人': 13, '注册商标': 9, '行为': 6, '刑法': 4, '构成': 5, '假酒': 7, '依法': 4, '处罚': 4, '违法': 3, '所得': 3, '判处': 3, '有期徒刑': 3, '罚金': 3, '制造': 3, '可能': 4, '有毒': 3, '有害': 3, '食品': 3}
```

**图 4－4－8　分词结果**

图 4－4－8 中显示的就是对文章进行分词和词频统计得到的数据。接下来就可以基于这些数据绘制词云图，输入以下代码：

```
#导入 Wordcloud 库中 WordCloud 和 ImageColorGenerator 两个方法
from wordcloud import WordCloud,ImageColorGenerator
import matplotlib.pyplot as plt
#导入 PIL 库中的 Image 模块
from PIL import Image
import numpy as np
#使用 Image.open 方法读取图片数据，后面将基于该图片的形状和颜色生成相应的词云
mask_img=np.array(Image.open("wine.jpg"))
#为了使中文字体能够正常显示，导入指定路径的中文字体
```

```
#由于不同电脑的字体存放路径可能存在差异，本书将字体文件放在此代码所在的文件夹中，从而方便字体的导入
font=r'msyhbd.ttc'
#生成词云图
wc=WordCloud(background_color="white",mask=mask_img,collocations=False,font_path=font, max_font_size=200,width=1600,height=500,margin=0).generate_from_frequencies(tf)
# 基于图片数据生成相应彩色
image_colors = ImageColorGenerator(mask_img)
#修改词云图的颜色
plt.imshow(wc.recolor(color_func=image_colors))
#删除图表的坐标轴
plt.axis('off')
#保存图片
wc.to_file('wine_wordcloud.jpg')
#保存图片
plt.show()
```

注意：如果是第一次使用 Wordcloud，那么需要使用 pip install wordcloud 命令安装 Wordcloud 库。运行以上代码，得到的词云图结果如图 4－4－9 所示。

图 4－4－9　词云图

图 4－4－9 中显示的就是基于词频统计数据绘制的词云图。词云图，也叫文字云，是对文本中出现频率较高的“关键词”予以视觉化的展现，词云图过滤掉大量的低频低质的文本信息，使得浏览者只要浏览过文本，就可领略文本的主旨。这里通过导入红酒的图片来设置词云的形状和颜色，从而使词云的外观更加贴合红酒的形象。

接下来对红酒文章的关键词进行提取，并且将红酒的标题、链接和关键词合并保存到 Excel 文件中。输入以下代码：

```
#关键词提取和保存
import jieba.analyse
keywords_list=[]
for href in hrefs:
    #请求网页内容，将网页内容保存在变量 wine 中
    paper= requests.get(href)
    #用 BeautifulSoup 对网页内容进行解析，解析的结果保存在变量 p 中
    p = BeautifulSoup(paper.content.decode(), 'lxml')
    #为获取销量数据，查找同时含有'li'和"comSales"这两个字符串的内容并存放在变量 contents2
中
    content=p.find_all("div",id="article")[0].get_text()
    keywords= jieba.analyse.textrank(content,topK=5)
    keywords_list.append(",".join(keywords))
#在 wine_data 中添加一列，数据为每个产品的属性值，列名为属性名称
wine_papers['关键词']= keywords_list
wine_papers.to_excel("wine_papers.xlsx")
```

运行以上代码，在代码所在的文件夹中会出现一个新的 Excel 文件 ine_papers. xlsx，如图 4 -4 -10 所示。

**图 4 -4 -10 红酒文章关键词提取后保存的文件**

双击图标打开此文件，结果如图 4 -4 -11 所示。

| | A | B | C | D |
|---|---|---|---|---|
| 1 | | 标题 | 链接 | 关键词 |
| 2 | 0 | 小心！你喝的红酒可能是假的 | http://news.foodmate.net/2021/11/613440.html | 被告人,葡萄酒,注册商标,假酒,行为 |
| 3 | 1 | 一杯红酒没那么简单 | http://news.foodmate.net/2021/10/610183.html | 红酒,葡萄,检测,乙醇,测定 |
| 4 | 2 | 规范申报丨重点商品规范申报要点（红酒篇） | http://news.foodmate.net/2021/09/606825.html | 规范,商品,葡萄酒,填报,进口 |
| 5 | 3 | 深圳海关查获涉嫌走私进口高档红酒等 案值约1800万元 | http://news.foodmate.net/2021/07/600022.html | 进口,海关,红酒,洗发,胶粒 |
| 6 | 4 | 全国食品安全宣传\|离岛免税食品你了解多少？ | http://news.foodmate.net/2021/07/599498.html | 食品,免税,进口,海关,离岛 |
| 7 | 5 | 什么？！红酒2折出售？！ | http://news.foodmate.net/2021/06/597632.html | 红酒,产品,假冒,品牌,网店 |
| 8 | 6 | 今年前四个月巴西红酒销售同比增长34% | http://news.foodmate.net/2021/06/595493.html | 巴西,销售,葡萄酒,葡萄汁,表现 |
| 9 | 7 | 欧盟通报我国出口热红酒电水壶不合格 | http://news.foodmate.net/2021/04/590407.html | 通报,食品,出口,产品,红酒 |
| 10 | 8 | 法国进口红酒，假的！ | http://news.foodmate.net/2021/04/589667.html | 商标,注册商标,红酒,专用权,侵犯 |
| 11 | 9 | 上海外港海关查获伪报、夹带进口火腿508只、红酒1903箱 | http://news.foodmate.net/2021/02/585007.html | 伪报,货物,中华人民共和国,逃避,食品 |
| 12 | 10 | 广州警方破获一起特大假冒知名品牌红酒案 | http://news.foodmate.net/2021/01/581989.html | 红酒,销售,假冒,警方,犯罪 |
| 13 | 11 | 阿根廷拟加大红酒拓展中国市场力度 | http://news.foodmate.net/2020/09/571867.html | 红酒,中国,使领馆,驻华,加大 |
| 14 | 12 | 广东省酒类行业协会关于《广东糯米酒》团体标准立项的公告 | http://news.foodmate.net/2020/09/571666.html | 有限公司,广东,标准,广东省,酒业 |
| 15 | 13 | 广东省酒类行业协会关于《广东米香白酒》团体标准立项的公告 | http://news.foodmate.net/2020/09/571665.html | 有限公司,广东,标准,广东省,酒业 |
| 16 | 14 | 中山市查获200多箱“假红酒”！提醒：买酒请走正规渠道 | http://news.foodmate.net/2020/08/569743.html | 市场,产品,假冒,监管局,桂山 |
| 17 | 15 | 疫情期间冷冻食品在英国的销量骤增80% | http://news.foodmate.net/2020/06/564538.html | 冷冻,购买,海产品,海鲜,食品 |
| 18 | 16 | 贵州省食品工业协会关于 《三都九阡酒》等二个团体标准立项的公告 | http://news.foodmate.net/2020/06/563585.html | 标准,食品,团体,贵州,贵州省 |
| 19 | 17 | 2020青岛国际进口葡萄酒精品展12月18日-20日举办 | http://news.foodmate.net/2020/05/559008.html | 青岛,葡萄酒,中国,国际,企业 |
| 20 | 18 | 缅甸2020年4月起酒类进口关税上调至50% | http://news.foodmate.net/2020/04/557824.html | 增加,进口,关税,酒类,海关 |
| 21 | 19 | 浙江四部门召开整治食品安全问题联合行动新闻发布会公布一批典型案例 | http://news.foodmate.net/2019/12/543239.html | 市场,食品,问题,生产,开展 |

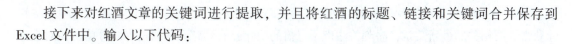

**图 4 -4 -11 爬取到的文件内容**

图 4 -4 -11 中显示的就是爬取得到的红酒文章的相关信息。以后就可以使用这种方法快速获得红酒相关的最新文章，时刻关注市场行情的变化，看到感兴趣的内容即可单击相对应的链接来阅读文章的全文，从而保持自己对红酒市场形势的全面掌握，并调整相应的商业策略。

## 小结

本项目简单介绍了使用 Python 进行数据爬取的方法，演示了使用 Jieba 库对文本数据进行分词、词频统计、关键词提取，同时，介绍了使用 Matplotlib 库和 Wordcloud 库完成散点图、词云图绘制的方法。当然，本项目涉及的内容都比较简单，如果大家希望进行更加复杂的爬取，可以了解一下另外一个 Python 库——Scrapy，这也是目前最常用的用于开发爬虫的工具之一。

此外，分词和关键词提取也是自然语言处理中的一小部分，如果大家对这方面感兴趣，可以研究一下目前非常流行的研究方向——使用循环神经网络来进行文本的处理。限于篇幅，这里就不展开讨论了。

## 学习测评

### 1. 工作任务交办单

工作任务交办单

<table>
<tr><td>工作任务</td><td colspan="3">爬取“十四五”政策并进行分词和关键词提取</td></tr>
<tr><td>小组名称</td><td></td><td>工作成员</td><td></td></tr>
<tr><td>工作时间</td><td></td><td>完成总时长</td><td></td></tr>
<tr><td colspan="4">工作任务描述</td></tr>
<tr><td colspan="4">爬取“十四五”政策并进行分词和关键词提取，完成词云图的绘制。</td></tr>
</table>

| 任务执行记录 | | | |
|---|---|---|---|
| 序号 | 工作内容 | 完成情况 | 操作员 |
| | | | |
| | | | |
| | | | |
| | | | |
| | | | |
| | | | |
| | | | |
| | | | |
| | | | |

续表

| 任务负责人小结 | | | |
|---|---|---|---|
| | | | |
| 上级验收评定 | | 验收人签名 | |

## 2. 工作任务评价表

工作任务评价表

| 工作任务 | | 爬取“十四五”政策并进行分词和关键词提取 | | | | |
|---|---|---|---|---|---|---|
| 小组名称 | | | 工作成员 | | | |
| 项目 | | 评价依据 | 参考分值 | 自我评价 | 小组互评 | 教师评价 |
| 任务需求分析（10%） | | 任务明确 | 5 | | | |
| | | 解决方案思路清晰 | 5 | | | |
| 任务实施准备（20%） | | 安装 Requests 库和 BeautifulSoup 库 | 5 | | | |
| | | 安装 Jieba 和 Wordcloud 库 | 5 | | | |
| | | 确定科学合理的爬取目标 | 10 | | | |
| 任务实施（50%） | 子任务 1 | 能结合实际对网页结构进行分析 | 10 | | | |
| | 子任务 2 | 高效地完成数据爬取任务 | 5 | | | |
| | | 代码简洁，结构清晰 | 5 | | | |
| | | 代码注释完整 | 5 | | | |
| | 子任务 3 | 能够完成文本的分词 | 5 | | | |
| | | 能够完成文本的关键词提取 | 5 | | | |
| | | 能够完成词云图的绘制 | 5 | | | |
| | | 代码简洁，结构清晰 | 5 | | | |
| | | 代码注释完整 | 5 | | | |
| 思政劳动素养（20%） | | 有理想、有规划，科学严谨的工作态度、精益求精的工匠精神 | 10 | | | |
| | | 良好的劳动态度、劳动习惯，团队协作精神，有效沟通，创造性劳动 | 10 | | | |
| 综合得分 | | | 100 | | | |
| 评价小组签字 | | | 教师签字 | | | |

## 习题

1. 完成脱贫攻坚战文件的爬取。
2. 比较静态网页爬取和动态 JS 网页爬取的不同。

# 项目5

# 运用线性模型分析红酒的质量

## 项目目标

（1）正确载入 Pandas、NumPy 函数，了解其基本子模块和基本函数。

（2）熟用可视化方法对运算结果进行可视化。

（3）正确使用线性模型实现数据预测。

## 项目任务

熟知线性模型概念，能使用线性模型对数据进行预测。

## 任务1 线性模型的认知与搭建

### 任务1.1 线性模型的认知

#### 1.1 任务目标

线性模型的认知

（1）熟知线性模型的基本概念。

（2）熟用线性模型的基本函数。

#### 1.2 任务内容

输出直线图形和数据的线性回归。

#### 1.3 任务函数

make_regression()、LinearRegression()。

#### 1.4 任务步骤

1. 线性模型的认知

线性模型是一个来源于统计学的术语，近年来，其在机器学习领域获得了越来越多的应用。线性模型是一类模型，常用的线性模型包括线性回归、岭回归、套索回归和逻辑回归等。下面首先研究一下线性模型的具体公式及相应的具体特点。

线性公式见式（5-1-1）：

$$y = kx + b \qquad (5-1-1)$$

其中，$k$ 是直线的斜率；$b$ 是直线的截距。

一般的线性模型公式与之相似，只不过自变量从一个变成了多个，通常可写为式（5－1－2）。

$$\hat{y}=w[0]\cdot x[0]+w[1]\cdot x[1]+\cdots+w[i]\cdot x[i]+b \quad (5-1-2)$$

式中，$x[0],x[1],\cdots,x[i]$表示所使用的数据集中特征变量的个数，即这个数据集共有 $i$ 个特征；$w$ 为权重，$b$ 为偏置，都是模型的参数；$\hat{y}$ 表示模型对数据的预测值，在只有一个变量的情况下，上述公式就变成式（5－1－3）。

$$\hat{y}=w[0]\cdot x[0]+b \quad (5-1-3)$$

这就和上面的直线方程对应起来了，$w$ 就是斜率，$b$ 则是截距。

在存在多个特征变量的情况下，可以把模型理解为多个输入特征的加权之和，相应的 $w$ 为每一个特征的权重值。

在 Jupyter Notebook 中实现直线图形的输出，代码如下：

```
import numpy as np
import matplotlib.pyplot as plt
#载入Numpy库和Matplotlib库
x=np.linspace(-10,10,100)
#x 取值为-10 到 10 的 100 个数
y=1.5*x+2.4
#y 的表达式为直线方程
plt.plot(x,y,c='red')
plt.title('Straight Line')
#给直线图命名为 Straight Line
plt.show()
#输出直线图形
```

输出结果如图 5－1－1 所示。

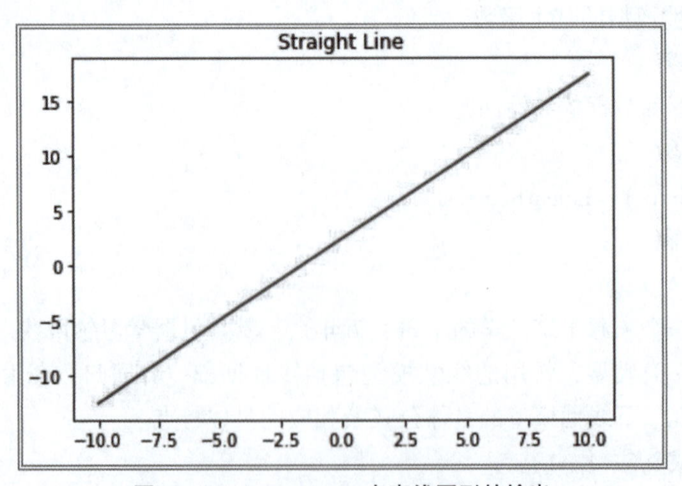


**图 5－1－1　Notebook 中直线图形的输出**

线性模型就是求与每个数据点的距离加和，并取最小值，这就是线性回归模型的原理。

### 2. 线性回归的认知

现在以 Scikit－learn 库中的 make_regression 产生数据集绘制一条线性模型的预测线，让线性回归模型的原理以更加清晰的形式展现出来，输入以下代码到 Jupyter Notebook 中：

```
%matplotlib inline
import numpy as np
import matplotlib.pyplot as plt
from sklearn.datasets import make_regression
from sklearn.linear_model import LinearRegression
#从 Sklearn 库中的线性模型中导入 LinearRegression 模型
X, y = make_regression(n_samples=80, n_features=1, n_informative=1,
                      noise=60,random_state=2)
reg = LinearRegression()
#用 reg 代替 LinearRegression()函数，利于程序的简化和书写
reg.fit(X,y)
#拟合数据
z = np.linspace(-5,5,400).reshape(-1,1)
#z 取值为从 -5 到 5 的 400 个数据点
plt.scatter(X,y,c='g',s=50)
#画出散点图
plt.plot(z, reg.predict(z),c='k')
#将拟合值对应 z 并画出图形
plt.title('Linear Regression')
#图题命名为 LinearRegression
print('该直线斜率为{:.2f}'.format(reg.coef_[0]))
print('该直线的截距是：{:.2f}'.format(reg.intercept_))
```

结果如图 5－1－2 所示。

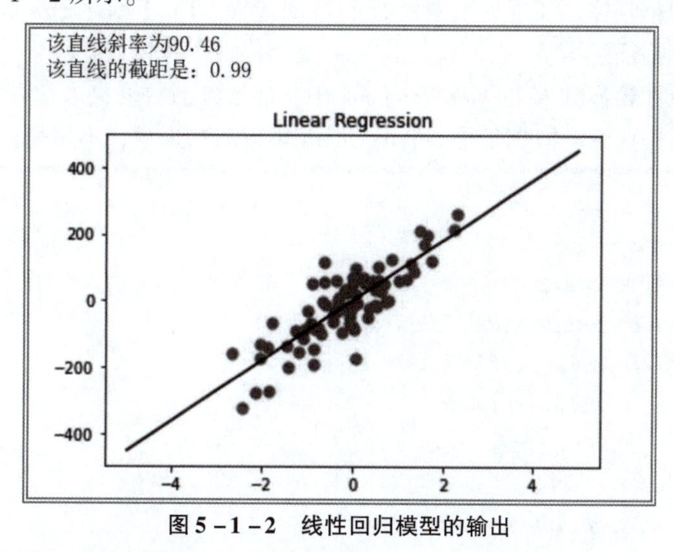


图 5－1－2　线性回归模型的输出

从图 5-1-2 中可以看出，线性回归模型在 make_regression 数据集中生成的预测线就是黑色直线，同时给出了该直线所对应的斜率和截距。

## 任务 1.2　线性模型的搭建

### 1.1　任务目标

（1）熟知线性模型的基本概念。

（2）熟用线性模型的基本函数。

### 1.2　任务内容

线性回归、岭回归、套索回归、超参调整、预测结果可视化。

### 1.3　任务函数

Pandas 函数、NumPy 函数、LinearRegression 函数、PolynomialFeatures 函数、matplotlib. pyplot 函数。

### 1.4　任务步骤

岭回归也是回归分析中常用的线性模型，它实际上是一种改良的最小二乘法。本任务将介绍岭回归的原理及其在实践中的性能表现。

#### 1. 岭回归的原理

在岭回归这种线性模型中，其所有特征变量都会被保留，但特征变量的系数值会减小，使特征变量对预测结果的影响变小，具体实现是通过改变其 alpha 参数来控制减小特征变量系数的程度，能够避免过拟合现象的发生。在岭回归中用到保留全部特征变量，并降低特征变量的系数值来避免过拟合的方法，称之为 L2 正则化。Scikit-learn 中岭回归的函数是 linear model. Ridge。

#### 2. 套索回归（lasso）的原理

除了岭回归之外，还有一个对线性回归进行正则化的模型，即 L1 正则化的线性模型——套索回归。

与 L2 正则化不同的是，采用 L1 正则化的套索回归会让部分特征的系数正好等于 0，让部分会彻底被模型忽略掉，实现模型对特征的自动选择。L1 正则化把一部分系数变成 0 可以理解成突出重要特征。

下面把两种线性模型输入 Jupyter Notebook 中，通过红酒数据集来看看它们的表现吧。

导入包和数据集。红酒数据集是 Scikit-learn 集成的数据集，不用另行下载。

```
#导入包和数据集
import numpy as np
import matplotlib.pyplot as plt
from matplotlib.colors import ListedColormap
from sklearn.linear_model import LinearRegression
from sklearn.linear_model import Ridge
from sklearn.linear_model import Lasso
from sklearn import datasets
from sklearn.model_selection import train_test_split
```

红酒数据集的赋值：

```
wine = datasets.load_wine()#数据集赋给 wine
X = wine.data    #特征值赋给 X
y = wine.target  #标签值赋给 Y
```

把数据集拆分成训练集和测试集，并使用线性回归 LinearRegression 实现数据的拟合，同时输出线性模型的系数和截距。

```
X_train, X_test, y_train, y_test = train_test_split(X,y, random_state = 0)
lr = LinearRegression().fit(X_train, y_train)
print("lr.coef_: {}".format(lr.coef_[:]))
print("lr.intercept_: {}".format(lr.intercept_))
```

输出结果如图5-1-3所示。

```
lr.coef_: [-8.50242320e-02  2.64695918e-02 -8.83765299e-02  3.40557095e-02
 -3.47739383e-04  2.24005481e-01 -4.71313726e-01 -4.32777162e-01
  8.20042826e-02  5.34671385e-02 -1.20953501e-01 -3.17091613e-01
 -6.70222507e-04]
lr.intercept_: 3.2039134848291133
```

图5-1-3　线性模型系数和截距的输出

【结果分析】从结果中可以看出，这个线性模型使用了13个系数和1个截距。线性模型 LinearRegression 的代码如下：

```
print("训练数据集得分：{:.2f}".format(lr.score(X_train, y_train)))
print("测试数据集得分：{:.2f}".format(lr.score(X_test, y_test)))
```

得分如图5-1-4所示。

```
训练数据集得分：0.92
测试数据集得分：0.80
```

图5-1-4　线性模型训练集和测试集得分

看到训练集得分为0.92，测试集得分为0.8。现在接着看看在红酒数据集中岭回归模型的表现，在 Jupyter Notebook 中继续运行以下程序：

```
ridge = Ridge().fit(X_train, y_train)
print("训练数据集得分：{:.2f}".format(ridge.score(X_train, y_train)))
print("测试数据集得分：{:.2f}".format(ridge.score(X_test, y_test)))
```

得分如图5-1-5所示。

使用岭回归后，测试数据集的得分比线性回归要稍微高一些，而测试数据集的得分却出人意料地和训练集的得分一致，这和预期基本是一致的。

```
训练数据集得分：0.92
测试数据集得分：0.82
```

图 5-1-5 岭回归得分

以上模型出现了轻微的过拟合现象。但由于岭回归是一个相对系数受到一定限制的模型，所以过拟合的可能性实现了很大的降低。可以总结为，复杂度越低的模型，在训练数据集上的表现越差，但是其泛化的能力会更好。如果更在意模型在泛化方面的表现，那么就应该选择岭回归模型，而不是线性回归模型。

在上面的程序中，岭回归使用了默认参数 alpha = 1。注意，alpha 的取值并没有一定的规定。alpha 的最佳设置与使用的数据集密切相关。增加 alpha 值会降低特征变量的系数，使其趋于零，从而降低在训练集的性能，但更有助于泛化。下面调整参数 alpha = 10，并在 Jupyter Notebook 中继续运行以下程序：

```
ridge10 = Ridge(alpha=10).fit(X_train, y_train)
print("训练数据集得分：{:.2f}".format(ridge10.score(X_train, y_train)))
print("测试数据集得分：{:.2f}".format(ridge10.score(X_test, y_test)))
```

结果如图 5-1-6 所示。

【结果分析】提高了 alpha 值之后，模型的训练集得分有了一定的降低，测试集的得分有了一定的提高。这说明，如果模型出现了过拟合的现象，那么可以提高 alpha 值来降低过拟合的程度。同时，降低 alpha 值会让系数的限制变得不那么严格，如果使用一个非常小的 alpha 值，那么系统的限制几乎可以忽略不计，得到的结果也会非常接近线性回归。

```
训练数据集得分：0.91
测试数据集得分：0.84
```

图 5-1-6 调整参数 alpha 的得分

接下来继续看看在红酒数据集中套索回归模型的表现，在 Jupyter Notebook 中继续运行以下程序：

```
lasso = Lasso().fit(X_train, y_train)
print("套索回归在训练数据集的得分：{:.2f}".format(lasso.score(X_train, y_train)))
print("套索回归在测试数据集的得分：{:.2f}".format(lasso.score(X_test, y_test)))
print("套索回归使用的特征数：{}".format(np.sum(lasso.coef_ != 0)))
```

结果如图 5-1-7 所示。

【结果分析】从运行结果发现，套索回归在训练数据集和测试数据集的得分仅为 0.40 和 0.36，可以直接地说相当糟糕。

```
套索回归在训练数据集的得分：0.40
套索回归在测试数据集的得分：0.36
套索回归使用的特征数：1
```

图 5-1-7 套索回归模型的得分

发生这种情况就意味着模型发生了欠拟合的问题，而且你会发现，在 13 个特征里面，套索回归只用了 1 个。与岭回归类似，套索回归也有一个正则化参数 alpha，用来控制特征变量系数被约束到 0 的强度。

为了降低欠拟合的程度，可以试着降低 alpha 的值。与此同时，还需要增加最大迭代次数（max_iter）的默认设置，代码如下：

```
#增加最大迭代次数的默认设置
#否则模型会提示增加最大迭代次数
lasso01 = Lasso(alpha=0.1, max_iter=100000).fit(X_train, y_train)
print("alpha=0.1 时套索回归在训练数据集的得分：{:.2f}".format(lasso01.score(X_train, y_train)))
print("alpha=0.1 时套索回归在测试数据集的得分：{:.2f}".format(lasso01.score(X_test, y_test)))
print("alpha=0.1 时套索回归使用的特征数：{}".format(np.sum(lasso01.coef_ != 0)))
```

结果如图 5－1－8 所示。

```
alpha=0.1时套索回归在训练数据集的得分：0.86
alpha=0.1时套索回归在测试数据集的得分：0.83
alpha=0.1时套索回归使用的特征数：6
```

**图 5－1－8 套索回归模型降低参数 alpha 之后的得分**

【结果分析】从结果来看，降低 alpha 值可以拟合出更复杂的模型，从而在训练数据集和测试数据集都能获得良好的表现。相对岭回归，套索回归的表现还要稍好一点，而且它只用了 13 个特征中的 6 个，这一点也会使模型更容易被人理解。

在实践当中，岭回归往往是这两个模型中的优选。但是如果数据特征过多，而且其中只有一小部分是真正重要的，那么套索回归就是更好的选择。同样，如果需要对模型进行解释的话，那么套索回归会让模型更容易被人理解，因为它只是使用了输入的特征值中的一部分。

当然，在实际应用中，常常要先决定是使用 L1 正则化的模型还是 L2 正则化的模型。大体的原则是：如果数据集有很多特征，而这些特征中并不是每一个都对结果有重要的影响，那么就应该使用 L1 正则化的模型，如套索回归；但如果数据集中的特征本来就不多，而且每一个都有重要作用的话，那么就应该使用 L2 正则化的模型，如岭回归。

### 3. 使用线性模型实现疫情预测及其可视化

机器学习技术对疫情分析的支撑，展现中国抗疫的努力及效果。

搭建线性模型实现疫情预测

（1）函数导入

```
import pandas as pd     # 用来读取数据的一个包.
from sklearn.linear_model import LinearRegression   # 机器学习的包  用来做线性回归的->
用咱们的数据帮我们求出一个函数
from sklearn.preprocessing import   PolynomialFeatures
import matplotlib.pyplot as plt   # 数据可视化-> 用来画图的
import numpy as np              # 做矩阵
```

（2）数据读取

```
data = pd.read_csv("data.csv", header=None)   # 读取数据

data[0] = pd.to_datetime(data[0])    # 排序处理
data.index = data[0]
data = data.sort_index()
```

（3）数据累计

```
# 计算每天确诊的总数量
totle = data[1].cumsum()  # 获取到确诊病例，然后进行累积计算，前 1,2,3,4,5 项累加

totle = totle.reset_index()[1]    #   去掉时间，把时间转化成数字，方便计算，2020-1-20
totle.index = totle.index + 1          #   从 1 开始
```

（4）结果回归及可视化

①散点可视化，代码如下：

```
plt.scatter(totle.index, totle)     # 画散点图，展示一下目前确诊病例数量
```

数据集如图 5-1-9 所示，运行结果如图 5-1-10 所示。

```
1         77
2        226
3        797
4       1056
5       1500
6       2188
7       2957
8       4728
9       6187
10      7924
11      9906
12     12008
13     14598
14     17427
15     20662
16     24549
17     28243
18     31386
19     34785
20     37441
21     40503
22     42981
23     44996
Name: 1, dtype: int64
```

图 5-1-9　确诊数据集

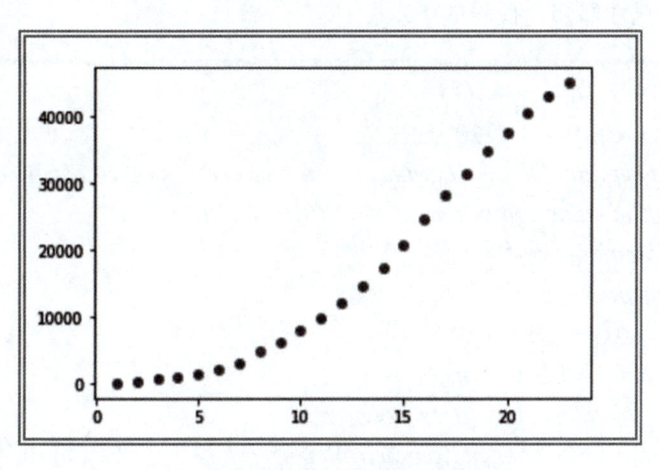


图 5-1-10　确诊数量的散点图

②一元一次线性回归，代码如下：

```
# 一元一次线性回归
liner_reg = LinearRegression()            # 创建线性回归对象
x_data = totle.index[:, np.newaxis]       # 增加维度，拿到x
y_data = totle[:, np.newaxis]                     # 增加维度，拿到y
liner_reg.fit(x_data, y_data)                # 填充数据
plt.scatter(x_data, y_data)                   # 画点
plt.plot(x_data,    liner_reg.predict(x_data),    "r")              #    画回归线、预测线，
liner_reg.predict(x_data) 把x_data的值扔进去. 得到回归线上的y值
plt.show()        # 展示数据
# 斜率                          截距
# k                               b
# y = kx + b
# liner_reg.coef_, liner_reg.intercept_
```

运行结果如图 5-1-11 所示。

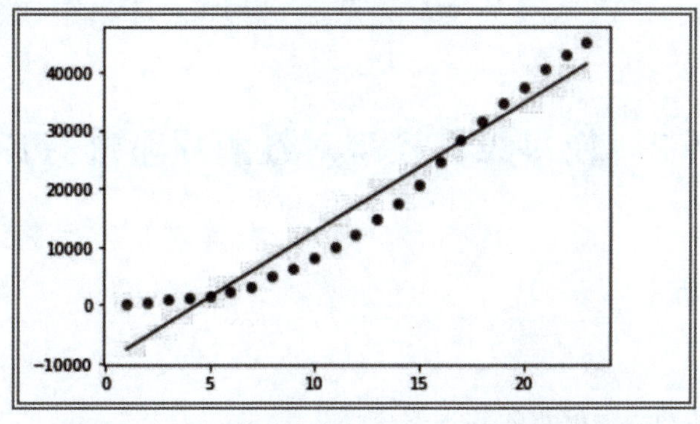


图 5-1-11　确诊人数的一元一次线性回归结果

③一元高次幂线性回归，代码如下：

```
# 一元高次幂线性回归
plt.scatter(x_data, y_data)        # 原始数据的点
poly = PolynomialFeatures(3)       # degree=4    ax2+bx+c    ax3+bx2+cx1+dx0
x_data_poly = poly.fit_transform(x_data)   #   1 0. 2 1.4 2. 8 3.
liner_reg = LinearRegression()  # 线性回归对象
liner_reg.fit(x_data_poly, y_data)     # 填充数据
#                     x0, x1, x2, x3, y???
#                    dx0+cx1+bx2+ax3 = y
plt.plot(x_data, liner_reg.predict(x_data_poly), "r")
plt.scatter(np.arange(1,40), liner_reg.predict([[i**0, i**1, i**2, i**3] for i in np.arange(1,40)]))
# 依据模型推测 40 天内的走势
plt.show()
```

运行结果如图 5－1－12 所示。

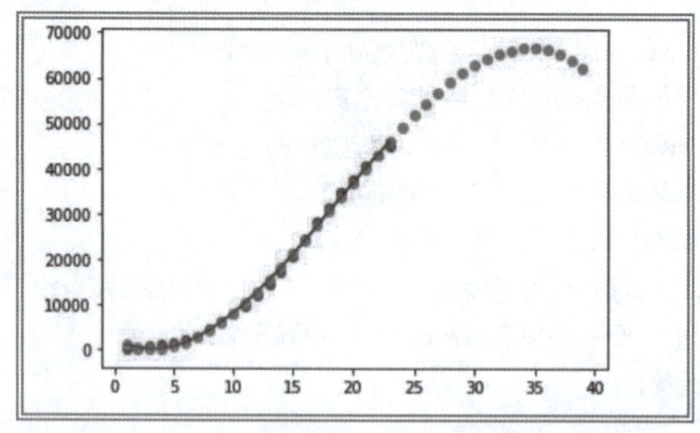

图 5－1－12　确诊人数的一元高次幂线性回归结果

其中，以下命令行就是依据模型对 40 天疫情的发展情况进行了预测：

```
    plt.scatter(np.arange(1,40), liner_reg.predict([[i**0, i**1, i**2, i**3]
for i in np.arange(1,40)]))
```

## 任务 2　使用线性模型对红酒质量进行评分

### 任务 2.1　数据集分析

数据集分析

#### 2.1　任务目标

（1）熟知红/白葡萄酒数据集的基本概念。

（2）熟用数据集预处理的基本函数。

**2.2　任务内容**

数据预处理、异常值处理、数据结果箱线图和直方图可视化。

**2.3　任务函数**

Pandas 库函数、NumPy 库函数、describe( ) 函数、isnull( ) 函数、matplotlib. pyplot 函数、boxplot( ) 函数、hist( ) 函数。

**2.4　任务步骤**

1. 需求分析

以葡萄酒类型为标签，分为白葡萄酒和红葡萄酒。比较这两种葡萄酒的差别并选取葡萄酒的化学成分：固定酸度、挥发性酸度、柠檬酸、氯化物、游离二氧化硫、总硫度、密度、pH、硫酸盐、酒精度数，针对酒的各类化学成分建立线性回归模型，从而预测该葡萄酒的质量评分。

首要对需要用到的数据集进行相应的预处理，避免在使用模型回归时报错。

2. 数据收集

数据集为“winequality－both. csv”，共有 6 497 条数据，13 个特征。数据链接为https://pan. baidu. com/s/1Dej－RY5_TUkzqXm41uiLDA?pwd＝2ktr，提取码为 2ktr。

3. 数据预处理

（1）数据整合

1）加载相关库和数据集

使用的库有 Pandas、NumPy、Matplotlib、Seaborn、Statsmodels。

使用的红/白葡萄酒数据集为 winequality－both. csv。

```
#红酒品质分析
%matplotlib inline
import numpy as np
import pandas as pd
import matplotlib.pyplot as plt
import seaborn as sns
import statsmodels.api as sm
from statsmodels.formula.api import ols,glm
color = sns.color_palette()#颜色
pd.set_option('precision',2)#数据 print 精度
wine=pd.read_csv('winequality-both1.csv',sep=',',header=0)#设置第 0 行为表头/列
名
wine.head(10)#显示数据集前 10 行数据
```

前 10 行展示如图 5－2－1 所示。

| | type | fixed acidity | volatile acidity | citric acid | residual sugar | chlorides | free sulfur dioxide | total sulfur dioxide | density | pH | sulphates | alcohol | quality |
|---|---|---|---|---|---|---|---|---|---|---|---|---|---|
| 0 | white | 7.0 | 0.27 | 0.36 | 20.7 | 0.04 | 45.0 | 170.0 | 1.00 | 3.00 | 0.45 | 8.8 | 6 |
| 1 | white | 6.3 | 0.30 | 0.34 | 1.6 | 0.05 | 14.0 | 132.0 | 0.99 | 3.30 | 0.49 | 9.5 | 6 |
| 2 | white | 8.1 | 0.28 | 0.40 | 6.9 | 0.05 | 30.0 | 97.0 | 1.00 | 3.26 | 0.44 | 10.1 | 6 |
| 3 | white | 7.2 | 0.23 | 0.32 | 8.5 | 0.06 | 47.0 | 186.0 | 1.00 | 3.19 | 0.40 | 9.9 | 6 |
| 4 | white | 7.2 | 0.23 | 0.32 | 8.5 | 0.06 | 47.0 | 186.0 | 1.00 | 3.19 | 0.40 | 9.9 | 6 |
| 5 | white | 8.1 | 0.28 | 0.40 | 6.9 | 0.05 | 30.0 | 97.0 | 1.00 | 3.26 | 0.44 | 10.1 | 6 |
| 6 | white | 6.2 | 0.32 | 0.16 | 7.0 | 0.04 | 30.0 | 136.0 | 0.99 | 3.18 | 0.47 | 9.6 | 6 |
| 7 | white | 7.0 | 0.27 | 0.36 | 20.7 | 0.04 | 45.0 | 170.0 | 1.00 | 3.00 | 0.45 | 8.8 | 6 |
| 8 | white | 6.3 | 0.30 | 0.34 | 1.6 | 0.05 | 14.0 | 132.0 | 0.99 | 3.30 | 0.49 | 9.5 | 6 |
| 9 | white | 8.1 | 0.22 | 0.43 | 1.5 | 0.04 | 28.0 | 129.0 | 0.99 | 3.22 | 0.45 | 11.0 | 6 |

**图 5－2－1　红/白葡萄酒数据集前 10 行展示**

2）数据概览

describe( )的功能是对数据集和每一列数进行统计分析，具体分析的项目如下。

count：一列的元素个数。

mean：一列数据的平均值。

std：一列数据的均方差（方差的算术平方根，反映一个数据集的离散程度：越大，数据间的差异越大，数据集中数据的离散程度越高；越小，数据间的大小差异越小，数据集中的数据离散程度越低）。

min：一列数据中的最小值。

max：一列数据中的最大值。

25%：一列数据中，前 25% 的数据的平均值。

50%：一列数据中，前 50% 的数据的平均值。

75%：一列数据中，前 75% 的数据的平均值。

unique：一列数据中元素的种类，唯一值。

top：一列数据中出现频率最高的元素。

freq：一列数据中出现频率最高的元素的个数。

代码如下：

```
#将所有数据的描述性统计显示出来
pd.set_option('display.max_columns',100)
print(wine.describe())
```

输出结果如图 5－2－2 所示。

从图 5－2－2 可以看出特征和质量评分的均值和方差、分位数等，其中，质量评分的均值为 5.82。

（2）数据清洗

1）列名重命名

对上述代码中不符合 Python 列名规范的各个列名进行重新命名，采用符合规范要求的下划线命名法。

```
       fixed_acidity  volatile_acidity  citric_acid  residual_sugar  \
count        6497.00           6497.00      6497.00         6497.00
mean            7.22              0.34         0.32            5.44
std             1.30              0.16         0.15            4.76
min             3.80              0.08         0.00            0.60
25%             6.40              0.23         0.25            1.80
50%             7.00              0.29         0.31            3.00
75%             7.70              0.40         0.39            8.10
max            15.90              1.58         1.66           65.80

       chlorides  free_sulfur_dioxide  total_sulfur_dioxide   density  \
count   6.50e+03              6497.00               6497.00  6.50e+03
mean    5.60e-02                30.53                115.74  9.95e-01
std     3.50e-02                17.75                 56.52  3.00e-03
min     9.00e-03                 1.00                  6.00  9.87e-01
25%     3.80e-02                17.00                 77.00  9.92e-01
50%     4.70e-02                29.00                118.00  9.95e-01
75%     6.50e-02                41.00                156.00  9.97e-01
max     6.11e-01               289.00                440.00  1.04e+00

            pH  sulphates  alcohol  quality
count  6497.00    6497.00  6497.00  6497.00
mean      3.22       0.53    10.49     5.82
std       0.16       0.15     1.19     0.87
min       2.72       0.22     8.00     3.00
25%       3.11       0.43     9.50     5.00
50%       3.21       0.51    10.30     6.00
75%       3.32       0.60    11.30     6.00
max       4.01       2.00    14.90     9.00
```

**图5-2-2　数据集中的数据概览**

代码如下：

```
#更改列名
wine.columns=wine.columns.str.replace(' ','_')#将列名中的空格用下划线代替，后面规范调用
print(wine.columns)
```

结果如图5-2-3所示。

```
Index(['type', 'fixed_acidity', 'volatile_acidity', 'citric_acid',
       'residual_sugar', 'chlorides', 'free_sulfur_dioxide',
       'total_sulfur_dioxide', 'density', 'pH', 'sulphates', 'alcohol',
       'quality'],
      dtype='object')
```

**图5-2-3　数据集中的数据清洗**

由图5-2-3可以看出，所有列名中的空格都用下划线进行了替代，列名符合Python的规范，同时，除了葡萄酒的type为object类型外，其余特征的数据类型都为float型，不需要进行数据类型处理。

2）缺失值处理

查看缺失值情况，代码如下：

```
wine.isnull().sum(axis=0)#输出各列缺失值数量
```

运行结果如图 5-2-4 所示。

```
Out[44]: type                    0
         fixed_acidity           0
         volatile_acidity        0
         citric_acid             0
         residual_sugar          0
         chlorides               0
         free_sulfur_dioxide     0
         total_sulfur_dioxide    0
         density                 0
         pH                      0
         sulphates               0
         alcohol                 0
         quality                 0
         dtype: int64
```

**图 5-2-4 查看数据集中的缺失值**

从输出结果中发现，各列缺失值统计都是 0，说明没有缺失值，所以不需要进行缺失值处理。

3）异常值处理

异常值是分析师和数据科学家常用的术语，因为它需要密切注意，否则可能导致错误的估计。简单来说，异常值是一个观察值，远远超出了样本中的整体模式，用函数 descirbe( ) 查看是否有异常值，如图 5-2-5 所示。

```
wine.describe()
```

| | fixed_acidity | volatile_acidity | citric_acid | residual_sugar | chlorides | free_sulfur_dioxide | total_sulfur_dioxide | density | pH | sulphates |
|---|---|---|---|---|---|---|---|---|---|---|
| count | 6497.000000 | 6497.000000 | 6497.000000 | 6497.000000 | 6497.000000 | 6497.000000 | 6497.000000 | 6497.000000 | 6497.000000 | 6497.000000 |
| mean | 7.215307 | 0.339666 | 0.318633 | 5.443235 | 0.056034 | 30.525319 | 115.744574 | 0.994697 | 3.218501 | 0.531268 |
| std | 1.296434 | 0.164636 | 0.145318 | 4.757804 | 0.035034 | 17.749400 | 56.521855 | 0.002999 | 0.160787 | 0.148806 |
| min | 3.800000 | 0.080000 | 0.000000 | 0.600000 | 0.009000 | 1.000000 | 6.000000 | 0.987110 | 2.720000 | 0.220000 |
| 25% | 6.400000 | 0.230000 | 0.250000 | 1.800000 | 0.038000 | 17.000000 | 77.000000 | 0.992340 | 3.110000 | 0.430000 |
| 50% | 7.000000 | 0.290000 | 0.310000 | 3.000000 | 0.047000 | 29.000000 | 118.000000 | 0.994890 | 3.210000 | 0.510000 |
| 75% | 7.700000 | 0.400000 | 0.390000 | 8.100000 | 0.065000 | 41.000000 | 156.000000 | 0.996990 | 3.320000 | 0.600000 |
| max | 15.900000 | 1.580000 | 1.660000 | 65.800000 | 0.611000 | 289.000000 | 440.000000 | 1.038980 | 4.010000 | 2.000000 |

**图 5-2-5 异常值检测**

在结果中，没有发现异常特殊的结果，可以初步认定没有异常值。除此之外，检查异常值还有很多方法，例如箱线图。箱线图是利用数据中的 5 个统计量：最小值、第一四分位数、中位数、第三四分位数与最大值来描述数据的一种方法，通过它可以粗略地看出数据是否具有对称性、分布的分散程度等信息，特别地，可以用于对几个样本的比较，如图 5-2-6 所示。

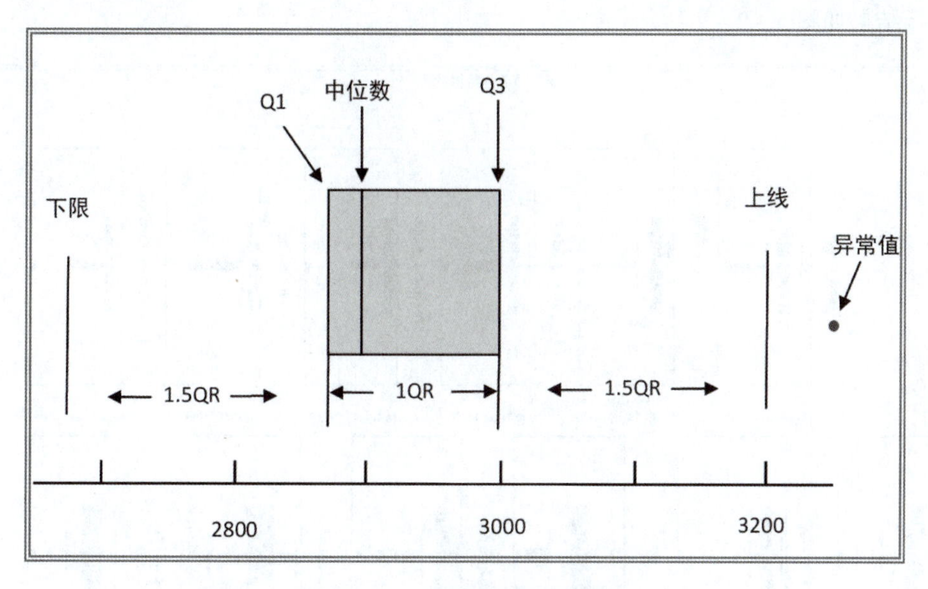


图 5－2－6　箱线图结构示意图

在 Jupyter Notebook 中输入箱线图的程序如下：

```
plt.rcParams['font.sans-serif']=['SimHei']
colnm = wine.columns.tolist()
dfboth=pd.read_csv('winequality-both2.csv',sep=',')#设置第 0 行为表头/列名
plt.figure(figsize = (10, 6))
plt.suptitle('葡萄酒单变量箱线图', y=1.05) #总标题
"""画第一行的图"""
for i in range(1,7):
    plt.subplot(2,7,i+1)
    sns.boxplot(dfboth[colnm[i]],orient="v", width = 0.4, color = color[0])
    plt.ylabel(colnm[i],fontsize = 12)
plt.tight_layout()
"""画第二行的图"""
for i in range(6):
    plt.subplot(2,6,i+7)
    sns.boxplot(dfboth[colnm[i+7]],orient="v", width = 0.4, color = color[0])
    plt.ylabel(colnm[i+7],fontsize = 12)
#plt.tight_layout()
plt.show()
```

运行结果如图 5-2-7 所示。

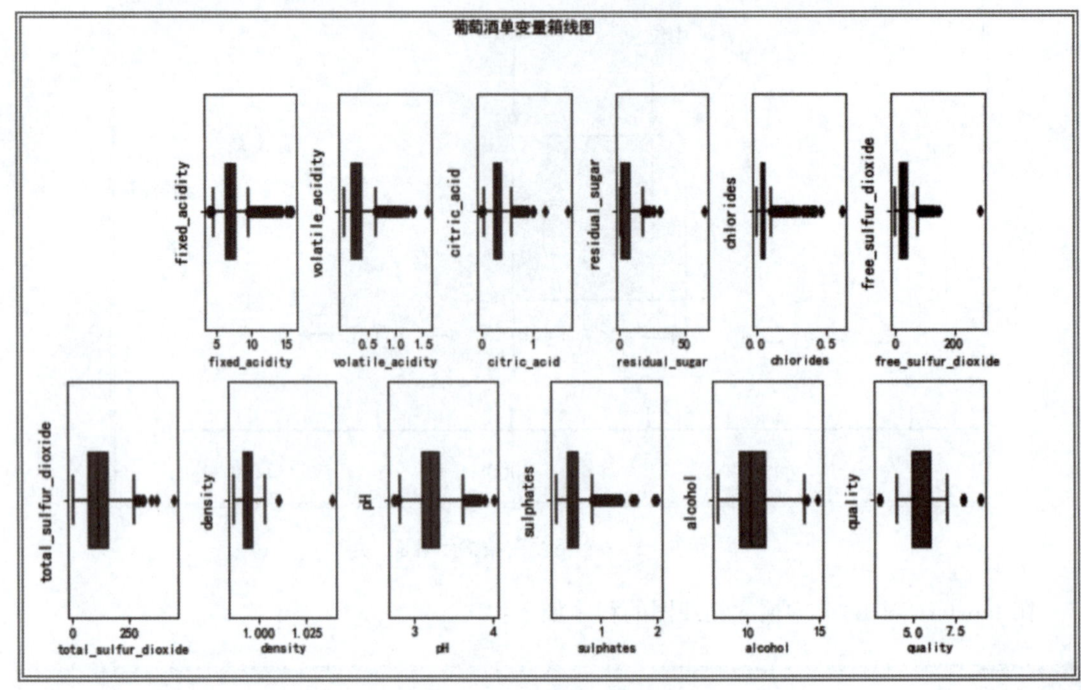


**图 5-2-7 数据集的箱线图**

图 5-2-7 给出的结果中没有发现异常值。

还可以把红/白葡萄酒数据集拆分成红葡萄酒数据集 winequality-red. csv 和白葡萄酒数据集 winequality-white. csv，再进行直方图的对比分析。程序如下：

```
#红白变量直方图，把红白酒数据集拆分成红葡萄酒数据集和白葡萄酒数据集
dfr = pd.read_csv(r'winequality-red.csv',sep = ';') #dfr short for dataframe_red
dfw = pd.read_csv(r'winequality-white.csv',sep=';') #dfw short for dataframe_white
colnm_r = dfr.columns.tolist()
colnm_w = dfw.columns.tolist()
plt.figure(figsize = (10, 6))
plt.suptitle('单变量直方图对比',fontsize=14, y=1.05) #总标题
"""画前三行的图"""
for i in range(9):
    y1 = dfr[colnm_r[i]].tolist()
    y2 = dfw[colnm_w[i]].tolist()
    data = []
    data.append(y1)
    data.append(y2)
```

```
    plt.subplot(4,3,i+1)
    plt.hist(data, bins=100, histtype='bar')
    plt.legend(['红','白'],prop={'size': 8})
    plt.xlabel(colnm_r[i],fontsize = 12)
plt.tight_layout()
"""画第四行的图"""
for i in range(4):
    y1 = dfr[colnm_r[i+8]].tolist()
    y2 = dfw[colnm_w[i+8]].tolist()
    data = []
    data.append(y1)
    data.append(y2)
    plt.subplot(4,4,i+13)
    plt.hist(data, bins=100, histtype='bar')
    plt.legend(['红','白'],prop={'size': 8})
    plt.xlabel(colnm_r[i+8],fontsize = 14)
#plt.tight_layout()
```

运行结果如图 5－2－8 所示。

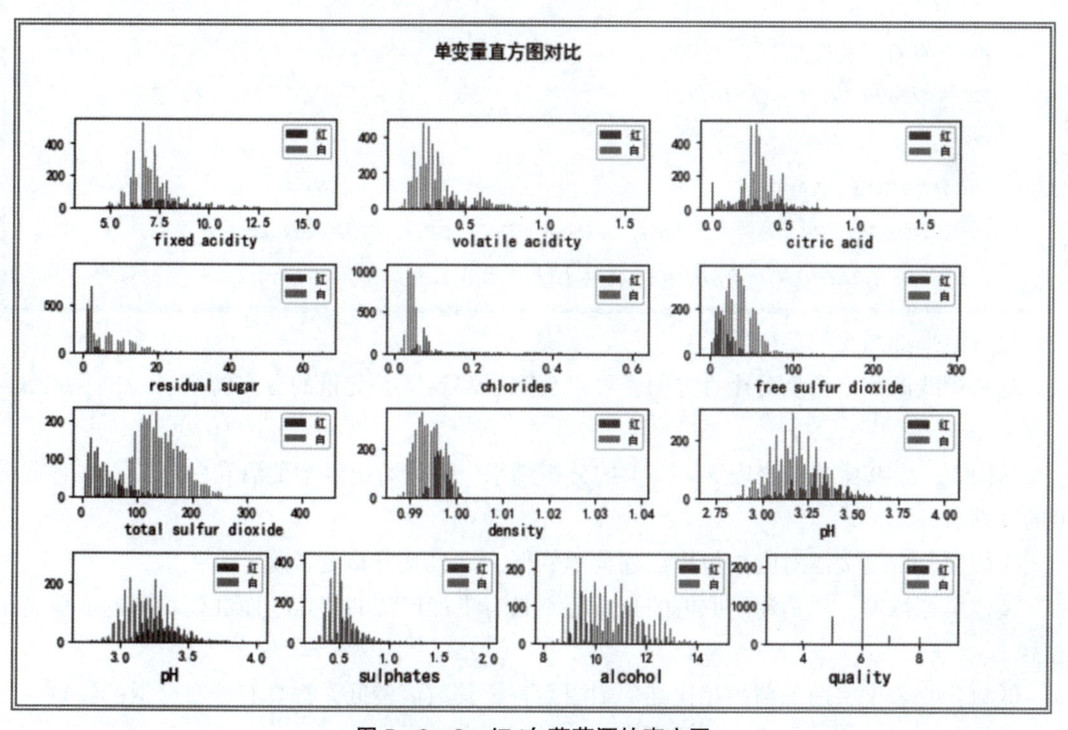


图 5－2－8　红/白葡萄酒的直方图

以红白葡萄酒为例，还可以进一步用箱线图来对比分析红/白葡萄酒每一个变量分布的情况，具体程序如下：

```
#红/白变量箱线图
plt.rcParams['font.sans-serif']=['SimHei']
colnm_r = dfr.columns.tolist()
colnm_w = dfw.columns.tolist()
plt.figure(figsize = (10, 6))
plt.suptitle('单变量箱线图对比',fontsize=14, y=1.05) #总标题
"""画第一行的图"""
for i in range(7):
    y1 = dfr[colnm_r[i]]
    y2 = dfw[colnm_w[i]]
    data = pd.DataFrame({"红": y1, "白": y2})
    plt.subplot(2,7,i+1)
    data.boxplot(widths=0.5,flierprops = {'marker':'o','markersize':2})
    plt.ylabel(colnm_r[i],fontsize = 12)
plt.tight_layout()
"""画第二行的图"""
for i in range(6):
    y1 = dfr[colnm_r[i+6]]
    y2 = dfw[colnm_w[i+6]]
    data = pd.DataFrame({"红": y1, "白": y2})
    plt.subplot(2,6,i+6)
    data.boxplot(widths=0.5,flierprops = {'marker':'o','markersize':2})
    plt.ylabel(colnm_r[i+6],fontsize = 12)
```

运行结果如图 5－2－9 所示。

结合箱线图和单变量对比直方图，可以直观了解到所有变量的分布特征，总结见表 5－2－1。

从图 5－2－9 中并结合表 5－2－1 的分析结果，可以看出红葡萄酒和白葡萄酒在各成分上的区别。

①酸度，白葡萄酒对应数值比红葡萄酒的低，并且其分布更紧凑。

②残留糖浓度，白葡萄酒取值的分布范围具有更加广泛的特点，而红葡萄酒的取值就很紧凑。

③氯化物浓度，白葡萄酒相比红葡萄酒而言，其数值较低，都具有分布分散的特点。

④二氧化硫浓度，白葡萄酒的取值高于红葡萄酒的。

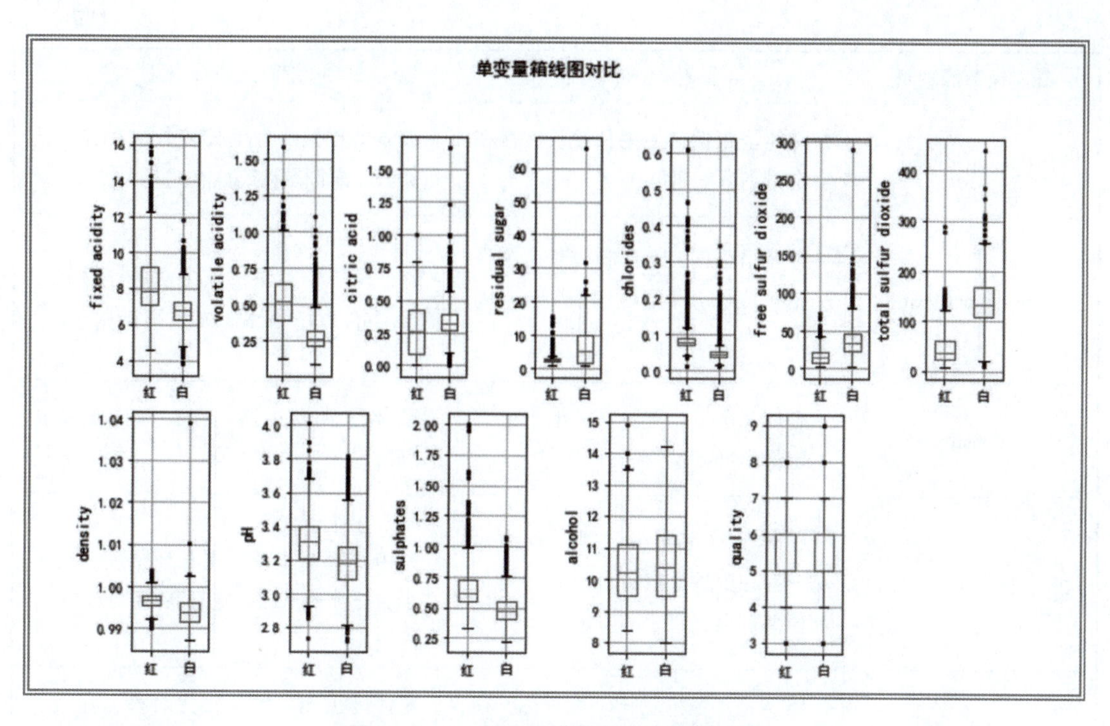


图5-2-9　红白葡萄酒的单变量箱线图

表5-2-1　红白葡萄酒单变量分布特征

| 红白葡萄酒变量 | 红葡萄酒分布特征 | 白葡萄酒分布特征 |
| --- | --- | --- |
| fixed acidity | 整体呈正偏，尾长较为对称，高浓度部分存在一定量离群点 | 整体呈正偏，尾长较为对称，存在少量低离群点和一定量高离群点 |
| volatile acidity | 整体呈正偏，尾长较为对称，高浓度部分存在一定量离群点，浓度范围低总酸一个数量级 | 整体呈正偏，尾长较为对称，存在大量高离群点，浓度范围低总酸一个数量级 |
| citric acid | 整体呈正偏，上尾长较长，最小值取到0，有极个别离群点取到1 | 整体呈正偏，尾长较为对称，存在少量低离群点和一定量高离群点 |
| residual sugar | 整体呈高度正偏，尾长较为对称，存在大量高浓度离群点 | 整体呈正偏，上尾长较长，存在少量高浓度离群点且离群点间断大 |
| chlorides | 整体呈高度正偏，尾长较为对称，存在少量低浓度离群点和大量高浓度离群点 | 整体呈高度正偏，尾长较为对称，存在少量低浓度离群点和大量高浓度离群点 |

续表

| 红白葡萄酒变量 | 红葡萄酒分布特征 | 白葡萄酒分布特征 |
| --- | --- | --- |
| free sulfur dioxide | 整体呈正偏，上尾长较长，存在一定量高浓度离群点 | 整体呈正偏，上尾长较长，存在一定量高浓度离群点且离群点间断大 |
| total sulfur dioxide | 整体呈正偏，上尾长较长，存在一定量高浓度离群点且离群点间断大 | 整体呈正偏，尾长较为对称，存在少量低离群点及一定量高浓度离群点 |
| density | 整体几乎呈正态分布，上下各有一定量离群点 | 整体呈轻度正偏，存在极少量高离群点 |
| pH | 整体呈轻度正偏，尾长较为对称，存在少量低值离群点和一定量高值离群点 | 整体呈轻度正偏，尾长较为对称，存在少量低离群点和一定量高离群点 |
| sulphates | 整体呈正偏，尾长较为对称，存在较多高浓度离群点 | 整体呈正偏，尾长较为对称，存在较多高浓度离群点 |
| alcohol | 整体呈正偏，上尾长较长，存在少量高浓度离群点 | 整体呈正偏，上尾长较长，无离群点 |
| quality | 整体几乎呈正态分布，上下各有极少量离群点 | 整体几乎呈正态分布，上下各有极少量离群点 |

⑤密度，红/白葡萄酒的大部分取值都小于水的密度值，并且白葡萄酒整体密度更小，分布范围更大。

⑥pH，红/白葡萄酒的整体分布相似，白葡萄酒数值整体低于红葡萄酒的数值。

⑦硫酸盐酸浓度，白葡萄酒整体取值低于红葡萄酒。

⑧酒精浓度，二者分布相近且离群点很少。

⑨品质评分，红/白葡萄酒的取值较为相近，但白葡萄酒有 9 分取值。

## 任务 2.2　葡萄酒质量评分分析

### 2.1　任务目标

（1）熟知线性模型的基本概念。

（2）熟用线性模型的基本函数。

### 2.2　任务内容

线性回归、岭回归、套索回归、超参调整、预测结果可视化。

葡萄酒质量评分分析

### 2.3　任务函数

Pandas 函数、NumPy 函数、LinearRegression 函数、PolynomialFeatures 函数、matplotlib. pyplot 函数。

### 2.4　任务步骤

#### 1. 需求分析

以葡萄酒类型为标签，分为白葡萄酒和红葡萄酒，比较这两种葡萄酒的差别并选取葡萄酒的化学成分：固定酸度、挥发性酸度、柠檬酸、氯化物、游离二氧化硫、总硫度、密度、pH、硫酸盐、酒精度数，针对酒的各类化学成分建立线性回归模型，从而预测该葡萄酒的质量评分。

#### 2. 质量评分的频数统计

从图5－2－10可以看出，质量评分的分布范围为3~9分，其中，质量评分为6的数量是2 836，是最多的，其次是评分为5的数量，质量评分为9的数量是最少的。

```
分析葡萄酒质量的评级
print(sorted(wine.quality.unique()))
print(wine.quality.value_counts())
```

```
[3, 4, 5, 6, 7, 8, 9]
6    2836
5    2138
7    1079
4     216
8     193
3      30
9       5
Name: quality, dtype: int64
```

图5－2－10　质量评分的频数统计

#### 3. 各特征值对质量评分的影响

（1）葡萄酒的描述性统计

按葡萄酒的类型分组，分为红葡萄酒和白葡萄酒两组。分别打印出两组葡萄酒的质量的描述性统计量，代码如下：

```
#按照红/白葡萄酒分类显示描述性的统计值
print(wine.groupby('type')[['quality']].describe().unstack('type'))
```

如图5－2－11所示。

从输出结果可以看出，红葡萄酒和白葡萄酒的数据量分别为1 599和4 898个样本数据，相差很大，但均值、最值等都相差不大。

```
                       type
quality   count   red          1599.00
                  white        4898.00
          mean    red             5.64
                  white           5.88
          std     red             0.81
                  white           0.89
          min     red             3.00
                  white           3.00
          25%     red             5.00
                  white           5.00
          50%     red             6.00
                  white           6.00
          75%     red             6.00
                  white           6.00
          max     red             8.00
                  white           9.00
dtype: float64
```

图 5-2-11　红/白葡萄酒数据集的描述性统计

接下来可以继续研究红/白葡萄酒各个成分对评分的影响，下面就以总酸和 pH 两个参数为例，来仔细查看一下它们对评分的具体影响。代码如下：

```
#总酸对评分影响
dfr = pd.read_csv(r'winequality-red.csv',sep = ';') #dfr short for dataframe_red
dfw = pd.read_csv(r'winequality-white.csv',sep = ';') #dfw short for dataframe_white
dfr['total acid'] = dfr['fixed acidity'] + dfr['volatile acidity']#增加总酸特征
dfw['total acid'] = dfw['fixed acidity'] + dfw['volatile acidity'] #增加总酸特征
plt.figure(figsize = (10,4))
plt.suptitle('总酸含量对评分的影响', y=1.02, fontsize = 16) #总标题
"""红"""
plt.subplot(1,2,1)
temp = dfr[{'total acid','quality'}]
sns.boxplot(x=temp['quality'], y=temp['total acid'])
plt.xlabel('红葡萄酒评分',fontsize = 12)
plt.ylabel('总酸含量',fontsize = 12)
"""白"""
plt.subplot(1,2,2)
temp = dfw[{'total acid','quality'}]
sns.boxplot(x=temp['quality'], y=temp['total acid'])
plt.xlabel('白葡萄酒评分',fontsize = 12)
plt.ylabel('总酸含量',fontsize = 12)
```

总酸含量对评分的影响如图 5-2-12 所示。

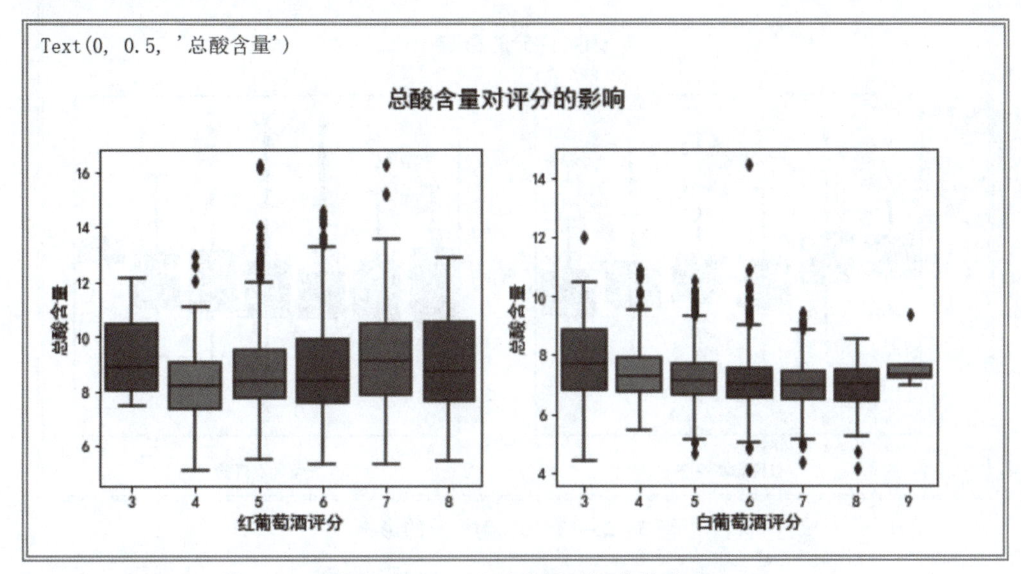


图 5-2-12 总酸含量对评分的影响

pH 对评分的影响的代码如下：

```
#pH 对评分影响
plt.figure(figsize = (10,4))
plt.suptitle('pH 对评分的影响', y=1.02, fontsize = 16) #总标题
"""红"""
plt.subplot(1,2,1)
temp = dfr[{'pH','quality'}]
sns.boxplot(x=temp['quality'], y=temp['pH'])
plt.xlabel('红葡萄酒评分',fontsize = 12)
plt.ylabel('pH ',fontsize = 12)
"""白"""
plt.subplot(1,2,2)
temp = dfw[{'pH','quality'}]
sns.boxplot(x=temp['quality'], y=temp['pH'])
plt.xlabel('白葡萄酒评分',fontsize = 12)
plt.ylabel('pH',fontsize = 12)
```

运行结果如图 5-2-13 所示。

由图 5-2-13 可以发现，红/白葡萄酒的 pH 与评分呈现相反的关系，即更小的 pH 会让红葡萄酒的评分更高，而会让白葡萄酒有的评分更低。也就是说，pH 对两种葡萄酒的影响是相反的。

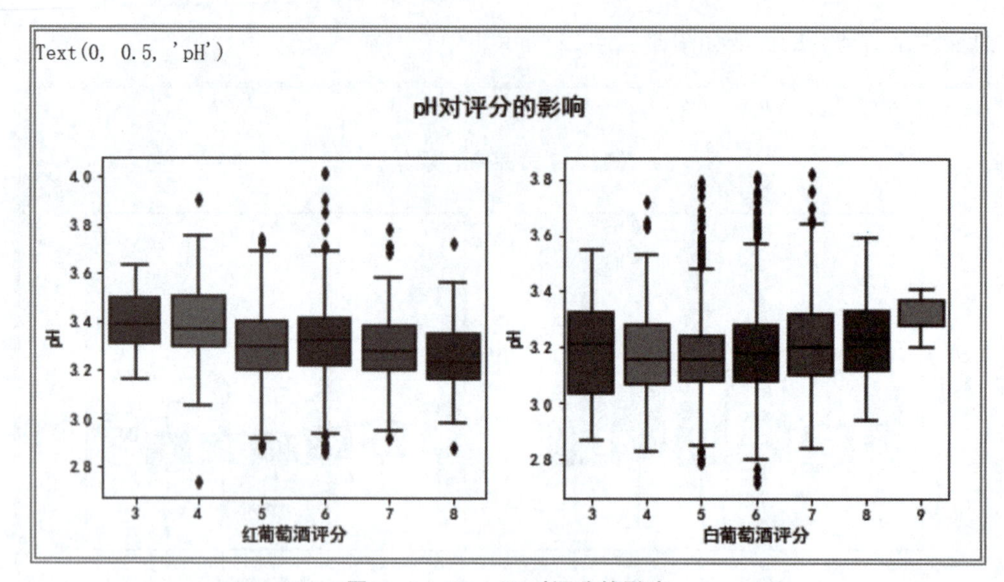


图 5-2-13 pH 对评分的影响

红/白葡萄酒有很多参数，其他参数单独对红/白葡萄酒的影响不再赘述，也可以使用热力图进行分析。

（2）各成分对评分的影响及其相关性分析

热力图是一种特殊的图表，它是一种通过对色块着色来显示数据的统计图表，在绘图时，需要指定每个颜色映射的规则（一般以颜色的强度或色调为标准）。比如，颜色越亮的，数值越大，影响程度越深。可以从亮度程度寻找各参数之间的相关性，结果如图 5-2-14 所示。

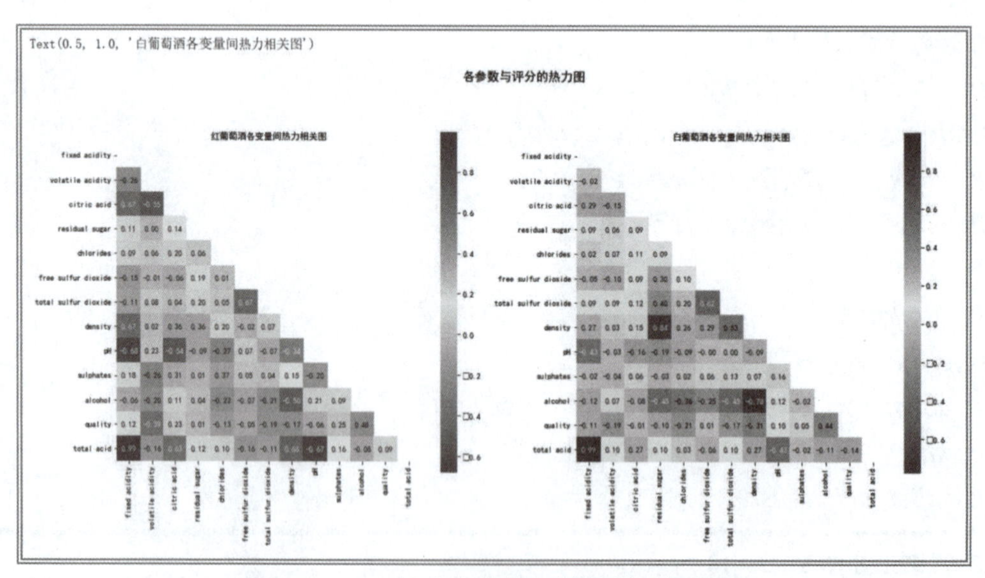


图 5-2-14 红/白葡萄酒各变量间热力相关图

由图 5-2-14 可以发现，与葡萄酒质量呈现正相关关系的变量有酒精含量、硫酸酯、pH、游离二氧化硫和柠檬酸等指标，即当这些指标的含量增加时，葡萄酒的质量会提高；

与葡萄酒质量呈负相关关系的指标有挥发性酸、残余糖分、氯化物、总二氧化硫和密度等指标，当它们的含量增加时，葡萄酒的质量会降低。从各个相关系数可以看出，对葡萄酒质量影响最大的是酒精含量，其相关系数分别为 0.48 和 0.44，其次是红葡萄酒的总酸度和白葡萄酒的密度，其相关系数分别为 -0.39 和 -0.31，但它们对葡萄酒的质量是负影响。

### 4. 使用线性回归模型预测葡萄酒质量的评分

建立并用红酒数据集 winequality-red.csv 训练线性模型，将数据集按照 7∶3 的方式拆分成训练集和测试集，代码如下：

```
#建立训练线性模型，预测红酒新数据评分
%matplotlib inline
import numpy as np
import pandas as pd
import matplotlib.pyplot as plt
import seaborn as sns
from sklearn.linear_model import LinearRegression
from sklearn.model_selection import train_test_split
#将数据集划分成训练集和测试集（比例为 7：3）
data = np.genfromtxt('winequality-red.csv',delimiter=';',skip_header=True)
X = data[:,:-1]
y = data[:,-1]
X_train,X_test,y_train,y_test = train_test_split(X,y,test_size=0.3,random_state=1)
lr = LinearRegression().fit(X_train, y_train)#训练模型
```

查看训练集和测试集得分，这样就有了线性回归模型。当给出了葡萄酒的化学成分的数据时，就可以预测该葡萄酒的质量评分。假设新红酒的数据为 X_new，X_new = [7.4,0.66,0,1.8,0.075,13,40,0.9978,3.51,0.56,9.4]，预测质量评分的代码如下：

```
#查看训练集和测试集得分，并对新数据进行预测
print("在训练数据集的得分：{:.2f}".format(lr.score(X_train, y_train)))
print("在测试数据集的得分：{:.2f}".format(lr.score(X_test, y_test)))
print("lr.coef_: {}".format(lr.coef_[:]))
print("lr.intercept_: {}".format(lr.intercept_))
X_new=np.array([[7.4,0.66,0,1.8,0.075,13,40,0.9978,3.51,0.56,9.4]]) #创建数组
print(lr.predict(X_new))#新数据的评分
```

预测得分如图 5-2-15 所示。

```
在训练数据集的得分：0.38
在测试数据集的得分：0.34
lr.coef_: [ 3.05502970e-02 -1.19741412e+00 -1.87228641e-01  1.17612142e-02
 -1.81714527e+00  6.11854741e-03 -4.06437389e-03 -1.90187880e+01
 -4.42172779e-01  8.79804133e-01  2.64603431e-01]
lr.intercept_: 23.368960164572222
[5.05757897]
```

图 5-2-15　新红酒的质量预测评分

从上述结果可以看出，训练集和测试集得分分别为 0.38 和 0.34，X_new 的评分为 50.57，最后给出所使用线性模型的参数，即多项式的各个参数和线性截距的数值。

## 小结

本项目简单介绍了运用线性模型对红酒的质量进行评分的方法，演示了线性回归模型的搭建，岭回归、套索回归模型的使用，同时，运用线性模型对国内某城市疫情数据进行了可视化，为疫情的精确防控贡献力量；运行相关的一些函数实现对数据集中的数据清洗，包括异常值、缺失值的处理；运用可视化手段，包括箱线图、直方图、热力图分析各个变量对葡萄酒评分的影响，给出各变量影响的具体数值。

## 学习测评

### 1. 工作任务交办单

工作任务交办单

| 工作任务 | 应用 FlowDiagram 实现设备选型与系统架构仿真 | | |
|---|---|---|---|
| 小组名称 | | 工作成员 | |
| 工作时间 | | 完成总时长 | |
| 工作任务描述 | | | |
| | | | |
| 任务执行记录 | | | |
| 序号 | 工作内容 | 完成情况 | 操作员 |
| | | | |
| | | | |
| | | | |
| | | | |
| | | | |
| | | | |
| | | | |
| | | | |
| | | | |

续表

| 任务负责人小结 | | | |
|---|---|---|---|
| | | | |
| 上级验收评定 | | 验收人签名 | |

## 2. 工作任务评价表

工作任务评价表

| 工作任务 | | 应用 FlowDiagram 实现设备选型与系统架构仿真 | | | | |
|---|---|---|---|---|---|---|
| 小组名称 | | | 工作成员 | | | |
| 项目 | | 评价依据 | 参考分值 | 自我评价 | 小组互评 | 教师评价 |
| 任务需求分析（10%） | | 任务明确 | 5 | | | |
| | | 解决方案思路清晰 | 5 | | | |
| 任务实施准备（20%） | | 资料及素材能有效辅助任务 | 5 | | | |
| | | 对素材和资料进行整理和分类 | 5 | | | |
| | | 利用思维导图等软件辅助梳理设计思路、设备选择等 | 5 | | | |
| 任务实施（50%） | 子任务 1 | 所选函数能全面输出数据特征 | 5 | | | |
| | | 模型选型合理、有效 | 5 | | | |
| | | 系统架构图正确、清晰、美观 | 5 | | | |
| | | 参数设置合理 | 5 | | | |
| | | 能结合实际情况选择参数值 | 5 | | | |
| | 子任务 2 | 所选函数能全面输出数据特征 | 5 | | | |
| | | 模型选型合理、有效 | 5 | | | |
| | | 系统架构图正确、清晰、美观 | 5 | | | |
| | | 参数设置合理 | 5 | | | |
| | | 能结合实际情况选择参数值 | 5 | | | |
| | 子任务 3 | 所选模型能全面输出数据特征 | 5 | | | |
| | | 模型选型合理、有效 | 5 | | | |
| | | 系统架构图正确、清晰、美观 | 5 | | | |
| | | 参数设置合理 | 2 | | | |
| | | 能结合实际情况选择参数值 | 3 | | | |

续表

| 工作任务 | 应用 FlowDiagram 实现设备选型与系统架构仿真 | | | | | |
|---|---|---|---|---|---|---|
| 小组名称 | | 工作成员 | | | | |
| 项目 | 评价依据 | 参考分值 | 自我评价 | 小组互评 | 教师评价 |
| 思政劳动素养（20%） | 有理想、有规划，科学严谨的工作态度、精益求精的工匠精神 | 2 | | | |
| | 良好的劳动态度、劳动习惯，团队协作精神，有效沟通，创造性劳动 | 3 | | | |
| 综合得分 | | 100 | | | |
| 评价小组签字 | | 教师签字 | | | |

## 习题

1. 比较两种库函数导入的不同。
2. 查阅相关线性函数的资料，说明一元一次回归和一元多次回归的不同。
3. 什么是正则化？L1 正则化与 L2 正则化有什么区别？
4. Ridge Regression 和 Lasso Regression 与普通的线性回归在细节上有什么不同？
5. 使用本项目所学的线性回归模型实现对波士顿房价数据集的线性回归。
6. 请同学们画出 $y=5x+7$ 的函数图像，并在图中标出其斜率和在 $y$ 轴上的截距。
7. 请同学们导入波士顿房价数据集，并对数据进行相应的清洗。

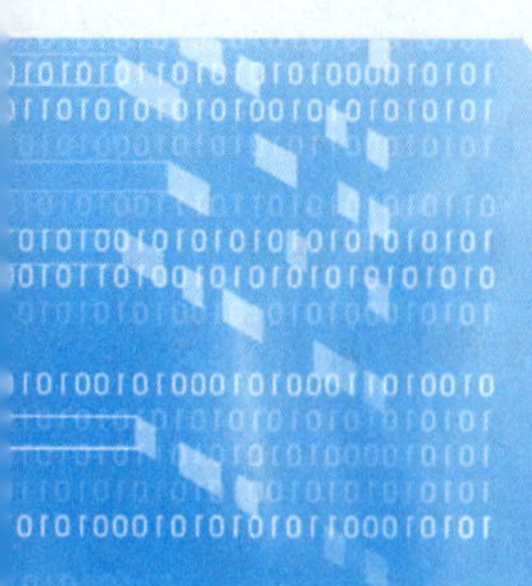

# 项目6 智能红酒工厂残次品的预测

## 项目目标

（1）了解贝叶斯定理，熟悉朴素贝叶斯算法的基本原理。

（2）熟悉朴素贝叶斯的三种常用模型。

（3）掌握朴素贝叶斯分类算法的应用。

## 项目任务

国产红酒市场潜力巨大，发展迅速，品牌繁多，导致假货、残次品在市场上危害极大，希望通过学习朴素贝叶斯概念，使用高斯贝叶斯建立模型，帮助红酒检测机构对酒中11种元素的含量进行分析，使用朴素贝叶斯分类器预测出酒的质量等级（从10级到1级），以此来判断该批量的酒是否合格。

## 任务1 中高风险地区多轮核酸检测的必要性——贝叶斯定理在实际生活中的应用

### 1.1 任务目标

（1）正确认识、使用贝叶斯定理。

（2）使用条件概率推导贝叶斯定理。

正确认识、使用贝叶斯定理

### 1.2 任务内容

在党的领导下，各级政府精准决策，利用贝叶斯定理分析选择在部分中高风险地区而不是全国范围内推广多轮核酸检测的方式，尽可能避免疫情的潜在风险。

### 1.3 任务步骤

#### 1. 从条件概率推导贝叶斯定理

贝叶斯定理由英国数学家贝叶斯提出，描述在已知一些条件下，某事件的发生概率。通常，事件$A$在事件$B$已发生的条件下发生的概率，与事件$B$在事件$A$已发生的条件下发生的概率是不一样的。然而，这两者是有确定的关系的，贝叶斯定理就描述了这种关系，见式(6-1-1)：

$$P(A \mid B) = \frac{P(A)P(B \mid A)}{P(B)} \tag{6-1-1}$$

式中，$A$、$B$ 为随机事件；$P$ 表示事件的发生概率，并且不等于零；$P(B \mid A)$是指在事件 $A$ 发生的情况下事件 $B$ 发生的概率。根据贝叶斯公式，就能计算出事件 $B$ 发生的情况下事件 $A$ 发生的概率。

根据条件概率的定义，在事件 $B$ 发生的条件下，事件 $A$ 发生的概率为：

$$P(A \mid B) = \frac{P(AB)}{P(B)} \tag{6-1-2}$$

式中，$P(AB)$表示 $A$ 与 $B$ 的联合概率，也可以用 $P(A \cap B)$或者 $P(A,B)$表示；$P(B)$是事件 $B$ 发生的边缘概率。同样地，在事件 $A$ 发生的条件下，事件 $B$ 发生的概率为：

$$P(A \mid B) = \frac{P(AB)}{P(A)} \tag{6-1-3}$$

整理式（6－1－2）和式（6－1－3），可以得到式（6－1－4）：

$$P(A \mid B)P(B) = P(AB) = P(B \mid A)P(A) \tag{6-1-4}$$

在式（6－1－4）的两边同时除以 $P(B)$（注意，$P(B)>0$），就可以得到贝叶斯定理。

### 2. 贝叶斯定理的简单应用

通过上述对贝叶斯定理的推导过程，已经熟悉了朴素贝叶斯算法的基本原理，以下应用贝叶斯定理分析疫情之下“中高风险地区进行多轮核酸检测的必要性”。

贝叶斯定理的简单应用

截至 2020 年 11 月 12 日零点，中国累计确诊病例 9.2 万人，按 14 亿人口计算，患病率大致为 7 人/10 万人（0.006 7%）。

假设用来进行检查的试剂准确率为 99%，但误报率为 5%（据说这是一款合格试剂的检测标准）。如果你被检查出阳性，那么实际上你真正患病的概率是多少？

现在用 Jupyter Notebook 来求解这个问题。

新建一个 simple_Bayes 类：

```
class simple_Bayes(object):
    def __init__(self):
        super(simple_Bayes, self).__init__()
        # 定义一个字典类型变量来存放模型数据
        self.container = dict()
    def set(self, prior_A, prior_B, wuzhen_Y):
        self.container['prior_A'] = prior_A   # 实际患病的概率
        self.container['prior_B'] = prior_B   # 检测阳性的概率
        self.container['wuzhen_Y'] = wuzhen_Y   # 检测误诊的概率
```

```
    def bayes(self):
        # P(B|A) = P(AB) / P(A)
        P_B_A=self.container['prior_B']
        # P(B) = P(B|A)*P(A) + P(B|A')*P(A')
        P_B = (self.container['prior_B' ] ) * (self.container[
            'prior_A'] )+ (1-self.container['prior_A'] ) * self.container['wuzhen_Y']
        # 贝叶斯公式 P(A|B) = P(A)*P(B|A) / P(B)
        return self.container['prior_A'] * P_B_A / P_B
a = simple_Bayes()
# 首先传入真实患病概率、试剂检测阳性准确率，以及试剂的误报率
a.set(0.000067,0.99, 0.05)
print('第一次检测阳性且真实患病的概率是{0}'.format( a.bayes()))
prior_A1=a.bayes()
a.set(prior_A1,0.99, 0.05)
print('第二次检测阳性且真实患病的概率是{0}'.format( a.bayes()))
prior_A2=a.bayes()
a.set(prior_A2,0.99, 0.05)
print('第三次检测阳性且真实患病的概率是{0}'.format( a.bayes()))
prior_A3=a.bayes()
a.set(prior_A3,0.99, 0.05)
print('第四次检测阳性且真实患病的概率是{0}'.format( a.bayes()))
```

运行以上代码，得到的结果如图 6－1－1 所示。

```
第一次检测阳性且真实患病的概率是0.0013249311167653221
第二次检测阳性且真实患病的概率是0.02559607112720986
第三次检测阳性且真实患病的概率是0.3421550826677523
第四次检测阳性且真实患病的概率是0.911490946431373
```

**图 6－1－1　预测结果**

用贝叶斯公式分析多轮核酸检测的过程如下。

首先，列出贝叶斯定理的公式：

$$P(A \mid B) = P(A) \times P(B \mid A) / P(B)$$

公式可以解释为：

$P$(真实患病 | 检测阳性) = ①$P$(真实患病) × ②$P$(检测阳性 | 真实患病)/③$P$(检测阳性)

式中，①根据前文可以推断其值为 0.006 7%；②根据前文可以推断其值为 99%；③根据全概率公式：

$$P(B)=P(B|A)\times P(A)+P(B|A')\times P(A')$$

即

$$\begin{aligned}P(\text{检测阳性})&=P(\text{检测阳性}|\text{真实患病})\times P(\text{真实患病})+\\&\quad P(\text{检测阳性}|\text{并未患病})\times P(\text{并未患病})\\&=99\%\times 0.0067\%+5\%\times(1-0.0067\%)\\&=0.00006633+0.04999665=0.05006298\end{aligned}$$

将以上数据代入贝叶斯公式，可得：

$$P(\text{真实患病}|\text{一次检测阳性})=0.0067\%\times 99\%/0.05006298=0.13\%$$

惊讶吗？尽管这款试剂的准确率已经高达99%，但是因为中国患病比例超级低，所以即使你被检测出患病，但实际上真正患病的可能性只有0.13%。

有人说，这还了得？这么离谱的数据，怎么能依靠它来防治病情呢？

所以，国家才会对检测出的病患进行二次检测。那么再用贝叶斯公式来看一下，第二次检测如果仍被检出患病，那么你真正患病的概率是多少？

还是这个公式：

$$P(\text{真实患病}|\text{检测阳性})=①P(\text{真实患病})\times ②P(\text{检测阳性}|\text{真实患病})/③P(\text{检测阳性})$$

此时因为是二次检测，所有送检样本都是一次检测中为阳性的，所以样本中真实患病的概率肯定要比一次检测的高，具体高多少？来算一下：

首先，假设有一个样本空间，设为 $X$，则根据发病率，可知其中有大约 $X\times 0.0067\%$ 个人患病。再根据试剂的检测灵敏度，可以从报告中发现有 $X\times 0.0067\%\times 99\%$ 个人真正患病。

其次，样本空间中没有患病的人数为 $X(1-0.0067\%)$，根据试剂的误报率，会得到虚假报告病例 $X\times(1-0.0067\%)\times 5\%$ 个。

所以，在二次检验的样本空间中，真实患病率大致为：

$$X\times 0.0067\%\times 99\%/[X\times 0.0067\%\times 99\%+X\times(1-0.0067\%)\times 5\%]=0.13\%$$

所以，在二次检验中，①值为0.13%；②值不变，因为仍用此款试剂进行测试，所有有效性还是99%；③中，$P(\text{检测阳性})=P(\text{检测阳性}|\text{真实患病})\times P(\text{真实患病})+P(\text{检测阳性}|\text{并未患病})\times P(\text{并未患病})=99\%\times 0.13\%+5\%\times(1-0.13\%)=0.001287+0.049935=0.051222$。

将以上数据代入贝叶斯定理公式：

$$P(\text{真得病了}|\text{二次检测仍为阳性})=0.13\%\times 99\%/5.1\%=2.6\%$$

第二次检测可以将准确率提高20倍。

按此规律推算，第三次检测的准确率为35%，第四次检测的准确率为91%……

总结此种类型问题，发现影响准确率的显著因素有两个：一个是疾病的发病率，发病率越低，检测结果为阳性的准确率越低；另一个是试剂的误报率，也就是特异性，误报率越高，特异性越低，检测结果为阳性的准确率越低。如果一款试剂的误报率为0，则只要检出阳性，就是病患，100%确诊。

相比之下，试剂的有效率也就是准确率反倒不是很重要了。

# 任务2 认知朴素贝叶斯算法

### 2.1 任务目标

（1）掌握贝叶斯算法的概念、流程。

（2）学习并了解贝叶斯三种算法分类的模型。

### 2.2 任务内容

使用多项式贝叶斯分类器、高斯贝叶斯分类器、伯努利贝叶斯分类器。

### 2.3 任务函数

GaussianNB( )、tf - idf 算法、MultinomialNB( )、BernoulliNB( )。

### 2.4 任务步骤

#### 1. 朴素贝叶斯的分类

朴素贝叶斯分类是一种基于一定假设的多属性分类算法。对于给定的数据集 $(X,Y)$，首先基于特征条件独立性的假设，学习输入/输出联合概率。然后根据模型，给定输入 $x$，根据贝叶斯概率定理公式求出最大的后验概率作为输出 $y$。

朴素贝叶斯的分类

假设 $C$ 代表事情发生的结果的某个类别，$a_1$、$a_2$、…、$a_n$ 代表了该类别出现的不同属性，也就是不同事件条件下对 $C$ 的影响。若想求 $a_1$、$a_2$、…、$a_n$ 不同属性 $X$ 发生时 $C$ 发生的概率，根据贝叶斯定理，有式（6-2-1）：

$$P(C|X)=\frac{P(A|C)P(C)}{P(X)} \tag{6-2-1}$$

式中，$A$ 为 $a_1$、$a_2$、…、$a_n$ 发生的集合，那么 $P(A|C)=P(a_1a_2a_3\cdots a_n|C)$ 是一个未知变量。而朴素贝叶斯算法就是在这里做了一个假设：各个属性 $a_1$、$a_2$、…、$a_n$ 之间相互独立，那么根据性质，$P(A|C)=P(a_1|C)P(a_2|C)\cdots P(a_n|C)$，这样就大大简化了问题。

因此，朴素贝叶斯分类的前提就是假设特征条件独立，学习输入/输出和联合概率分布，再利用贝叶斯定理计算后验概率，并选择最大值所属类别输出。

#### 2. 朴素贝叶斯分类算法流程

朴素贝叶斯算法的一般流程如图 6-2-1 所示。

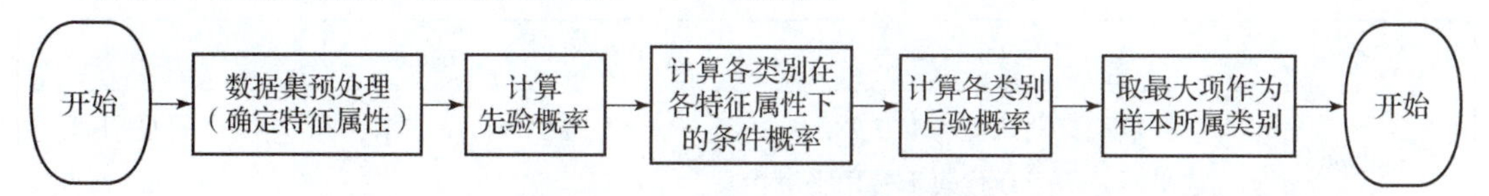


图 6-2-1 朴素贝叶斯算法流程

第一步：确定特征属性 $x_i$，获取训练样本集合 $y_j$。主要工作是根据问题分析确定特征属性，并对每个特征属性进行适当划分，然后人工对一部分类型进行分类，形成训练数据样本。这一步骤的输入是所有原始数据，输出是特征属性和训练样本数据。

第二步：计算各类别的先验概率 $P(C_k)$。针对训练样本数据集，先计算出各类别的先验概率，方法是使用类别个数除以样本类别总数。

第三步：计算各类别下各特征属性 $x_i$ 的条件概率 $P(x_i \mid C_k)$。这一步需要考虑 $x_i$ 是离散型分布还是连续型分布。离散情况下，假设 $x_i$ 符合多项式分布，连续情况下，假设 $x_i$ 符合正态分布，再根据公式计算求出条件概率。

第四步：计算各类别的后验概率 $P(C_k \mid X)$。这一步使用贝叶斯定理，将上面计算得到的值代入即可。

第五步：以后验概率最大项作为样本所属类别。找到后验概率 $P(C_k \mid X)$ 最大的一项，即为样本所属类别。

### 3. 多项式贝叶斯

多项式分布来源于统计学中的多项式实验，这种实验可以具体解释为：包括 $n$ 次重复实验，每项实验都有不同的可能结果。在任何给定的实验中，特定结果发生的概率是不变的。

多项式贝叶斯

计算各类别下各特征属性 $x_i$ 的条件概率 $P(x_i \mid C_k)$，当特征属性 $x_i$ 是离散型时，可以假设条件概率符合多项式分布，使用多项式模型，条件概率 $P(x_i \mid C_k)$ 通过式（6－2－2）计算：

$$P(x_i \mid C_k) = \frac{N_{ckxi} + \alpha}{N_{ck} + n\alpha} \tag{6-2-2}$$

式中，$N_{ckxi}$ 表示类别 $C_k$ 中特征属性为 $x_i$ 的样本个数；$N_{ck}$ 表示类别 $C_k$ 的样本个数；$n$ 是特征属性的个数；$\alpha$ 是一个平滑值。

这里添加一个平滑值的作用是：避免 $N_{ckxi}=0$ 的情况出现，以免条件概率 $P(x_i \mid C_k)=0$。条件概率中，当 $\alpha=1$ 时，称为拉普拉斯（Laplace）平滑；当 $0<\alpha<1$ 时，称为利德斯通（Lidstone）平滑；当 $\alpha=0$ 时，不使用平滑参数。

在 Sklearn 库中，多项式贝叶斯分类器的使用方法如下：

```
from sklearn.naive_bayes import MultinomialNB
MultinomialNB(*, alpha=1.0, fit_prior=True, class_prior=None)
```

主要参数见表 6－2－1。

**表 6－2－1　多项式贝叶斯分类器的参数**

| 参数名 | 解释 |
| --- | --- |
| alpha | 浮点型，默认值为 1.0。平滑参数，等于 1 是拉普拉斯平滑，在 0～1 之间是利德斯通平滑，等于 0 代表不使用平滑参数 |
| fit_prior | 布尔型，默认值为 True。表示是否学习类别的先验概率。如果为 False，将使用均匀分布 |
| class_prior | 数组类型，默认值为 $1\times10^{-9}$。为了计算稳定性而添加到方差中的所有特征的最大方差部分 |

主要方法见表 6－2－2。

**表6-2-2　多项式贝叶斯分类器的主要方法**

| 方法名 | 解释 |
| --- | --- |
| fit(X, y[, sample_weight]) | 根据样本数据（$X,y$）训练高斯贝叶斯分类器 |
| get_params([deep]) | 获取分类器的参数 |
| partial_fit(X, y[, classes, sample_weight]) | 对一批样本进行增量训练 |
| predict(X) | 根据训练对新样本进行预测 |
| predict_log_proba(X) | 返回预测样本各类别的概率的对数值 |
| predict_proba(X) | 返回预测样本各类别的概率值 |
| score(X, y[, sample_weight]) | 返回样本数据训练之后的准确率 |
| set_params( * * params) | 设置分类器的参数 |

下面使用多项式贝叶斯分类器对垃圾邮件进行分类。训练样本数据集位于文件/data/SMSSpamCollection. txt 中，格式见表6-2-3。

**表6-2-3　邮件数据集格式**

| 内容 | 标签 |
| --- | --- |
| Go until jurong point, crazy.. Available only in bugis n great world la e buffet... Cine there got amore wat... | 正常邮件 |
| Ok lar... Joking wif u oni... | 正常邮件 |
| Free entry in 2 a wkly comp to win FA Cup final tkts 21st May 2005. Text FA to 87121 to receive entry question（std txt rate）T&C's apply 08452810075over18's | 垃圾邮件 |
| U dun say so early hor... U c already then say... | 正常邮件 |
| Nah I don't think he goes to usf, he lives around here though | 正常邮件 |

代码如下：

```
import numpy as np
import pandas as pd
from sklearn.naive_bayes import MultinomialNB
# 用于将文本内容转换成词频格式的类
from sklearn.feature_extraction.text import TfidfVectorizer
from sklearn.model_selection import train_test_split
```

```
data = pd.read_table('./data/SMSSpamCollection.txt',header=None)
samples = data[1]
target = data[0]
tf = TfidfVectorizer()
# tf 对象也需要进行训练
# tf_samples = tf.fit_transform(samples)
# 上面的代码可以改写成
tf.fit(samples)
# 新的数据仍需要使用训练过的 tf 对象进行转换
tf_samples = tf.transform(samples)
munb = MultinomialNB(alpha=1.0, class_prior=None, fit_prior=True)
munb.fit(tf_samples,target)
MultinomialNB()
X_train,X_test,y_train,y_test =
train_test_split(tf_samples,target,test_size=0.2,random_state=1)
munb.fit(X_train,y_train)
y_ = munb.predict(X_test)
print(munb.score(X_test,y_test))
```

运行结果如图 6－2－2 所示。

```
0.9641255605381166
```

图 6－2－2　多项式贝叶斯分类器得分

下面自定义一串邮件内容，然后运行训练好的模型预测。

```
test = [" £1000 or a 4* holiday (flights inc),TEL.9110098112",
"Sorry, I'll call later in meeting."]
tf_test = tf.transform(test)
munb.predict(tf_test)
```

结果如图 6－2－3 所示。

```
array(['垃圾邮件', '正常邮件'], dtype='<U4')
```

图 6－2－3　新邮件的预测

高斯贝叶斯

4. 高斯贝叶斯

当特征属性是连续型时，使用高斯模型计算条件概率。假设条件概率符合高斯分布，那么条件概率 $P(x_i \mid C_k)$ 通过式（6-2-3）计算。

$$P(x_i \mid C_k) = \frac{1}{\sqrt{2\pi\sigma^2}} \mathrm{e}^{-\frac{(x_i-\mu)^2}{2\sigma^2}} \tag{6-2-3}$$

式中，$\sigma$ 表示类别 $C_k$ 中特征属性 $x_i$ 的方差；$\mu$ 表示类别 $C_k$ 中特征属性 $x_i$ 的均值。

在 Sklearn 库中，高斯贝叶斯分类器的用法为：

```
from sklearn.naive_bayes import GaussianNB
GaussianNB(*, priors=None, var_smoothing=1e-09)
```

主要参数见表 6-2-4。

**表 6-2-4　高斯贝叶斯分类器的参数**

| 参数名 | 解释 |
| --- | --- |
| priors | 数组类型，默认值为 None。表示类别的先验概率。如果指定，则不会根据样本数据调整先验概率 |
| var_smoothing | 浮点型，默认值为 $1\times10^{-9}$。为了计算稳定性而添加到方差中的所有特征的最大方差部分 |

高斯贝叶斯分类器中采用的方法见表 6-2-5。

**表 6-2-5　高斯贝叶斯分类器中采用的方法**

| 方法名 | 解释 |
| --- | --- |
| fit(X, y[, sample_weight]) | 根据样本数据（$X,y$）训练高斯贝叶斯分类器 |
| get_params([deep]) | 获取分类器的参数 |
| partial_fit(X, y[, classes, sample_weight]) | 对一批样本进行增量训练 |
| predict(X) | 根据训练对新样本进行预测 |
| predict_log_proba(X) | 返回预测样本各类别的概率的对数值 |
| predict_proba(X) | 返回预测样本各类别的概率值 |
| score(X, y[, sample_weight]) | 返回样本数据训练之后的准确率 |
| set_params(**params) | 设置分类器的参数 |

下面使用高斯贝叶斯分类器给鸢尾花分类，代码如下：

```
# 导入库
from sklearn.naive_bayes import GaussianNB
import numpy as np
from matplotlib.colors import ListedColormap
import matplotlib.pyplot as plt
%matplotlib inline
# 导入数据集
from sklearn.datasets import load_iris
iris = load_iris()
data = iris.data
target = iris.target
samples = data[:,:2]
# 使用高斯贝叶斯分类器拟合数据
nb = GaussianNB()
nb.fit(samples, target)
# 开始绘图
xmin,xmax = samples[:,0].min(),samples[:,0].max()
ymin,ymax = samples[:,1].min(),samples[:,1].max()
# x 轴范围（xmin, xmax）
x = np.linspace(xmin,xmax,300)
# y 轴范围（ymin, ymax）
y = np.linspace(ymin,ymax,300)
# xx,yy 为网格点坐标
xx,yy = np.meshgrid(x,y)
# 将网格点坐标作为训练集
X_test = np.c_[xx.ravel(),yy.ravel()]
# 使用训练集预测
y_ = nb.predict(X_test)
# 每个类别设置不同颜色
colormap = ListedColormap(['#00aaff','#aa00ff','#ffaa00'])
# 绘制预测结果
plt.scatter(X_test[:,0],X_test[:,1],c=y_)
# 绘制样本数据
plt.scatter(samples[:,0],samples[:,1],c=target,cmap=colormap)
```

运行结果如图6－2－4所示。

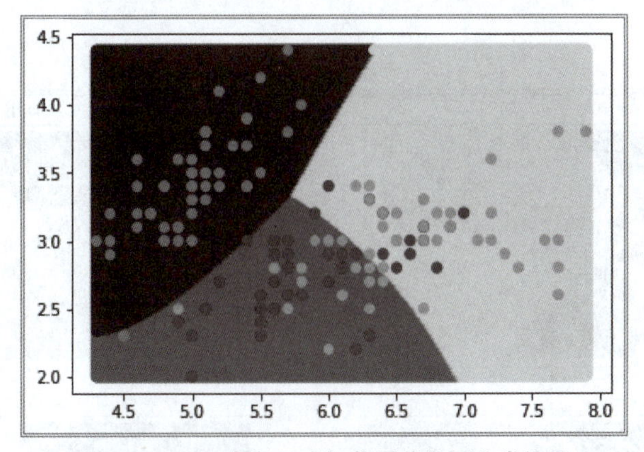


**图6－2－4　高斯贝叶斯鸢尾花数据分类结果**

接下来，将高斯贝叶斯分类器与其他分类器进行对比，代码如下：

```
from sklearn.neighbors import KNeighborsClassifier
from sklearn.tree import DecisionTreeClassifier
from sklearn.linear_model import LogisticRegression
# 使用KNN、逻辑回归、决策树分类器拟合数据
knn = KNeighborsClassifier()
logistic = LogisticRegression()
tree = DecisionTreeClassifier()
knn.fit(samples,target)
logistic.fit(samples,target)
tree.fit(samples,target)
# 使用同一个数据集进行预测
y1_ = knn.predict(X_test)
y2_ = logistic.predict(X_test)
y3_ = tree.predict(X_test)
results = [y_,y1_,y2_,y3_]
# 绘制结果图
titles = ['MultiNB','KNN','Logistic','DecisionTree']
plt.figure(figsize=(16,8))
for i in range(4):
    axes = plt.subplot(2,2,i+1)
    axes.set_title(titles[i])
    y = results[i]
    axes.scatter(X_test[:,0],X_test[:,1],c=y)
    axes.scatter(samples[:,0],samples[:,1],c=target,cmap=colormap)
```

运行结果如图 6-2-5 所示。可以发现，在鸢尾花数据集上，高斯贝叶斯分类器的结果相对好一些。

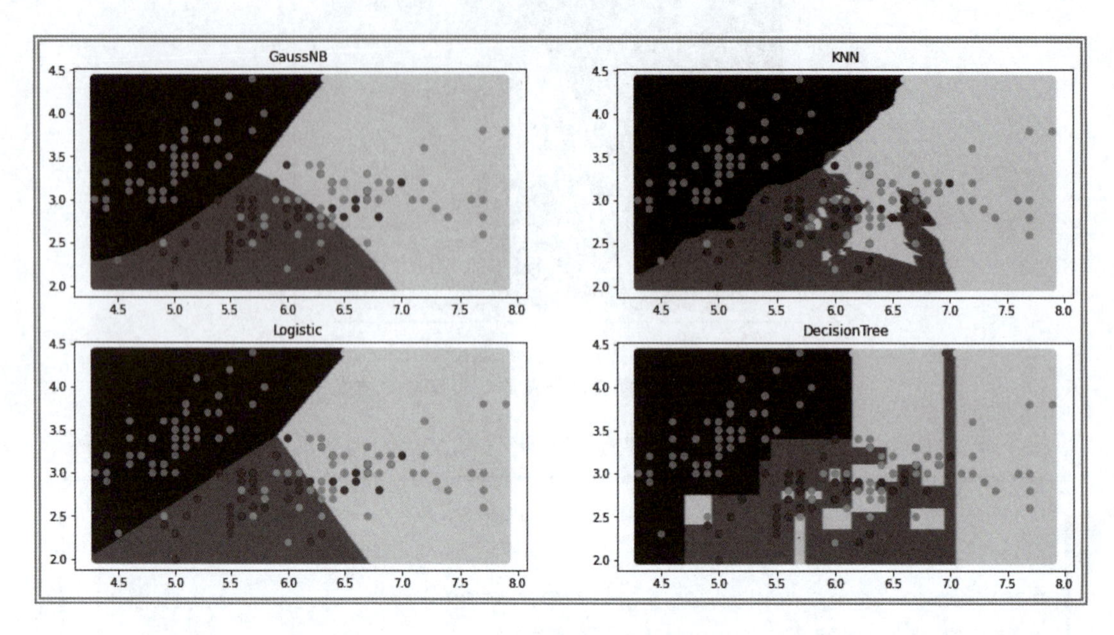


图 6-2-5　不同分类算法结果对比

## 5. 伯努利贝叶斯

伯努利贝叶斯

伯努利模型适用于条件概率符合二项式分布，特征属性是离散型的情况。绝大多数情况下，其表现不如多项式分布，但有的时候伯努利分布表现得要比多项式分布好，尤其是对于小数量级的文本数据。与多项式分布的不同之处在于，伯努利模型中每个特征的取值只能是 1 或 0。条件概率 $P(x_i \mid C_k)$ 通过式（6-2-4）计算：

$$P(x_i \mid C_k) = P(x_i \mid C_k)x_i + [1 - P(x_i \mid C_k)](1 - x_i) \tag{6-2-4}$$

式中，$x_i$ 的值只能取 1 或者 0。

在 Sklearn 库中，以下为伯努利分类器的用法：

```
from sklearn.naive_bayes import BernoulliNB
BernoulliNB(alpha=1.0,binarize=0.0,fit_prior=True, class_prior=None)
```

伯努利分类器主要参数见表 6-2-6。

表 6-2-6　伯努利分类器主要参数

| 参数名 | 解释 |
|---|---|
| aplha | 浮点型，平滑参数，默认值为 1.0。等于 1 是拉普拉斯平滑，在 0~1 之间是利德斯通平滑，等于 0 代表不使用平滑参数 |

续表

| 参数名 | 解释 |
| --- | --- |
| binarize | 浮点型或者为 None，表示样本特征二元化（映射到布尔值）的阈值。默认值为 0.0。如果为 None，则假定输入已经由二元化向量组成。如果为浮点数，大于该值就取 1，反之，取 0 |
| fit_prior | 布尔型，表示是否是学习类先验概率。默认值为 True。如果为 False，将使用统一的先验概率 |
| class_prior | 数组形式，表示类别的先验概率。默认值为 None。如果指定，则不会根据样本数据调整类别先验概率 |

伯努利分类器采用的主要方法见表 6-2-7。

**表 6-2-7 伯努利分类器采用的主要方法**

| 方法名 | 解释 |
| --- | --- |
| fit(X, y[, sample_weight]) | 根据样本数据（*X*, *y*）训练伯努利贝叶斯分类器 |
| get_params([deep]) | 获取分类器的参数 |
| partial_fit(X, y[, classes, sample_weight]) | 对一批样本进行增量训练 |
| predict(X) | 根据训练对新样本进行预测 |
| predict_log_proba(X) | 返回预测样本各类别的概率的对数值 |
| predict_proba(X) | 返回预测样本各类别的概率值 |
| score(X, y[, sample_weight]) | 返回样本数据训练之后的准确率 |
| set_params(**params) | 设置分类器的参数 |

下面使用伯努利分类器给手写数据集 digits 分类，代码如下：

```
from sklearn import datasets
from sklearn.naive_bayes import BernoulliNB
# 载入手写数据集
digits = datasets.load_digits()
# 特征属性
data = digits.data
# 类别标签
target = digits.target
# 将样本数据划分为训练集和测试集，前 1000 个数据为训练集，后面的为数据集
```

```
sample_num = 1000
X_train = data[:sample_num, :]
X_test = data[sample_num + 1:, :]
Y_train = target[:sample_num]
Y_test = target[sample_num + 1:]
# 创建多项式贝叶斯对象
cls = BernoulliNB()
# 训练分类器
cls.fit(X_train, Y_train)
# 打印训练得分
print('训练得分：%.2f' % cls.score(X_train, Y_train))
# 在该分类器上使用测试集，打印得分
print('测试得分：%.2f' % cls.score(X_test, Y_test))
```

运行结果如图 6－2－6 所示。

```
训练得分：0.86
测试得分：0.84
```

**图 6－2－6　伯努利分类器手写分类**

## 任务 3　使用朴素贝叶斯模型预测红酒残次品

### 3.1　任务目标

分析红酒残次品数据集

（1）分析数据集。

（2）使用高斯贝叶斯进行建模。

### 3.2　任务内容

建立分析数据集，对国产红酒的样本进行残次品预测。

### 3.3　任务函数

Sklearn 库、NumPy 库、Pandas 库、Seaborn 库、Matplotlib 库、pd. read_csv( )、head( )。

### 3.4　任务步骤

#### 1. 分析国内葡萄酒厂的需求

数字经济已成为全球范围内产业转型升级的重要驱动力，也是“十四五”时期提升区域产业核心竞争力，实现经济高质量发展的必由之路。应用人工智能、大数据、云计算、区块链、5G 等新一代信息通信技术，激发数据要素创新驱动潜能，打造提升信息时代生存和发展能力，加速业务优化升级和创新转型，改造提升传统动能，培育发展产业典型智能工厂并获取新价值，是我国当前实现葡萄酒产业转型升级和创新发展的必然过程。

葡萄酒厂通常需要对残次品进行预测，由于产量的不断增加，人工检测已经不符合生产需求，因此需要设计一套分类系统，可以根据酒里面 11 种元素的含量进行分析，使用朴素贝叶斯分类器预测出酒的质量等级（从 10 级到 1 级），以此来判断该批量的酒是否合格。

检测结果：根据以上检测指标，按照评判标准，输出一个检测分数（0～10 分之间，分数越高，质量越好）。分数低于 8 分，说明此批量的酒存在缺陷，为不合格产品。

### 2. 对样本数据集分析

酒厂残次品检测数据集包含 4 898 个酒的质量样本数据，每个样本具有 11 个特征值，也就是 11 种检测元素，样本一共分为 10 个质量等级，根据质量等级，将样本分为残次品（Low）、良品（Medium）和优等品（High），下面就载入并分析这个数据，输出前 5 行，代码如下：

```
import seaborn as sns
import matplotlib.pyplot as plt
%matplotlib inline
# 载入样本数据
wine = pd.read_csv('winequality-white.csv', delimiter=";")
# 打印前 5 行数据，每一个样本数据包含 11 个特征属性和1个质量等级
wine.head(n=5)
```

结果如图 6－3－1 所示。

| | fixed acidity | volatile acidity | citric acid | residual sugar | chlorides | free sulfur dioxide | total sulfur dioxide | density | pH | sulphates | alcohol | quality |
|---|---|---|---|---|---|---|---|---|---|---|---|---|
| 0 | 7.0 | 0.27 | 0.36 | 20.7 | 0.045 | 45.0 | 170.0 | 1.0010 | 3.00 | 0.45 | 8.8 | 6 |
| 1 | 6.3 | 0.30 | 0.34 | 1.6 | 0.049 | 14.0 | 132.0 | 0.9940 | 3.30 | 0.49 | 9.5 | 6 |
| 2 | 8.1 | 0.28 | 0.40 | 6.9 | 0.050 | 30.0 | 97.0 | 0.9951 | 3.26 | 0.44 | 10.1 | 6 |
| 3 | 7.2 | 0.23 | 0.32 | 8.5 | 0.058 | 47.0 | 186.0 | 0.9956 | 3.19 | 0.40 | 9.9 | 6 |
| 4 | 7.2 | 0.23 | 0.32 | 8.5 | 0.058 | 47.0 | 186.0 | 0.9956 | 3.19 | 0.40 | 9.9 | 6 |

**图 6－3－1　酒残次品检测数据集**

从以上结果可以看出，每个样本数据的特征值有：

- 固定酸度：大多数与葡萄酒有关的酸为固定酸或非挥发性酸。
- 挥发性酸度：酒中醋酸的量。
- 柠檬酸：柠檬酸含量很少，可以为葡萄酒增添“新鲜感”和风味。
- 残糖：发酵停止后剩余的糖量。
- 氯化物：葡萄酒中盐的含量。
- 游离二氧化硫：游离形式的 $SO_2$ 在分子 $SO_2$（作为溶解气体）和亚硫酸氢根离子之间处于平衡状态。
- 总二氧化硫：$SO_2$ 的游离和结合形式的量。
- 密度：取决于酒精和糖含量的百分比。

➢ pH：描述葡萄酒的酸性或碱性程度，从 0（强酸性）到 14（强碱性）。

➢ 硫酸盐：一种葡萄酒添加剂，可增加二氧化硫气体（$SO_2$）的含量。

➢ 酒精：葡萄酒的酒精含量。

接下来，绘制一下特征值与类别的热力图，尝试寻找它们之间的关联情况，代码如下：

```
# 绘制热图
plt.figure(figsize=(12, 6))
sns.heatmap(wine.corr(), annot=True)
```

运行结果如图 6－3－2 所示。

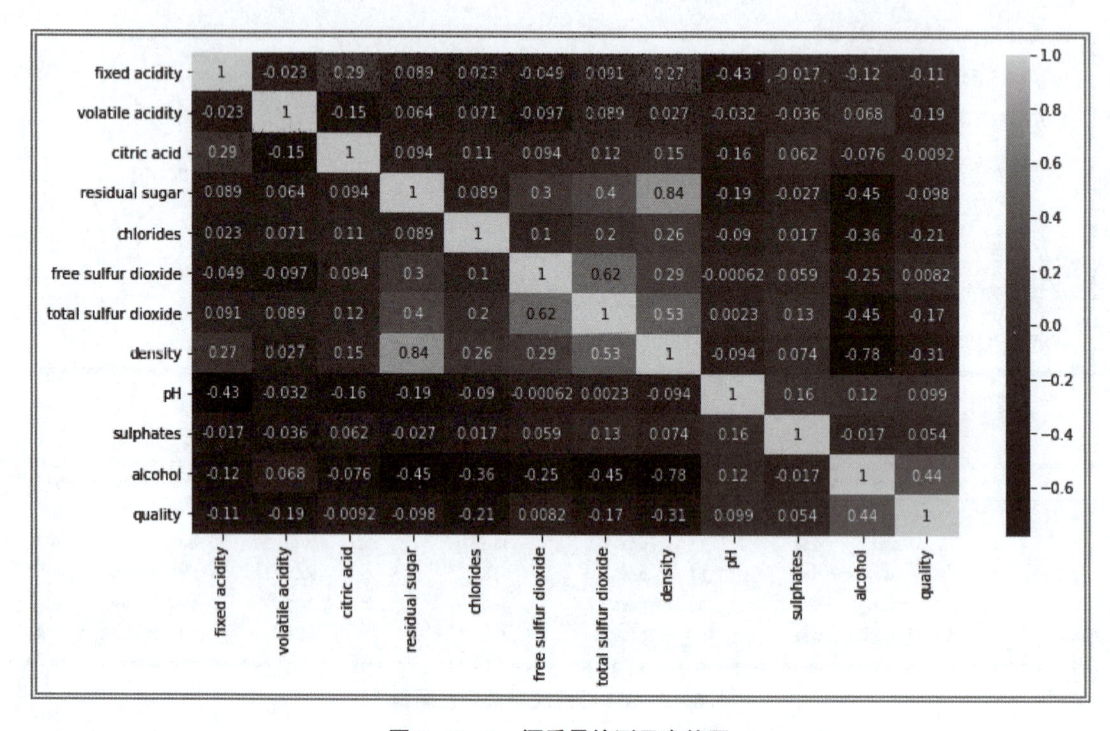


**图 6－3－2　酒质量检测元素热图**

下面查看一下数据集中质量等级的分布情况，代码如下：

```
plt.figure(figsize=(10, 6))
sns.countplot(x='quality', data=wine)
wine["quality"].value_counts()
```

运行结果如图 6－3－3 所示。

为方便起见，将质量等级分为 3 个类别：1～3 为低等级，4～8 为中等级，9、10 为高等级。查看红酒质量等级，代码如下：

```
# 将质量等级分为高、中、低3类
# 1,2,3 -> low
# 4,5,6,7,8 -> medium
# 9,10 -> high
quality = wine["quality"].values
category = []
for num in quality:
    if num < 4:
        category.append("Low")
    elif num > 8:
        category.append("High")
    else:
        category.append("Medium")
# 统计分级之后的各个类别数量
print("分级之后的各个类别数量: ")
[(i, category.count(i)) for i in set(category)]
```

运行结果如图 6 -3 -4 所示。

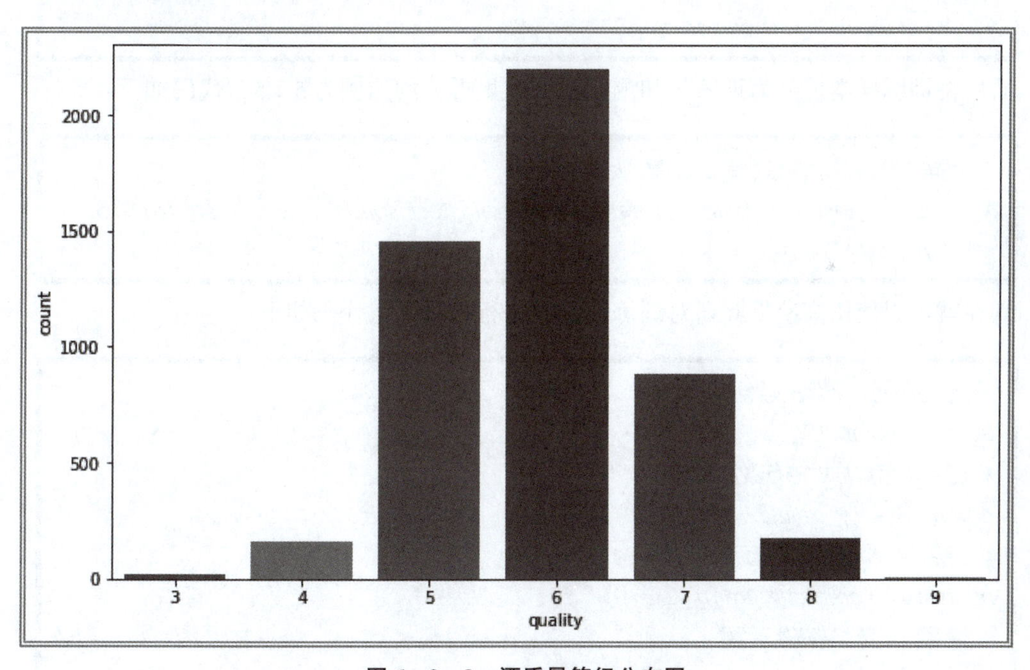


**图 6 -3 -3　酒质量等级分布图**

```
[('Medium', 4873), ('Low', 20), ('High', 5)]
```

**图 6 -3 -4　红酒质量等级分布**

通过运行结果，可以发现，在这个数据集中，低等级有 20 个，中等级有 4 873 个，高等级有 5 个。下面开始使用朴素贝叶斯算法进行建模。

### 3. 使用高斯贝叶斯进行建模

很显然，酒的残次品预测是一个分类问题，可以使用高斯贝叶斯模型。首先要对数据集进行预处理，增加一列，名为“category”，表示 3 个类别，将自带的表示 10 个质量等级列“quality”删除，代码如下：

```
# 将 category 转换成 DataFrame 类型
category = pd.DataFrame(data=category, columns=["category"])
# 将 wine 与 category 拼接
data = pd.concat([wine, category], axis=1)
# 删除原表中 "quality" 列
data.drop(columns="quality", axis=1, inplace=True)
# X 为特征值
X = data.iloc[:, :-1].values
# y 为质量类别
y = data.iloc[:, -1].values
# 使用 LabelEncoder 对标签编码
labelencoder_y = LabelEncoder()
y = labelencoder_y.fit_transform(y)
```

然后将训练样本拆分为训练集和测试集，这里拆分的比例为 5∶5，代码如下：

```
# 将样本数据分为训练集和测试集，比例为 5 : 5
X_train, X_test, y_train, y_test = train_test_split(X, y, test_size=0.5, random_state=None)
```

现在就可以使用高斯贝叶斯对训练数据集进行拟合了，代码如下：

```
# 定义高斯贝叶斯分类器
nb = GaussianNB()
# 使用训练集数据进行数据拟合
nb.fit(X_train,y_train)
# 使用训练集数据进行预测
nb_test=nb.predict(X_train)
# 使用测试集数据进行预测
nb_predict=nb.predict(X_test)
nb_acc_score_train = accuracy_score(y_train, nb_test)
nb_acc_score_test = accuracy_score(y_test, nb_predict)
print("训练集预测准确率为：%.2f%%" % (nb_acc_score_train*100))
print("测试集预测准确率为：%.2f%%" % (nb_acc_score_test*100))
```

运行结果如图 6－3－5 所示。

```
训练集预测准确率为：98.12%
测试集预测准确率为：98.16%
```

图6-3-5　高斯贝叶斯拟合后的准确率

从结果中可以看到，高斯贝叶斯在训练集和测试集的得分在98%左右。在测试集中随机挑选一个样本进行预测（这里选择第8个样本），代码如下：

```
# 随机挑选一个样本数据进行验证
print('测试集中第8个样本的预测类别是：{}'.format(nb.predict([X_test[8]])))
print('测试集中第8个样本的真实类别是：{}'.format(y[8]))
```

运行结果如图6-3-6所示。

```
测试集中第8个样本的预测类别是：[2]
测试集中第8个样本的真实类别是：2
```

图6-3-6　高斯贝叶斯测试集样本预测

可以看到，模型预测的结果与真实结果是一致的。最后绘制混淆矩阵，代码如下：

```
# 绘制混淆矩阵
y_test_re = list(y_test)
for i in range(len(y_test_re)):
    if y_test_re[i] == 0:
        y_test_re[i] = "good"
    if y_test_re[i] == 1:
        y_test_re[i] = "low"
    if y_test_re[i] == 2:
        y_test_re[i] = "medium"
pred_nb_re = list(nb_predict)
for i in range(len(pred_nb_re)):
    if pred_nb_re[i] == 0:
        pred_nb_re[i] = "good"
    if pred_nb_re[i] == 1:
        pred_nb_re[i] = "low"
    if pred_nb_re[i] == 2:
        pred_nb_re[i] = "medium"
y_actu = pd.Series(y_test_re, name='Actual')
y_pred = pd.Series(pred_nb_re, name='Predicted')
nb_confusion = pd.crosstab(y_actu, y_pred)
nb_confusion.head()
```

运行结果如图 6－3－7 所示。

| Predicted<br>Actual | good | low | medium |
|---|---|---|---|
| good | 0 | 0 | 2 |
| low | 0 | 1 | 5 |
| medium | 7 | 31 | 2403 |

图 6－3－7　预测结果混淆矩阵

## 小结

本项目首先对朴素贝叶斯的基本概念进行了介绍，对贝叶斯定理进行了详细的推导。详细介绍了朴素贝叶斯算法的 3 种模型以及 Python 代码实现过程。最后通过红酒残次品预测实战案例，演示了如何通过朴素贝叶斯算法对国内葡萄酒厂残次品进行预测。通过学习本项目内容，读者应该掌握并会应用朴素贝叶斯算法解决生活中的实际问题。

## 学习测评

### 1. 工作任务交办单

工作任务交办单

| 工作任务 | 对国产红酒的样本进行残次品预测 | | |
|---|---|---|---|
| 小组名称 | | 工作成员 | |
| 工作时间 | | 完成总时长 | |
| 工作任务描述 | | | |
| 建立分析数据集，并且检测出葡萄酒样本中的残次品数量。 | | | |
| 任务执行记录 | | | |
| 序号 | 工作内容 | 完成情况 | 操作员 |
| | | | |
| | | | |
| | | | |
| | | | |
| | | | |
| | | | |
| | | | |

续表

| 任务负责人小结 | | | |
|---|---|---|---|
| | | | |
| 上级验收评定 | | 验收人签名 | |

## 2. 工作任务评价表

工作任务评价表

| 工作任务 | 对国产红酒的样本进行残次品预测 | | | | |
|---|---|---|---|---|---|
| 小组名称 | | 工作成员 | | | |
| 项目 | 评价依据 | 参考分值 | 自我评价 | 小组互评 | 教师评价 |
| 任务需求分析（10%） | 任务明确 | 5 | | | |
| | 解决方案思路清晰 | 5 | | | |
| 任务实施准备（20%） | 安装 Sklearn 库、NumPy 库、Pandas 库 | 5 | | | |
| | 安装 Seaborn 库和 Matplotlib 库 | 5 | | | |
| | 载入红酒分析集 | 10 | | | |
| 任务实施（50%） 子任务 1 | 分析红酒数据集中各个类别红酒品质的数量 | 15 | | | |
| | 代码简洁，结构清晰 | 5 | | | |
| | 代码注释完整 | 5 | | | |
| 任务实施（50%） 子任务 2 | 使用高斯贝叶斯模型 | 15 | | | |
| | 代码简洁，结构清晰 | 5 | | | |
| | 代码注释完整 | 5 | | | |
| 思政劳动素养（20%） | 有理想、有规划，科学严谨的工作态度、精益求精的工匠精神 | 10 | | | |
| | 良好的劳动态度、劳动习惯，团队协作精神，有效沟通，创造性劳动 | 10 | | | |
| 综合得分 | | 100 | | | |
| 评价小组签字 | | 教师签字 | | | |

## 习题

1. 朴素贝叶斯分类器的特征不包括（　　）。

A. 孤立的噪声点对该分类器影响不大　　B. 数据的缺失值影响不大

C. 要求数据的属性相互独立　　D. 条件独立的假设可能不成立

2. 朴素贝叶斯分类器基于（　　）假设。

A. 样本分布独立性　　B. 属性条件独立性

C. 后验概率已知　　D. 先验概率已知

3. 下列关于朴素贝叶斯分类器的说法，错误的是（　　）。

A. 朴素贝叶斯模型发源于古典数学理论，有稳定的分类效率

B. 对小规模的数据表现很好，能够处理多分类任务，适合增量式训练

C. 对缺失数据不太敏感，算法也比较简单，常用于文本分类

D. 对输入数据的表达形式不敏感

4. 朴素贝叶斯分类器为（　　）。

A. 生成模型　　B. 判别模型

C. 统计模型　　D. 预算模型

5. 下列关于朴素贝叶斯分类器的说法，正确的是（　　）。

A. 朴素贝叶斯分类器的变量必须是非连续型变量

B. 朴素贝叶斯模型中的特征和类别变量之间也要相互独立

C. 朴素贝叶斯分类器对于小样本数据集的效果不如决策树的好

D. 朴素贝叶斯模型分类时，需要计算各种类别的概率，取其中概率最大者为分类预测值

6. 如何理解朴素贝叶斯分类器中的拉普拉斯平滑？

7. 简述朴素贝叶斯算法的原理。

8. 工业互联网远程机床运维系统发现 8 台数控机床，其中 5 台三年前已经维护过，3 台从来没有维护过，1 名工人使用维护过的机床生产合格产品的概率为 0.8，使用没有维护过的机床生产合格产品的概率为 0.3，现在从 8 台机床中抽取一台进行生产，结果合格。求此台机床为已经维护过的概率。

9. 使用 Sklearn 库中自带的威斯康星乳腺肿瘤数据集，利用朴素贝叶斯算法判断一个患者的肿瘤是良性的还是恶性的。

10. 尝试使用 MinMaxScaler 处理数据。

# 项目7

## 红酒质量评分的预测

### 项目目标

（1）掌握决策树和随机森林的概念和原理。

（2）掌握决策树和随机森林的优势与不足。

（3）了解决策树和随机森林模型的应用场景。

（4）能够使用决策树和随机森林模型解决实际问题。

### 项目任务

使用决策树和随机森林模型对红酒的质量进行分析和预测，为国产红酒的评分和质量提升提供有效技术支撑。

## 任务1 认知决策树

### 1.1 任务目标

（1）掌握决策树的概念、原理。

（2）能够使用决策树分析工作中的实际问题。

（3）了解节点、树叶的概念。

了解决策树的概念和基本原理

### 1.2 任务内容

使用决策树方法分析是否接受新工作。

### 1.3 任务步骤

1. 决策树的概念

决策树是一种在分类与回归中都有非常广泛应用的算法，它的原理是通过对一系列问题进行 if/else 的推导，最终实现决策。

2. 决策树的基本原理

未来进入企业后，可能会遇到许多新的工作机会，需要在其中做出选择。对于此类问题，需要进行一系列复杂的思考和判断，对各方面进行充分的考虑，从而作出明智的决策。一般而言，考虑的步骤大致如下：首先考虑新工作的薪资待遇是否符合自己的心理预期，如果不符合，就拒绝；如果符合预期，就继续考察新工作的工作内容是否是自己感兴趣并且能够胜任的，如果答案是否定的，就拒绝这份工作，否则，就通过导航软件分析新单位的通勤时间是否较短，如果通勤时间也满足要求，就选择接受这份新工作，否则，就拒绝。其实这一系列思考和判断的过程可以用决策树表示，如图 7－1－1 所示。

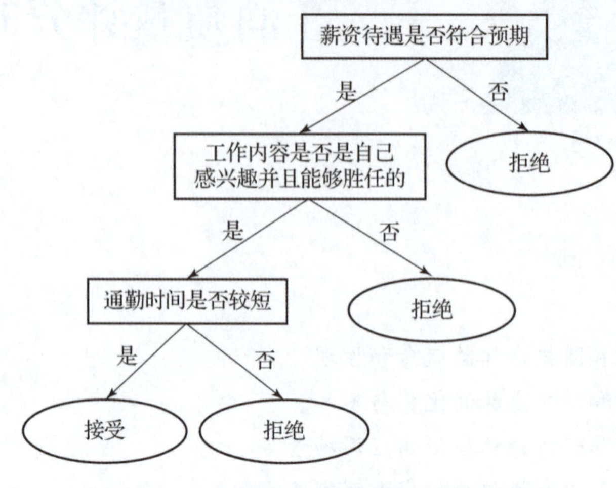


**图 7－1－1　决策树判断工作是否满意示意图**

图 7－1－1 中，最终的 4 个节点，也就是接受或拒绝这几个结果，被称为决策树的树叶。未来在实际工作或生活中遇到较为复杂的问题，也可以通过绘制决策树对问题进行理性的分析，作出科学、合理的决策。例中的这棵决策树只有 4 片树叶，所以通过手动的方式就可以进行建模。但是如果样本的特征特别多，就不得不使用机器学习的办法进行建模了。

## 任务 2　搭建决策树模型

### 2.1　任务目标

（1）构建和训练决策树模型。

（2）观察决策树模型的得分。

### 2.2　任务内容

构建决策树模型对红酒质量进行预测。

### 2.3　任务函数

Sklearn 库、NumPy 库、Pandas 库、Seaborn 库、Matplotlib 库。

### 2.4　任务步骤

#### 1. 数据集的导入和准备

这里首先需要导入红酒质量的数据集，可以从 UCI 数据集官网中把这个数据集下载下来，网址为 https://archive.ics.uci.edu/ml/datasets/wine+quality，打开网页，如图 7－2－1 所示。

数据集的导入

然后单击“Data Folder”，跳转到如图 7－2－2 所示的页面中，将其中用方框框住的关于红酒质量的数据集下载到本地电脑中。

Check out the beta version of the new UCI Machine Learning Repository we are currently testing! Contact us if you concerns. Click here to try out the new site.

**Wine Quality Data Set**

*Download*: Data Folder, Data Set Description

**Abstract**: Two datasets are included, related to red and white vinho verde wine samples, from the north of Portugal. The goal is to model wine quality b physicochemical tests (see [Cortez et al., 2009], [Web Link]).

| Data Set Characteristics: | Multivariate | Number of Instances: | 4898 | Area: | Business |
|---|---|---|---|---|---|
| Attribute Characteristics: | Real | Number of Attributes: | 12 | Date Donated | 2009-10-07 |
| Associated Tasks: | Classification, Regression | Missing Values? | N/A | Number of Web Hits: | 1760004 |

图 7－2－1　红酒数据集网址

**Index of /ml/machine-learning-databases/wine-quality**

- Parent Directory
- winequality-red.csv
- winequality-white.csv
- winequality.names

*Apache/2.4.6 (CentOS) OpenSSL/1.0.2k-fips SVN/1.7.14 Phusion_Passenger/4.0.53 mod_perl/2.0.11 Perl/v5.16.3 Server at archi*

图 7－2－2　红酒数据集下载

打开 Jupyter Notebook，在红酒质量数据集文件所在的文件夹中新建 Python3 记事本，并输入代码如下：

```
import pandas as pd
import numpy as np
#导入红酒质量数据集
df=pd.read_csv('winequality-red.csv',sep=';')
#查看数据集前 5 行
print("head",df.head())
#查看数据集的行数和列数
print("shape",np.shape(df))
#查看数据集每列数据的常用统计变量，包括数量、最大值、最小值、平均值、四分位数等
print("describe",df.describe())
```

运行代码，结果如图 7－2－3 和图 7－2－4 所示。

```
head   fixed acidity  volatile acidity  citric acid  residual sugar  chlorides  \
0           7.4              0.70          0.00             1.9      0.076
1           7.8              0.88          0.00             2.6      0.098
2           7.8              0.76          0.04             2.3      0.092
3          11.2              0.28          0.56             1.9      0.075
4           7.4              0.70          0.00             1.9      0.076

   free sulfur dioxide  total sulfur dioxide  density    pH  sulphates  \
0                 11.0                  34.0   0.9978  3.51       0.56
1                 25.0                  67.0   0.9968  3.20       0.68
2                 15.0                  54.0   0.9970  3.26       0.65
3                 17.0                  60.0   0.9980  3.16       0.58
4                 11.0                  34.0   0.9978  3.51       0.56

   alcohol  quality
0      9.4        5
1      9.8        5
2      9.8        5
3      9.8        6
4      9.4        5
shape (1599, 12)
```

```
describe        fixed acidity  volatile acidity  citric acid  residual sugar  \
count     1599.000000       1599.000000  1599.000000     1599.000000
mean         8.319637          0.527821     0.270976        2.538806
std          1.741096          0.179060     0.194801        1.409928
min          4.600000          0.120000     0.000000        0.900000
25%          7.100000          0.390000     0.090000        1.900000
50%          7.900000          0.520000     0.260000        2.200000
75%          9.200000          0.640000     0.420000        2.600000
max         15.900000          1.580000     1.000000       15.500000

          chlorides  free sulfur dioxide  total sulfur dioxide      density  \
count   1599.000000          1599.000000           1599.000000  1599.000000
mean       0.087467            15.874922             46.467792     0.996747
std        0.047065            10.460157             32.895324     0.001887
min        0.012000             1.000000              6.000000     0.990070
25%        0.070000             7.000000             22.000000     0.995600
50%        0.079000            14.000000             38.000000     0.996750
75%        0.090000            21.000000             62.000000     0.997835
max        0.611000            72.000000            289.000000     1.003690

                 pH    sulphates      alcohol      quality
count   1599.000000  1599.000000  1599.000000  1599.000000
mean       3.311113     0.658149    10.422983     5.636023
std        0.154386     0.169507     1.065668     0.807569
min        2.740000     0.330000     8.400000     3.000000
25%        3.210000     0.550000     9.500000     5.000000
50%        3.310000     0.620000    10.200000     6.000000
75%        3.400000     0.730000    11.100000     6.000000
max        4.010000     2.000000    14.900000     8.000000
```

**图 7-2-3　数据集的前 5 行机器及其统计描述**

通过导入并预览数据集，可以发现这是一个关于红酒质量的数据集，包含的数据特征中英对照见表 7-2-1。

**表 7-2-1　红酒数据集 12 个特征及中英名称对照**

| 序号 | Feature name | 特征名 |
|---|---|---|
| 1 | fixed acidity | 非挥发性酸 |
| 2 | volatile acidity | 挥发性酸 |
| 3 | citric acid | 柠檬酸 |
| 4 | residual sugar | 剩余糖分 |

续表

| 序号 | Feature name | 特征名 |
|---|---|---|
| 5 | chlorides | 氯化物 |
| 6 | free sulfur dioxide | 游离二氧化硫 |
| 7 | total sulfur dioxide | 总二氧化硫 |
| 8 | density | 密度 |
| 9 | pH | pH |
| 10 | sulphates | 硫酸盐 |
| 11 | alcohol | 酒精 |
| 12 | quality | 质量 |

在这些字段中，质量是综合性最强的一个指标，是综合了红酒各个方面属性的系统性判断，而其他字段都是反映红酒某个特定方面的属性，因此，后续建模时，可以将质量这一列数据作为模型的标签数组，其他列作为模型的特征数组。同时，通过观察数据形状，可以发现这个数据集有 1 599 行，意味着样本数量为 1 599。最后，重点观察质量这一列，会发现这列数据都是关于红酒质量的一些评分，通过查看其常用统计变量，可以发现其中最低分是 3 分，最高分是 8 分，中位数是 6 分。

现在对红酒质量的数据集有了初步的了解，为了避免后续计算或建模过程中出现问题，还需要检查一下数据集中是否存在空值，输入代码如下：

```
#查看数据中是否有空值
df.isna().any()
```

运行代码，得到的结果如图 7-2-4 所示。

```
fixed acidity           False
volatile acidity        False
citric acid             False
residual sugar          False
chlorides               False
free sulfur dioxide     False
total sulfur dioxide    False
density                 False
pH                      False
sulphates               False
alcohol                 False
quality                 False
dtype: bool
```

**图 7-2-4　数据集空值检测**

由图 7-2-4 可以发现，数据集中没有空值，因此不需要通过删除法或者插补法对空值进行处理。

接下来，通过直方图的方式了解数据集中各列数据的分布情况，输入以下代码：

```
%matplotlib inline
import matplotlib.pyplot as plt
#通过直方图查看每列数据的分布情况
df.hist();
#设置布局方式，确保坐标轴文字和图表标题不重叠
plt.tight_layout()
#显示图表
plt.show()
```

运行结果如图 7－2－5 所示。

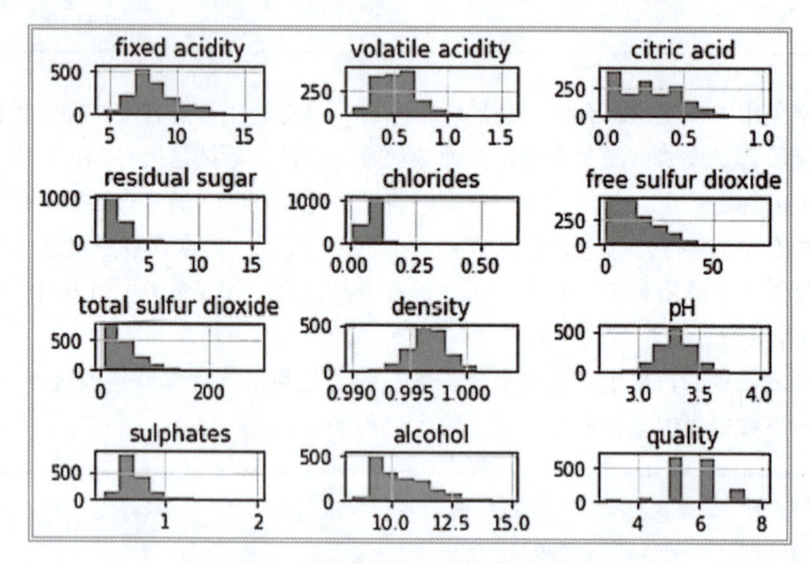


图 7－2－5　数据集中各列数据的直方图分布

从图 7－2－5 可以看出，quality（质量）的数值主要在 5、6 附近，结合之前的观察发现，质量数据的中位数是 6，那么后续对质量数据进行离散化处理的时候，就可以考虑以 6 为分界点。

接下来，继续通过 Seaborn 库中的 heatmap 方法绘制相关关系的热力图，观察不同属性之间的相关性，输入以下代码：

```
import seaborn as sns
#设置图表尺寸
plt.figure(figsize=(10,10))
#绘制相关系数热力图
sns.heatmap(df.astype(float).corr(),linewidths=0.1,vmax=1.0,square=True,linecolor='white',annot=True)
#显示图表
plt.show()
```

运行结果如图 7 - 2 - 6 所示。

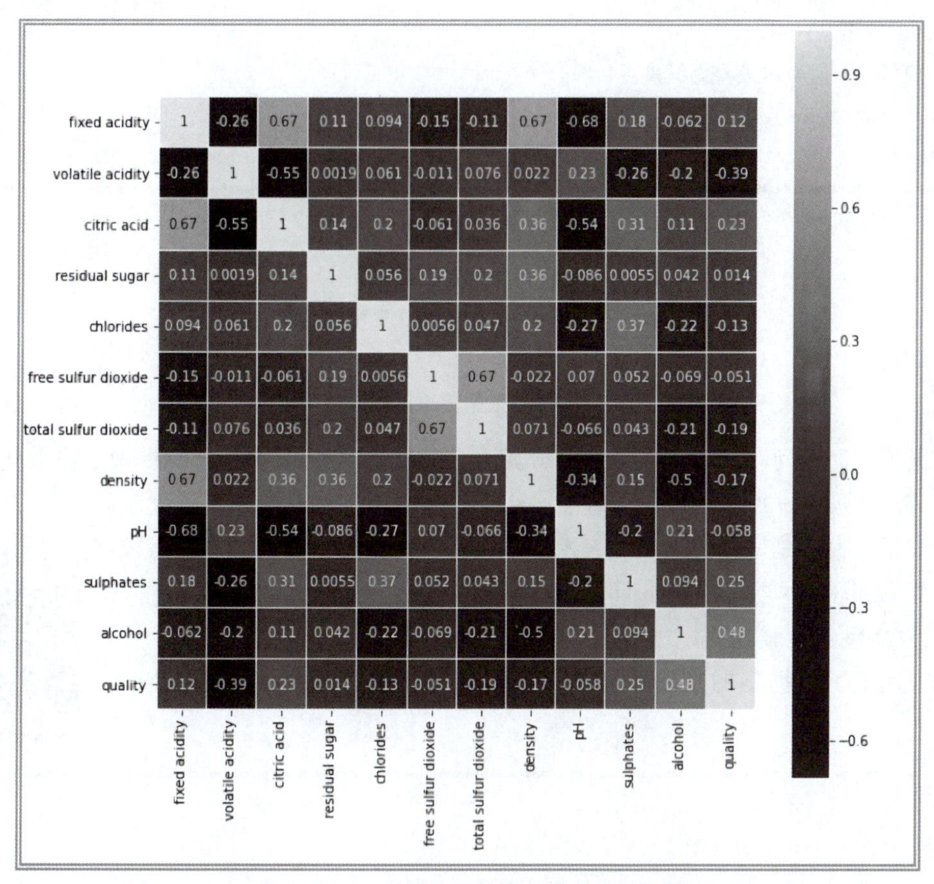


**图 7 - 2 - 6　数据集不同属性之间的热力图**

通过图 7 - 2 - 6 可以发现，红酒的质量评分与酒精、挥发性酸这两个特征的相关系数的绝对值关系较大，说明酒精和挥发性酸这两个因素对红酒的质量影响较大。

接下来，获取红酒数据集的标签数组和特征数组，同时将数据集拆分为训练集和测试集并进行离散化处理，输入以下代码：

```
#将红酒的质量作为标签数组 y
y = np.array(df["quality"])
#将红酒除质量以外的其他属性作为特征数组 X
X = np.array(df.drop("quality",axis=1))
#为简化问题，对标签数组中的连续数值进行离散化处理
print("离散化处理前：",y)
y = (y>=6).astype(int);
print("离散化处理后：",y)
#查看标签数组中不同数值的数量
```

```
from collections import  Counter
print(Counter(y))
#将数据集拆分为训练集和测试集
from sklearn.model_selection import train_test_split
X_train, X_test, y_train, y_test = train_test_split(X,y,test_size=0.3,stratify=y,random_state=1)
```

运行结果如图 7－2－7 所示。

```
离散化处理前:  [5 5 5 ... 6 5 6]
离散化处理后:  [0 0 0 ... 1 0 1]
Counter({1: 855, 0: 744})
```

**图 7－2－7　数据集的离散化处理**

这里为了简化问题，以中位数 6 为分界点，将标签数组中的连续数据做了离散化处理。由图 7－2－7 可以发现，离散化处理后，小于 6 的数值都转化为 0 了，大于等于 6 的数值都转化为 1 了。也就是说，这里用 0 表示酒的质量不佳，用 1 表示酒的质量较好，将酒根据质量分为好酒和坏酒两类，把回归问题转化为分类问题。

### 2. 构建决策树模型

构建决策树模型

现在完成了数据集的准备，开始用决策树分类器进行分类。输入以下代码：

```
from sklearn import tree
#设定决策树分类器最大深度为 1
clf = tree.DecisionTreeRegressor(max_depth=1)
#拟合训练数据集
clf.fit(X_train,y_train)
#打印模型参数
print(clf)
#打印模型得分
clf.score(X_test, y_test)
```

结果如图 7－2－8 所示。

```
DecisionTreeRegressor(criterion='mse', max_depth=1, max_features=None,
           max_leaf_nodes=None, min_impurity_decrease=0.0,
           min_impurity_split=None, min_samples_leaf=1,
           min_samples_split=2, min_weight_fraction_leaf=0.0,
           presort=False, random_state=None, splitter='best')

0.1450010018618304
```

**图 7－2－8　决策树分类器的得分**

Jupyter Notebook 把分类器的参数返回，这些参数中，首先关注到的是 max_depth 参数。这个参数指的是决策树的深度，比如前面考虑是否接受新工作时所考虑问题的数量，问题的

数量越多，就代表决策树的深度越深。现在使用的最大深度是 1，所以 max_depth = 1。从图 7－2－8 可以看出，这里模型的得分只有 0.145，很显然最大深度等于 1 时分类器的表现不会太好，分类器只分了两类。需要加大深度试试看结果会有什么变化，输入代码如下：

```
#将决策树分类器最大深度改为 2
clf2 = tree.DecisionTreeClassifier(max_depth=2)
clf2.fit(X_train,y_train)
print(clf2)
clf2.score(X_test, y_test)
```

运行结果如图 7－2－9 所示。

```
DecisionTreeClassifier(class_weight=None, criterion='gini', max_depth=2,
            max_features=None, max_leaf_nodes=None,
            min_impurity_decrease=0.0, min_impurity_split=None,
            min_samples_leaf=1, min_samples_split=2,
            min_weight_fraction_leaf=0.0, presort=False, random_state=None,
            splitter='best')

0.6875
```

**图 7－2－9 调参后的决策树分类器的得分**

现在看到，当决策树最大深度设为 2 的时候，68.75% 的数据都进行了正确的分类，当然，还有一小部分数据点的分类是错误的。接下来进一步调整 max_depth 的值，看看会有怎样的变化，输入代码如下：

```
#将决策树分类器最大深度改为 3
clf3 = tree.DecisionTreeClassifier(max_depth=3)
clf3.fit(X_train,y_train)
print(clf3)
clf3.score(X_test, y_test)
```

运行结果如图 7－2－10 所示。

```
DecisionTreeClassifier(class_weight=None, criterion='gini', max_depth=3,
            max_features=None, max_leaf_nodes=None,
            min_impurity_decrease=0.0, min_impurity_split=None,
            min_samples_leaf=1, min_samples_split=2,
            min_weight_fraction_leaf=0.0, presort=False, random_state=None,
            splitter='best')

0.7041666666666667
```

**图 7－2－10 进一步调参后的决策树分类器的得分**

现在可以看到，分类器的表现进一步提升了。它在更加努力地把每一个数据点放入正确的分类当中。

3. 决策树的优势和不足

相比其他算法，决策树有一个非常大的优势，就是可以很容易地将模型进行可视化，这样就能够让非专业人士也看得明白。另外，由于决策树算法对每个样本特征进行单独处理，因此并不需要对数据进行转换。这样，如果使用决策树算法，几乎不需要对数据进行预处理。这也是决策树算法的一个优点。

当然，决策树算法也有它的不足之处，即便在建模的时候可以使用类似于 max_ depth 等参数来对决策树进行预剪枝处理，但它还是不可避免地会出现过拟合的问题，也就让模型的泛化性能大打折扣了。

为了避免过拟合的问题出现，可以使用集合学习的方法，也就是下面要介绍的随机森林算法。

## 任务3 使用随机森林模型预测红酒评分

### 3.1 任务目标

（1）构建和训练随机森林模型。

（2）通过随机森林的袋外数据考察模型的准确性。

### 3.2 任务内容

构建随机森林模型对红酒的质量评分进行预测。

### 3.3 任务函数

RandomForestClassifier( )。

### 3.4 任务步骤

1. 随机森林的基本概念

随机森林的基本概念

常言道，不要为了一棵树放弃一片森林。这句话在机器学习算法方面也是非常正确的。虽然决策树算法简单易理解，并且不需要对数据进行转换，但是它的缺点也很明显——决策树往往容易出现过拟合的问题。不过这不是大问题，因为可以让很多树组成团队来工作，也就是随机森林。

先来一段比较官方的解释：随机森林有的时候也被称为随机决策森林，是一种集合学习方法，既可以用于分类，也可以用于回归。所谓集合学习算法，其实就是把多个机器学习算法综合在一起，制造出一个更大的模型。这也就很好地解释了为什么这种算法称为随机森林了。

前面提到，决策树算法很容易出现过拟合的现象。那么为什么随机森林可以解决这个问题呢？因为随机森林是把不同的几棵决策树打包到一起，每棵树的参数都不相同，然后把每棵树预测的结果取平均值，这样既可以保留决策树的工作成效，又可以降低过拟合的风险。

2. 随机森林的构建

随机森林的构建

继续基于前面导入的红酒质量的数据集来构建随机森林模型。在 Jupyter Notebook 中输入代码如下：

```
#导入随机森林模型
from sklearn.ensemble import RandomForestClassifier
#设置随机森林中有6棵树
forest = RandomForestClassifier(n_estimators=6,random_state=3)
#使用模型拟合数据
forest.fit(X_train, y_train)
#打印模型参数
print(forest)
#打印模型得分
print(forest.score(X_test, y_test))
```

运行结果如图7-3-1所示。

```
RandomForestClassifier(bootstrap=True, class_weight=None, criterion='gini',
            max_depth=None, max_features='auto', max_leaf_nodes=None,
            min_impurity_decrease=0.0, min_impurity_split=None,
            min_samples_leaf=1, min_samples_split=2,
            min_weight_fraction_leaf=0.0, n_estimators=6, n_jobs=1,
            oob_score=False, random_state=3, verbose=0, warm_start=False)
0.7708333333333334
```

**图7-3-1 随机森林模型得分**

从图7-3-1中可以看出，随机森林分类的准确率比之前的决策树模型有了明显的提升。与此同时，这里随机森林返回了包含其自身全部参数的信息，本节重点介绍其中几个重要的参数。

首先是bootstrap参数，代表的是bootstrap sample，也就是“有放回抽样”，指每次从样本空间中可以重复抽取同一个样本（因为样本在第一次被抽取之后又被放回去了），形象一点来说，如原始样本是['草莓','西瓜','香蕉','桃子']，那么经过bootstrap sample重构的样本就可能是['西瓜','西瓜','香蕉','桃子']，还有可能是['草莓','西瓜','香蕉','香蕉']。bootstrap sample生成的数据集和原始数据集在数据量上是完全一样的，但由于进行了重复采样，因此其中有一些数据点会丢失。

看到这里，大家可能会问为什么要生成bootstrap sample数据集。这是因为通过重新生成数据集，可以让随机森林中的每一棵决策树在构建的时候产生一些差异。同时，每棵树的节点都会选择不同的样本特征，经过这两步动作之后，可以完全肯定随机森林中的每棵树都不一样，这也符合使用随机森林的初衷。

接下来模型会基于新数据集建立一棵决策树，在随机森林中，算法不会让每棵决策树都生成最佳的节点，而是在每个节点上随机地选择一些样本特征，然后让其中之一有最好的拟合表现。在这里，是用max_features这个参数来控制所选择的特征数量最大值的，在不进行指定的情况下，随机森林默认自动选择最大特征数量。

关于max_features参数的设置，是有些讲究的。假如把max_features设置为样本全部的特征数n_features，就意味着模型会在全部特征中进行筛选，这样在特征选择这一步就没有随机性可言了。如果把 max_features 的值设为 1，就意味着模型在数据特征上完全没有选择的余地，只能去寻找这个被随机选出来的特征向量的阈值。所以，max_features 的取值越大，随机森林里的每一棵决策树就会“长得更像”，它们因为有更多的不同特征可以选择，也就会更容易拟合数据；反之，max_features 取值越低，就会迫使每棵决策树的样子更加不同，而且因为特征太少，决策树不得不制造更多节点来拟合数据。

还有一个要强调的参数，是 n_estimators，这个参数控制的是随机森林中决策树的数量。在随机森林构建完成之后，每棵决策树都会单独进行预测。如果是用来进行回归分析，随机森林会把所有决策树预测的值取平均数；如果是用来进行分类，在森林内部会根据每棵树预测出数据类别的概率进行“投票”，比如，其中一棵树说：“这瓶酒 80% 属于好酒。”另外一棵树说：“这瓶酒 60% 属于坏酒。”随机森林会把这些概率取平均值，然后把样本放入概率最高的分类当中。

需要注意的是，随机森林属于 bagging 集成算法，采用 bootstrap 方法。通过理论和实践可以发现，bootstrap 每次约有 1/3 的样本不会出现在其所采集的样本集合中，故没有参加决策树的建立，这些数据称为袋外数据（Out－Of－Bag，OOB），可以用于取代测试集误差估计方法。可用于袋外数据误差的计算方法如下：

①对于已经生成的随机森林，用袋外数据测试其性能，假设袋外数据总数为 $O$，用这 $O$ 个袋外数据作为输入，代入之前已经生成的随机森林分类器，分类器会给出 $O$ 个数据相应的分类。

②因为这 $O$ 条数据的类型是已知的，则用正确的分类与随机森林分类器的结果进行比较，统计随机森林分类器分类错误的数目，设为 $X$，则袋外数据误差大小 $= X/O$。

关于这部分的论证，经过理论证明是无偏的，也就是通过划分训练测试集来做交叉验证的误差和袋外数据的误差是一致的。

接下来通过代码来计算袋外数据的误差，输入以下代码：

```
#设置随机森林中有 20 棵树，oob_score 参数为 True
forest = RandomForestClassifier(n_estimators=20,random_state=3,oob_score=True)
#使用模型拟合数据
forest.fit(X_train, y_train)
#打印模型参数
print(forest)
#打印模型在袋外数据的得分
print("模型在袋外数据的得分：",forest.oob_score_)
#打印模型交叉验证的得分
from sklearn import model_selection
cv_score = model_selection.cross_val_score(forest, X_train, y_train, scoring='accuracy',cv=20)
print("模型交叉验证的得分：",cv_score.mean())
```

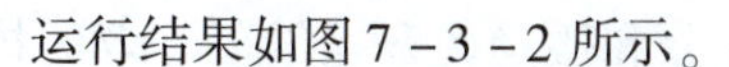

运行结果如图 7－3－2 所示。

```
RandomForestClassifier(bootstrap=True, class_weight=None, criterion='gini',
            max_depth=None, max_features='auto', max_leaf_nodes=None,
            min_impurity_decrease=0.0, min_impurity_split=None,
            min_samples_leaf=1, min_samples_split=2,
            min_weight_fraction_leaf=0.0, n_estimators=20, n_jobs=1,
            oob_score=True, random_state=3, verbose=0, warm_start=False)
模型在袋外数据的得分： 0.7837354781054513
模型交叉验证的得分： 0.7971186488949646
```

**图 7－3－2　调参后随机森林模型得分**

这里将随机森林中树增加到 20 棵，避免由于树的棵数过少而引发报警（UserWarning: Some inputs do not have OOB scores. This probably means too few trees were used to compute any reliable oob estimates.）。从图 7－3－2 中可以看出，模型 OOB 的得分和交叉验证的得分非常接近，说明使用 OOB 得分取代交叉验证来考察模型是可行的，为国产红酒的评分和质量提升提供了有效的技术支撑。

### 3. 随机森林的优势和不足

目前在机器学习领域，无论是分类还是回归，随机森林都是应用最广泛的算法之一。可以说随机森林十分强大，使用决策树并不需要用户过于在意参数的调节。同时，和决策树一样，随机森林算法也不要求对数据进行预处理。

从优势的角度来说，随机森林集成了决策树的所有优点，而且能够弥补决策树的不足。但也不是说决策树算法就被彻底抛弃了。从便于展示决策过程的角度来说，决策树依旧表现强悍。尤其是随机森林中每棵决策树的层级要比单独的决策树更深，所以，如果需要向非专业人士展示模型工作过程，还是需要使用决策树。

此外，随机森林算法支持并行处理。对于超大数据集来说，随机森林会比较耗时（毕竟要建立很多决策树），不过可以用多进程并行处理的方式来解决这个问题。实现方式是调节随机森林的 njobs 参数。需要把 njobs 参数数值设为和 CPU 内核数一致，比如，CPU 内核数是 2，那么 njobs 参数设为 3 或者更大是没有意义的。当然，如果不知道自己的 CPU 有多少内核，可以设置 njobs = －1，这样随机森林会使用 CPU 的全部内核，从而速度就会得到提升。

需要注意的是，因为随机森林生成每棵决策树的方法是随机的，不同的 random_state 参数会导致模型完全不同，所以，如果不希望建模的结果太过于不稳定，一定要固化 random_state 这个参数的数值。

不过，虽然随机森林有诸多优点，尤其是并行处理功能在处理超大数据集时能提供良好的性能表现，但它也有不足。例如，对于超高维数据集、稀疏数据集等来说，随机森林的性能就不足了，在这种情况下，线性模型要比随机森林的表现更好一些。还有，随机森林相对更消耗内存，速度也比线性模型要慢，所以，如果希望更节省内存和时间，建议选择线性模型。

## 小结

在本项目中，基于要不要接受新工作和红酒的质量预测这两个场景介绍了决策树和随机森林的原理、用法，以及优势、不足等，为国产红酒的评分和质量提升提供了有效的技术支撑。

此外，除了本项目介绍的功能，决策树和随机森林还有一个特别的功能，就是可以帮助用户在数据集中对数据特征的重要性进行判断。这样，可以通过这两个算法对高维数据集进行分析，在诸多特征中保留最重要的几个，这也便于对数据进行降维处理。

目前应用广泛的集成算法还有“梯度上升决策树”（Gradient Boosting Decision Trees，GBDT），限于篇幅，本项目不详细讲解。

## 学习测评

### 1. 工作任务交办单

工作任务交办单

| 工作任务 | 使用决策树和随机森林模型完成红酒的分类 | | |
|---|---|---|---|
| 小组名称 | | 工作成员 | |
| 工作时间 | | 完成总时长 | |
| 工作任务描述 | | | |
| 加载 Sklearn 库中的红酒数据集，将数据集拆分为训练集和测试集，完成决策树和随机森林的建模。 | | | |
| 任务执行记录 | | | |
| 序号 | 工作内容 | 完成情况 | 操作员 |
| | | | |
| | | | |
| | | | |
| | | | |
| | | | |
| | | | |
| | | | |
| | | | |
| | | | |
| 任务负责人小结 | | | |
| | | | |
| 上级验收评定 | | 验收人签名 | |

## 2. 工作任务评价表

工作任务评价表

<table>
<tr><td colspan="2">工作任务</td><td colspan="5">爬取“十四五”政策并进行分词和关键词提取</td></tr>
<tr><td colspan="2">小组名称</td><td></td><td>工作成员</td><td colspan="3"></td></tr>
<tr><td colspan="2">项目</td><td>评价依据</td><td>参考分值</td><td>自我评价</td><td>小组互评</td><td>教师评价</td></tr>
<tr><td colspan="2" rowspan="2">任务需求分析<br>（10%）</td><td>任务明确</td><td>5</td><td></td><td></td><td></td></tr>
<tr><td>解决方案思路清晰</td><td>5</td><td></td><td></td><td></td></tr>
<tr><td colspan="2" rowspan="2">任务实施准备<br>（20%）</td><td>导入 Sklearn 库中的红酒数据集</td><td>10</td><td></td><td></td><td></td></tr>
<tr><td>将数据拆分为训练集和测试集</td><td>10</td><td></td><td></td><td></td></tr>
<tr><td rowspan="6">任务<br>实施<br>（50%）</td><td rowspan="3">子任务 1</td><td>建立和训练决策树模型</td><td>10</td><td></td><td></td><td></td></tr>
<tr><td>代码简洁，结构清晰</td><td>10</td><td></td><td></td><td></td></tr>
<tr><td>代码注释完整</td><td>5</td><td></td><td></td><td></td></tr>
<tr><td rowspan="3">子任务 2</td><td>建立和训练随机森林模型</td><td>10</td><td></td><td></td><td></td></tr>
<tr><td>代码简洁，结构清晰</td><td>10</td><td></td><td></td><td></td></tr>
<tr><td>代码注释完整</td><td>5</td><td></td><td></td><td></td></tr>
<tr><td colspan="2" rowspan="2">思政劳动素养<br>（20%）</td><td>有理想、有规划，科学严谨的工作态度、精益求精的工匠精神</td><td>10</td><td></td><td></td><td></td></tr>
<tr><td>良好的劳动态度、劳动习惯，团队协作精神，有效沟通，创造性劳动</td><td>10</td><td></td><td></td><td></td></tr>
<tr><td colspan="3">综合得分</td><td>100</td><td></td><td></td><td></td></tr>
<tr><td colspan="2">评价小组签字</td><td></td><td colspan="2">教师签字</td><td colspan="2"></td></tr>
</table>

## 习题

1. 比较决策树和随机森林的异同点。

2. 关于机器学习中的决策树学习，说法错误的是（　　）。

A. 受生物进化启发　　　　B. 属于归纳推理

C. 用于分类和预测　　　　D. 自顶向下递推

3. 在构建决策树时，需要计算每个用来划分数据特征的得分，选择分数最高的特征，以下可以作为得分的是（　　）。

A. 熵　　　　B. 基尼系数　　　　C. 训练误差　　　　D. 以上都是

4. 在决策树学习过程中，（　　）可能会导致问题数据（特征相同，但是标签不同）。

A. 数据噪声　　　　B. 现有特征不足以区分或决策

C. 数据错误　　　　D. 以上都是

5. 根据信息增益来构造决策树的算法是（　　）。

A. ID3 决策树　　　　B. 递归

C. 归约　　　　D. FIFO

6. 决策树的构成顺序是（　　）。

A. 特征选择、决策树生成、决策树剪枝

B. 决策树剪枝、特征选择、决策树生成

C. 决策树生成、决策树剪枝、特征选择

D. 特征选择、决策树剪枝、决策树生成

7. 决策树适用于解决什么样的问题？

8. 阅读以下材料，完成练习。

正确佩戴口罩可以有效阻断病毒传播，熔喷非织造材料是口罩生产的重要原材料，具有很好的过滤性能。由于熔喷非织造材料纤维非常细，在使用过程中经常因为压缩回弹性差而导致其性能得不到保障。因此，科学家们创造出插层熔喷法，即通过在聚丙烯（PP）熔喷制备过程中将涤纶（PET）短纤等纤维插入熔喷纤维流，制备出了"Z 形"结构的插层熔喷非织造材料。插层熔喷非织造材料制备工艺参数较多，参数之间还存在交互影响，加上插层气流之后更为复杂，因此，通过工艺参数（接收距离和热空气速度）决定结构变量（厚度、孔隙率、压缩回弹率），而由结构变量决定最终产品性能（过滤阻力、过滤效率、透气性）的研究也变得较为复杂。如果能分别建立工艺参数与结构变量、结构变量与产品性能之间的关系模型，则有助于为产品性能调控机制的建立提供一定的理论基础。

请研究工艺参数与结构变量之间的关系。下表给了 8 个工艺参数组合，请将预测的结构变量数值填入表格中。

| 接收距离/cm | 热空气速度/$(r \cdot min^{-1})$ | 厚度/mm | 孔隙率/% | 压缩回弹率/% |
|---|---|---|---|---|
| 38 | 850 | | | |
| 33 | 950 | | | |
| 28 | 1 150 | | | |
| 23 | 1 250 | | | |
| 38 | 1 250 | | | |
| 33 | 1 150 | | | |
| 28 | 950 | | | |
| 23 | 850 | | | |

# 项目8
# 智能工厂的远程运维与故障诊断

## 项目目标

（1）了解深度学习的基本概念、机器学习与深度学习之间的关系与不同。

（2）了解工业互联网、边缘计算等概念。

（3）熟悉远程运维系统的设计方案及系统架构。

（4）掌握基于机器学习、深度学习的故障类型检测算法。

## 项目任务

国内葡萄酒厂工厂实现全程自动化生产，不可避免地会遇到机器设备出现故障的问题。本项目旨在通过机器学习算法预测设备故障类型，基于卷积神经网络检测故障类型，最终能通过建立模型正确分辨样本设备中的损坏位置，为服务地方产业和江苏省“智能化改造数字化升级”即智改数转提供技术支撑。

## 任务1 了解“十四五”相关政策中工业互联网以及深度学习的基本概念

### 1.1 任务目标

（1）了解“十四五”重点发展的工业互联网的概念、边缘计算的概念。

（2）熟知江苏省“智改数转”政策和智能工厂概念。

（3）了解深度学习的基本概念、机器学习和深度学习之间的关系与不同。

（4）熟悉远程运维系统的设计方案及系统架构。

### 1.2 任务内容

将机器学习和深度学习算法结合到远程运维系统中，设计一套国内葡萄酒厂的工业互联网远程运维系统，为江苏省“智改数转”提供技术支持。

### 1.3 任务步骤

#### 1. 江苏省“智改数转”战略

为深入实施制造强国、数字中国发展战略，江苏省人民政府办公厅2021年12月印发了《江苏省制造业智能化改造和数字化转型三年行动计划（2022—2024）》，强调加快推进数字产业化、产业数字化，深化实施先进制造业集群培育和产业强链行动计划，全面推动江苏省制造业智能化改造和数字化转型。

“智改数转”，在技术层面，它是制造业生产自动化后的新要求，是以“机器换人”为基础进一步推动数字车间、智能工厂建设，以“数据换脑”为出发点优化整合资源，重塑企业业务模式。随着全球新一轮产业链重构、国际分工格局重塑窗口期的到来，通过“智改数转”推动制造业高质量发展，帮助企业实现弯道超车，已经迫在眉睫。加速“智改数转”，才能赢得未来。要对标国际先进水平，打造一批龙头标杆企业，形成示范带动效应，打通产业链上下游，全面提升江苏省制造业的核心竞争力。

“智改数转”是顺应形势的战略之举，是产业发展的根本之策，也是企业转型的必由之路。高职学生和院校需要牢牢把握发展机遇，当好“智改数转”排头兵和技术支柱，服务好地方区域产业，做好教育链、产业链和科技链的三链融合，让江苏省制造业在高质量发展之路上行稳致远，创造更多辉煌。

### 2. 深度学习概念

深度学习与工业互联网

深度学习基于人工神经网络，是机器学习的一个分支。依据人脑中单个神经元结构，20 世纪 80 年代发明了感知机——神经元数据模型，将多个神经元组成简单的人工神经网络，人工神经网络解决问题的过程类似于人脑思考的过程，通过大量数据集训练之后的人工神经网络可以很好地完成分类、检测等任务。随着人工神经网络越来越复杂，隐藏层的深度越来越深，将这种神经网络称为深度学习网络。

深度学习的核心是特征学习，旨在通过分层网络获取分层次的特征信息，从而解决以往需要人工设计特征的重要难题。深度学习也是一个框架，包含多个重要算法：

- Convolutional Neural Networks（CNN），卷积神经网络。
- AutoEncoder，自动编码器。
- Sparse Coding，稀疏编码。
- Restricted Boltzmann Machine（RBM），限制波尔兹曼机。
- Deep Belief Networks（DBN），深信度网络。
- Recurrent Neural Network（RNN），多层反馈循环神经网络。

对于不同问题（图像、语音、文本），需要选用不同网络模型才能达到更好的效果。

### 3. 深度学习与机器学习的区别

深度学习与机器学习间是有区别的，深度学习是利用深度的神经网络将模型处理得更为复杂，从而使模型对数据的理解更加深入，见表 8-1-1。

**表 8-1-1　机器学习方法与深度学习方法对比**

| 机器学习 | 深度学习 |
| --- | --- |
| 训练数据集一般较小 | 数据集规模庞大 |
| 对计算机硬件要求不高 | 依赖高端硬件 |
| 将任务划分为子任务，单独执行 | 端到端解决问题 |

续表

| 机器学习 | 深度学习 |
| --- | --- |
| 训练时间短 | 训练时间长 |
| 预测时间可能比训练时间长 | 预测时间比训练时间短 |

总的来说，深度学习在处理大规模数据时有优势，因此在工业互联网领域得到越来越多的应用。

#### 4. 工业互联网

2021年3月12日，《“十四五”规划和2035年远景目标纲要》重磅发布，该文件三提“工业互联网”，为我国“十四五”期间工业互联网的发展指明了前进的方向，在工信部随后印发的《“十四五”信息化和工业化深度融合发展规划》《“十四五”软件和信息技术服务业发展规划》等系列“十四五”规划中，也对工业互联网、工业大数据、工业软件等产业未来五年发展做出明确部署。

工业互联网（Industrial Internet）是新一代信息通信技术与工业经济深度融合的新型基础设施、应用模式和工业生态，通过对人、机、物、系统等的全面连接，构建起覆盖全产业链、全价值链的全新制造和服务体系，为工业乃至产业数字化、网络化、智能化发展提供了实现途径，是第四次工业革命的重要基石。与传统工业制造业相比，工业互联网强调平台的作用，提供智能化生产、网络化协同、个性化定制、服务化延伸等创新应用。

（1）智能化数字工厂

智能化数字工厂是真正意义上将机器人、智能设备和信息技术三者在制造业完美融合，涵盖了制造的生产、质量、物联等环节，主要解决工厂、车间、生产线及产品的设计到制造实现的转化过程，如图8－1－1所示。

**图8－1－1　智能化数字工厂**

（2）边缘计算

边缘计算是一种致力于使计算尽可能靠近数据源，以减少延迟和带宽使用的网络理念。简而言之，边缘计算意味着在云端运行更少的进程，将这些进程移动到本地，例如用户的计算机、IoT 设备或边缘服务器。将计算放到网络边缘可以最大限度地减少客户端和服务器之间必须进行的长距离通信量，如图 8－1－2 所示。

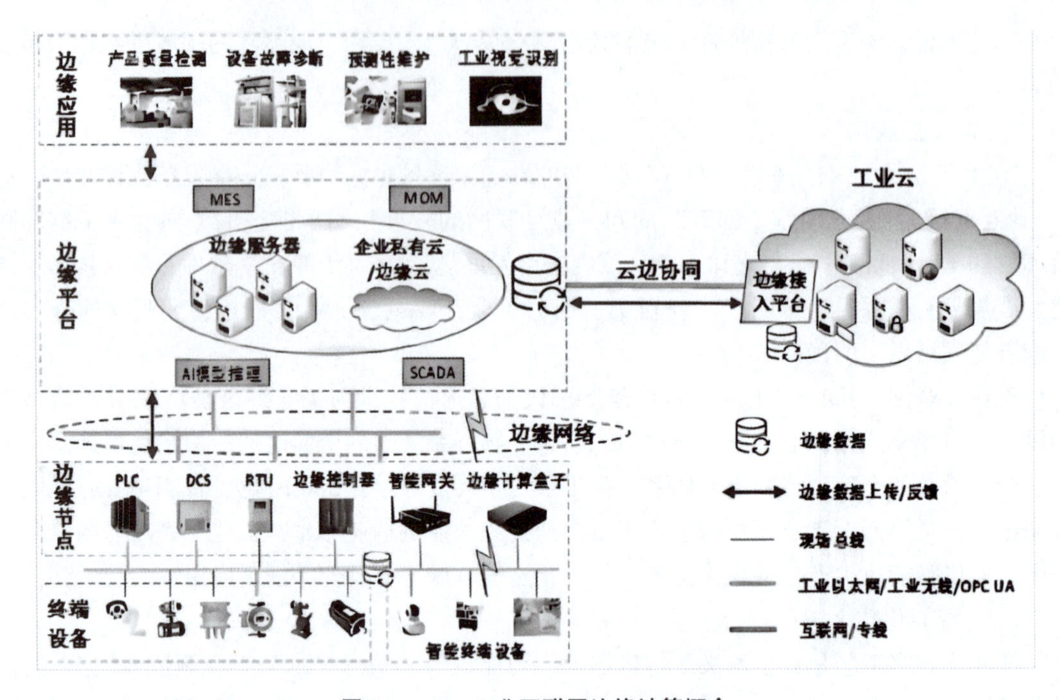


图 8－1－2　工业互联网边缘计算概念

在工业互联网应用中，边缘计算应用十分广泛，包括产品质量检测、设备故障诊断、预测性维护和工业视觉识别。工业相机等终端设备采集数据，边缘节点将数据上传到企业内边缘服务器，最终通过云边协同到达工业云平台。

下面将基于智能化数字工厂的特点，将机器学习和深度学习算法结合到远程运维系统中。

远程运维系统是工业互联网的重要组成部分，远程运维平台运用了各种新技术，物联网实现数据接入，云计算实现存储，大数据实现分析，人工智能实现状态检修与预警预报，如图 8－1－3 所示。通过采用工业互联网、大数据等技术对数控机床等精加工设备进行智能运维，做到统一管理所有设备运行数据，对设备进行实时监测与数据统计，有助于领导、专家、业务部门对现场设备的统一管理和维护指导，从而使得实施预测性维修成为可能。同时，基于 5G 等移动通信技术，使得为企业提供诊断服务的专家远在千里之外就可以“随时随地”掌握设备的运行状态，进而打破现有的以“事后服务，现场服务”为主的诊断服务模式，变被动服务为主动服务，实现对起重机的早期故障预警以及远程专家会诊点检，提高维修及服务效率，节约服务成本。

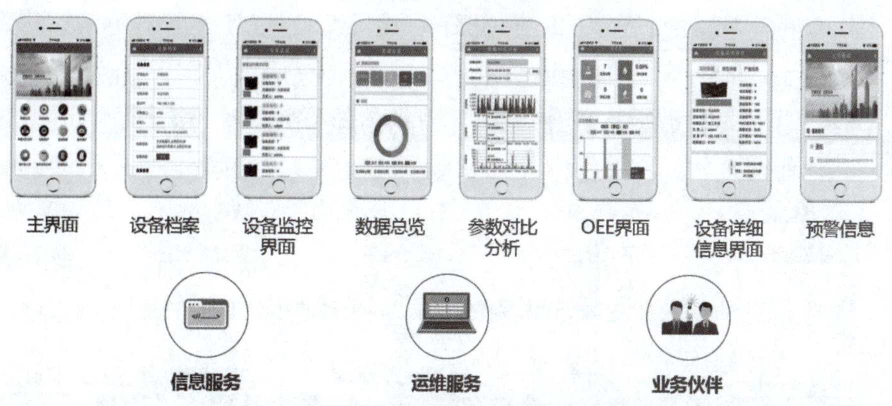


**图 8－1－3　远程运维系统移动端访问效果**

需求分析：制造工厂在生产的过程中，各个环节的设备都有可能出现故障。当遇到设备故障时，传统方法是人工排查，这要求运维人员必须对设备及生产过程有一定的经验。传统运维存在以下问题：

◇ 传统维护方式效率低：设备现场排障费时，重复出错严重，维护效率低。

◇ 专业维护工程师紧缺：资深工程师任务繁重，分身无术。

◇ 维护成本高：售后团队庞大，差旅频率高，成本居高不下。

◇ 设备运行状况无法一手掌握：需要设备的关键数据来指导维护和新产品研发。

远程运维系统的功能：

◇ 异常检测。

◇ 事件流处理。

◇ 分析运行环境。

◇ 故障告警。

首先要做的是归纳故障种类及故障产生因素。通过对各项运维数据的分析和提炼，归纳出在生产设备子系统中主要有三大类故障：伺服进给系统故障、主轴系统故障、自动换刀系统故障。产生这些故障的主要因素如图 8－1－4 所示。

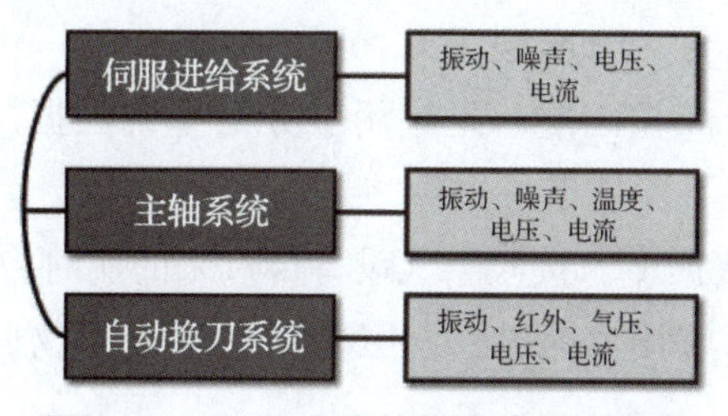


**图 8－1－4　三大类故障及其影响因素**

远程运维系统的设计方案及系统架构

（3）系统架构

远程运维系统采用五层工业互联网平台整体架构，采用移动端、Web 访问模式。物联网接入层、云资源层、PaaS 层是平台基础，智能化应用层是业务服务，协同层是客户和运维入口，如图 8 – 1 – 5 所示。

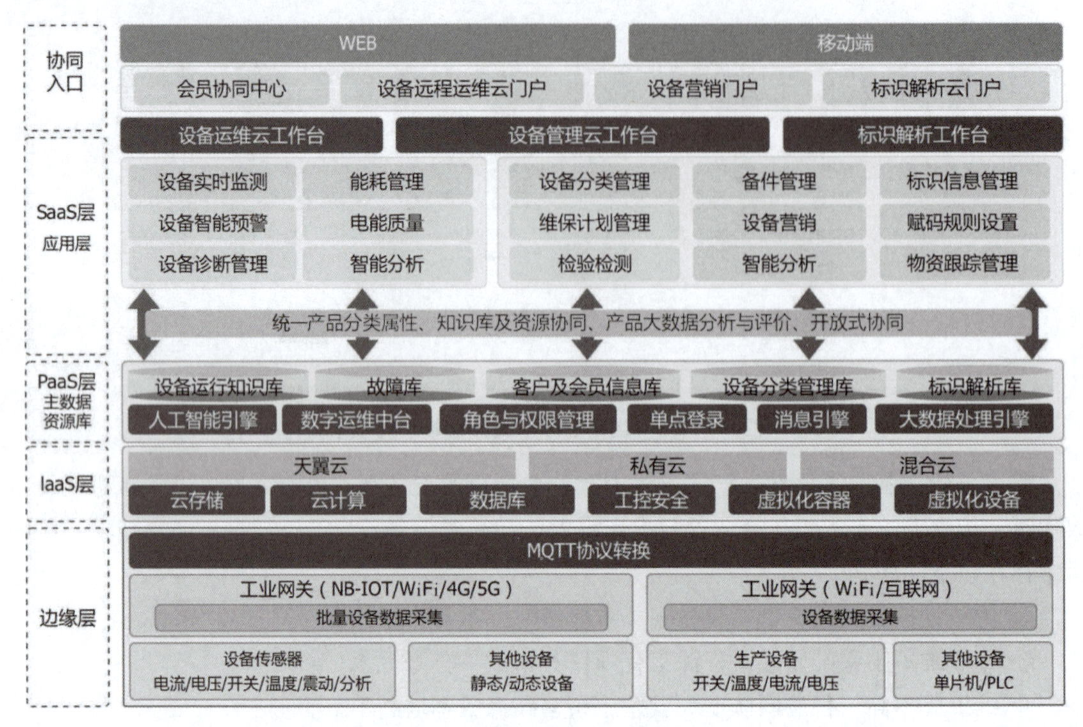


**图 8 – 1 – 5　远程运维系统系统架构图**

①物联网数据接入层。

边缘层主要为设备数据接入服务；通过工业物联网网关设备对现场的电气设备传感器、仪器仪表数据进行采集、存储运算，并上传至平台云端，可以通过互联网传输，也可通过 4G/5G/NB 传输。

②网络云资源层（IaaS 层）。

采用云网络资源技术，可以对每天的设备物联网大数据接收与存储无限弹性扩展，而传统服务器存储不能实现扩展。云资源层作为平台安全、存储等载体，满足未来 15 年物联网平台数据不断扩大。

③主数据、大数据服务层（PaaS 层）。

PaaS 平台层是整个平台的核心层，是应用服务的基础数据层或业务运维数字中台，主要功能有：

◇ 实时数据库和历史数据库：接收电气设备传过来的实时数据，采用实时数据库引擎，保障数据低延时，保障数据应用实时性；与云资源衔接处理物联网大数据，并存入历史数据库。

◇ 资源数据库及知识库：存储产品分类资源库、客户信息库、会员数据库、电气设备智能检修的知识库、故障库数据，满足会员服务和设备智能化应用的基础数据需求。

◇ 人工智能引擎：建立预警和维修机器学习模型。

◇ 大数据处理引擎：消息引擎，数据分析和智能预警、会员协同服务的基础数据源。

◇ 运维运营服务：包括数据维护管理、设备接入管理、数据备份管理、会员管理、营销管理等。

④智能化应用层（SaaS 层）。

数字化、智能应用服务根据企业需求不断扩展应用功能，包括设备实时监测、智能化故障预警、智能化检修提醒、设备智能化预警、电能管理、设备分类管理、维修计划管理、产品营销、智能报表、智能分析等。

⑤客户协同入口层。

协同层包括移动端、Web 访问协同模式：会员协同中心，实现客户及会员注册、信息管理、服务申请、业务管理等功能；设备远程运维云门户，实现产品使用客户的入口；综合管理门户，完成电气运维管理协同。

下面将介绍在远程运维系统中机器学习与深度学习技术的应用。

## 任务2　红酒生产设备故障类型预测

学会初步分析故障

### 2.1　任务目标

（1）载入故障数据集并学会初步分析故障。

（2）使用3种不同算法训练，并通过评估结果选择最优算法。

### 2.2　任务内容

数控机床即数字控制机床（Computer Numerical Control Machine Tools），简称 CNC 设备，它是整个智能数字工厂中重要的制造设备，需要通过远程运维来避免某些突然的故障。红酒生产设备 CNC 里的轴承的损坏是由磨损、腐蚀、密封损坏等原因造成的，与实际设备生产厂商给出的使用寿命有差异，需要对轴承的相关数据进行监控，在其发生故障之前发出预警，及时进行维修或更换。

### 2.3　任务函数

Sklearn 库、NumPy 库、Pandas 库、Seaborn 库、Matplotlib 库、Warnings 库。

### 2.4　任务步骤

#### 1. 了解设备损坏的原因和过程并设计算法流程

轴承是制造类机械中最常见的一种零件，它的主要功能是支撑机械旋转体，降低其运动过程中的摩擦系数（friction coefficient），并保证其回转精度（accuracy）。在一般情况下，影响轴承工作情况的参数有两个：寿命和转动负载。

其中，寿命是指转数（或以一定转速下工作的小时数）。在此寿命内的轴承，应在其任何轴承圈或滚动体上发生初步疲劳损坏（剥落或缺损）。然而，无论在实验室试验或在实际使用中，都可以明显地看到，在同样的工作条件下，外观相同的轴承，实际寿命大不相同。轴承在损坏之前可达到的实际寿命通常并非由疲劳所致，而是由磨损、腐蚀、密封损坏等原因造成的，如图 8－2－1 所示。对于远程运维系统来说，需要对轴承的相关数据进行监控，在其发生故障之前发出预警，及时进行维修或更换。

图 8－2－1　轴承表面磨损示意图

整个项目实战的流程如图 8－2－2 所示，分为载入数据集、数据分析、数据预处理、建立模型、参数优化和预测 6 个步骤。

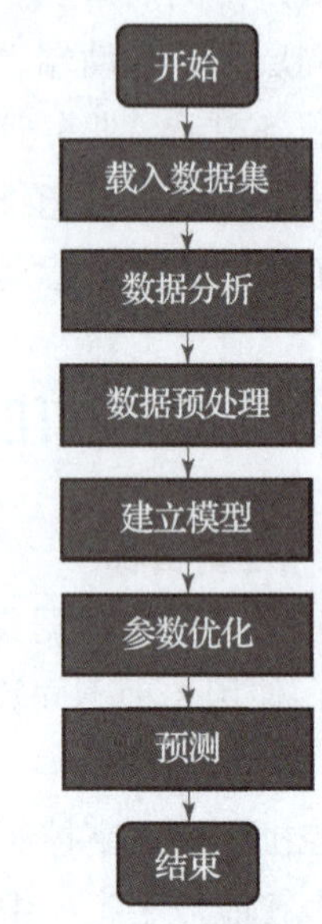


图 8－2－2　故障类型预测算法流程

### 2. 载入并预览数据集

云端数据采集来源于边缘设备，主要有 CNC 控制器、伺服进给故障诊断数据采集器、换刀故障诊断数据采集器、主轴故障诊断数据采集器。这些采集器采集图片、传感器等数据上传到云端。云平台首先要对数据进行预处理，提取有用信息，再对这些信息进行特征提取并建立模型。本实战项目使用的是真实的轴承运维数据集，该数据集包含10 000条设备监控数据，每个数据有 8 个特征值和 2 个目标类别。

下面载入这个数据集，通过预览对数据有初步的印象，输入代码如下：

```
# 导入库文件
from sklearn import datasets, linear_model
from sklearn.model_selection import cross_validate
# from sklearn.metrics.scorer import make_scorer
from sklearn.metrics import confusion_matrix
from sklearn.svm import LinearSVC
import numpy as np
from sklearn.metrics import accuracy_score
from sklearn.metrics import classification_report
from sklearn.model_selection import train_test_split
from sklearn.svm import SVC
from sklearn.naive_bayes import GaussianNB as GNB
from sklearn.ensemble import RandomForestClassifier as RF
import pandas as pd
from sklearn.preprocessing import MinMaxScaler
```

```
from sklearn.decomposition import PCA
import seaborn as sns
# import plotly as py
import matplotlib.pyplot as plt
# import plotly.graph_objs as go
import warnings
warnings.filterwarnings("ignore")
from sklearn.linear_model import LogisticRegression as LR
from sklearn.tree import DecisionTreeClassifier as DTC
from sklearn.metrics import accuracy_score
from sklearn.neighbors import KNeighborsClassifier as KNC
from sklearn.ensemble import RandomForestClassifier as RF
from sklearn import preprocessing
from sklearn.preprocessing import StandardScaler
from sklearn.model_selection import GridSearchCV
# 导入数据集
df = pd.read_csv("./predictive_maintenance.csv", sep = ",", skipinitialspace = True)
# 打印数据集表头属性名称
df.head()
```

运行结果如图 8-2-3 所示。

| | UDI | Product ID | Type | Air temperature [K] | Process temperature [K] | Rotational speed [rpm] | Torque [Nm] | Tool wear [min] | Target | Failure Type |
|---|---|---|---|---|---|---|---|---|---|---|
| 0 | 1 | M14860 | M | 298.1 | 308.6 | 1551 | 42.8 | 0 | 0 | No Failure |
| 1 | 2 | L47181 | L | 298.2 | 308.7 | 1408 | 46.3 | 3 | 0 | No Failure |
| 2 | 3 | L47182 | L | 298.1 | 308.5 | 1498 | 49.4 | 5 | 0 | No Failure |
| 3 | 4 | L47183 | L | 298.2 | 308.6 | 1433 | 39.5 | 7 | 0 | No Failure |
| 4 | 5 | L47184 | L | 298.2 | 308.7 | 1408 | 40.0 | 9 | 0 | No Failure |

**图 8-2-3　轴承数据集中的特征名称与分类**

每个样本数据有 9 个数值，其中有 8 个特征值：

- UDI：样本编号，从 1 到 10 000，数据集一共有 10 000 个样本。
- Product ID：产品型号。
- Type：产品类型，分为高、中、低 3 类，分别是 L（50%）、M（30%）、H（20%）。
- Air temperature [K]：环境温度系数。
- Process temperature [K]：工作温度系数。
- Rotational speed [rpm]：转速。
- Torque [Nm]：扭矩。
- Tool wear：磨损程度。

每个样本数据有两个标签：一个是 Target，表示是否发生故障；一个是 Failure Type，表示故障的类型。类型如下：

- No Failure：没有出现故障。
- Power Failure：电源故障。
- Tool Wear Failure：磨损故障。
- Overstrain Failure：过载故障。
- Random Failures：随机故障。
- Heat Dissipation Failure：散热故障。

接下来检查数据集中是否存在缺失，Pandas 采用 NaN 表示缺失数据，使用 isnull( ) 函数就可以进行判断。如果有缺失，可以采用 dropna( ) 函数进行删除或者用 fillna( ) 函数进行填充。显示缺失值的位置代码如下：

```
# 检查是否有缺失值
df[df.isnull().values == True]
```

运行结果如图 8－2－4 所示，该数据集不存在缺失值的情况。

| UDI | Product ID | Type | Air temperature [K] | Process temperature [K] | Rotational speed [rpm] | Torque [Nm] | Tool wear [min] | Target | Failure Type |
|---|---|---|---|---|---|---|---|---|---|

**图 8－2－4　运维数据集的缺失值情况**

数据集中每个样本包含 8 个特征属性，首先观察每个变量的分布情况，然后筛选出与目标类别关联性明显的特征属性，删除与目标变量不相关的特征属性，这样才能有效提高算法的效果和性能。

首先对数据集进行简单的数学统计，主要统计以下信息：

①count = 样本数量。

②mean = 属性的平均值。

③std = 属性的标准差。

④min = 属性的最小值。

⑤25% = 属性位于 0～25% 区间内的个数。

⑥50% = 属性位于 26%～50% 区间内的个数。

⑦75% = 属性位于 51%～100% 区间内的个数。

⑧max = 属性的最大值。

代码如下：

```
# 打印数据集的统计信息
df.describe()
```

运行结果如图 8－2－5 所示。

| | UDI | Air temperature [K] | Process temperature [K] | Rotational speed [rpm] | Torque [Nm] | Tool wear [min] | Target |
|---|---|---|---|---|---|---|---|
| count | 10000.00000 | 10000.000000 | 10000.000000 | 10000.000000 | 10000.000000 | 10000.000000 | 10000.000000 |
| mean | 5000.50000 | 300.004930 | 310.005560 | 1538.776100 | 39.986910 | 107.951000 | 0.033900 |
| std | 2886.89568 | 2.000259 | 1.483734 | 179.284096 | 9.968934 | 63.654147 | 0.180981 |
| min | 1.00000 | 295.300000 | 305.700000 | 1168.000000 | 3.800000 | 0.000000 | 0.000000 |
| 25% | 2500.75000 | 298.300000 | 308.800000 | 1423.000000 | 33.200000 | 53.000000 | 0.000000 |
| 50% | 5000.50000 | 300.100000 | 310.100000 | 1503.000000 | 40.100000 | 108.000000 | 0.000000 |
| 75% | 7500.25000 | 301.500000 | 311.100000 | 1612.000000 | 46.800000 | 162.000000 | 0.000000 |
| max | 10000.00000 | 304.500000 | 313.800000 | 2886.000000 | 76.600000 | 253.000000 | 1.000000 |

**图8-2-5　运维数据集统计信息**

统计故障类型，代码如下：

```
# 统计数据集中每种 Failure Type 的个数
fig = px.pie(df, title    = 'Failure Types', values = 'UDI', names    = 'Failure Type')
fig.show()
```

运行结果如图8-2-6所示。

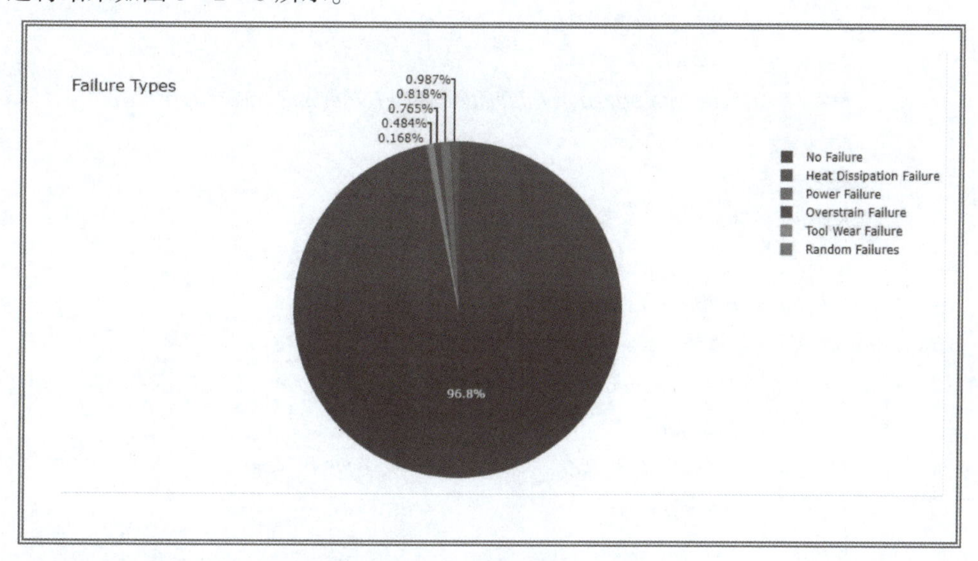


**图8-2-6　故障类型占比情况**

可以看出数据集高度不平衡，其中，无故障的占比高达到96.8%，而其他5种故障类型的占比只有3.2%。接下来绘制特征属性与目标类别的箱线图，即环境温度、工艺温度、转速、扭矩及刀具磨损这些特征值与故障类型的关系箱线图，通过可视化方式展示它们之间的关联性，代码如下：

```
# 环境温度与是否故障/故障类别的关联度
fig = px.box(df,
             y       =  "Air temperature [K]",
             x       =  "Target",
             title   =  "Air Temperature relation with Target and Failure Type",
             color   =  "Failure Type",
             width   =  800,
```

```
                height =   400)
fig.show()
# Process Tempearture relation with Target/Failure Type
fig = px.box(df,
                y          =   "Process temperature [K]",
                x          =   "Target",
                title    =   "Process Tempearture relation with Target and Failure Type",
                color    =   "Failure Type",
                width    =   800,
                height =   400)
fig.show()
# Rotational speed [rpm] relation with Target/Failure Type
fig = px.box(df,
                y          =   "Air temperature [K]",
                x          =   "Target",
                title    =   "Rotational speed [rpm] relation with Target and Failure Type",
                color    =   "Failure Type",
                width    =   800,
                height =   400)
fig.show()
# Torque [Nm] relation with Target/Failure Type
fig = px.box(df,
                y          =   "Torque [Nm]",
                x          =   "Target",
                title    =   "Torque [Nm] relation with Target and Failure Type",
                color    =   "Failure Type",
                width    =   800,
                height =   400)
fig.show()
# Tool wear [min] relation with Target/Failure Type
fig = px.box(df,
                y          =   "Tool wear [min]",
                x          =   "Target",
                title    =   "Tool wear [min] relation with Target and Failure Type",
                color    =   "Failure Type",
                width    =   800,
                height =   400)
fig.show()
```

运行结果如图8－2－7～图8－2－11所示。

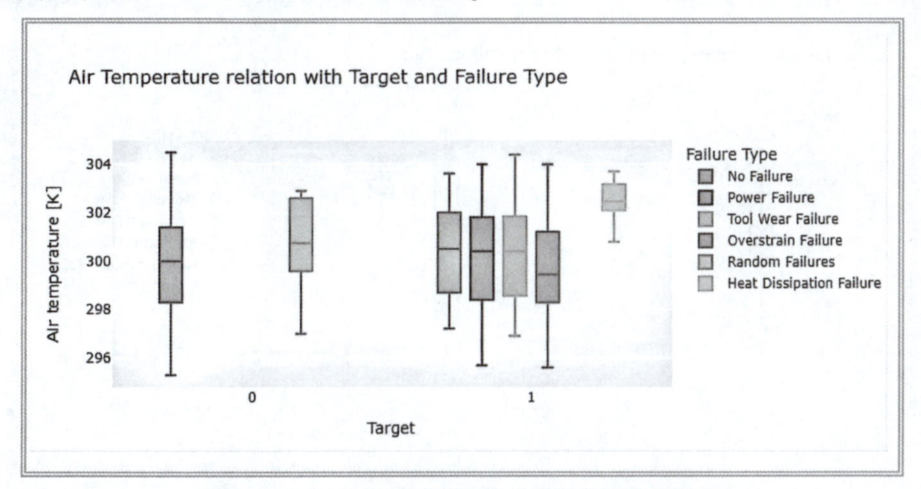


**图8－2－7　环境温度特征值与故障类型的箱线图**

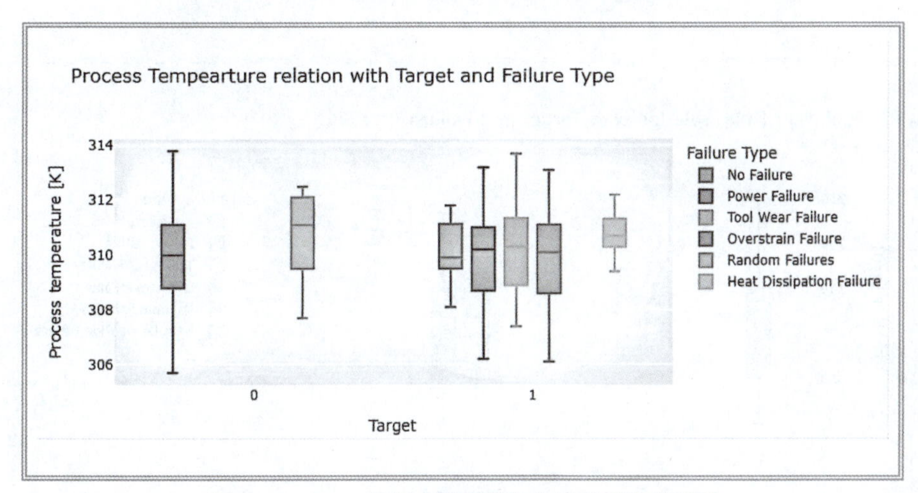


**图8－2－8　工艺温度特征值与故障类型的箱线图**

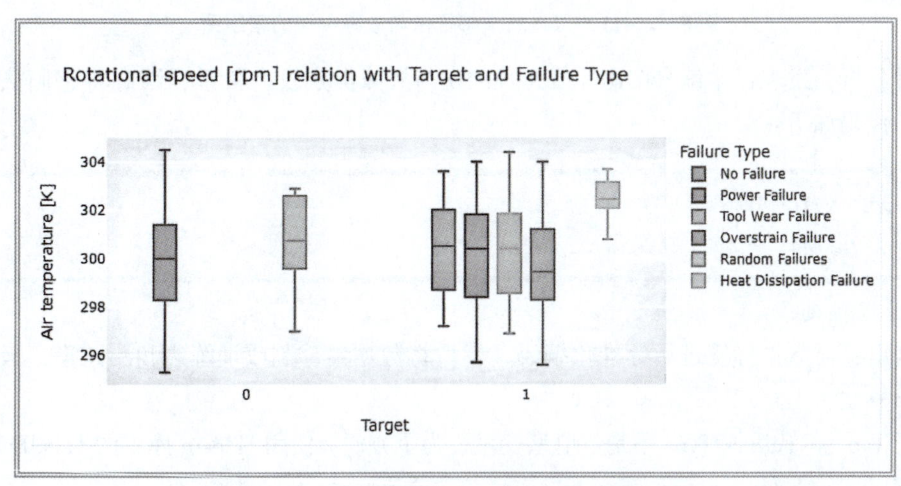


**图8－2－9　转速特征值与故障类型的箱线图**

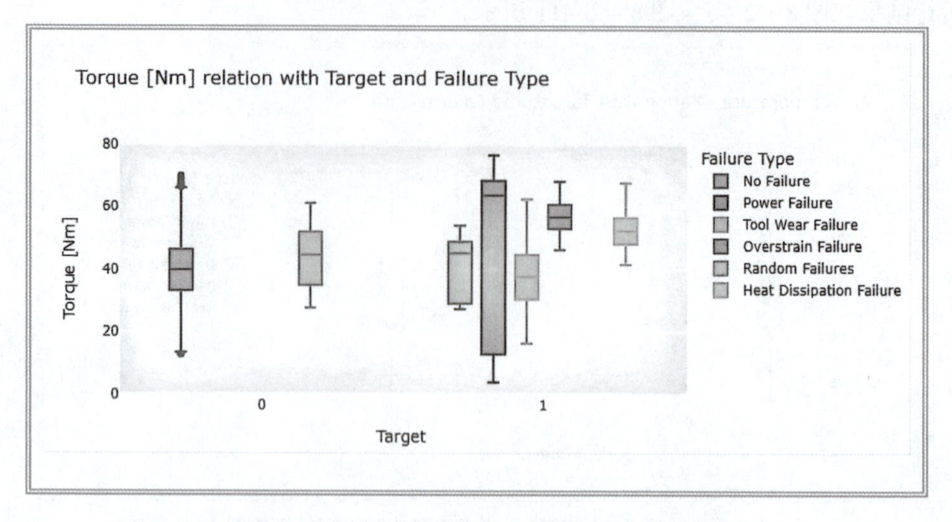


图 8－2－10　扭矩特征值与故障类型的箱线图

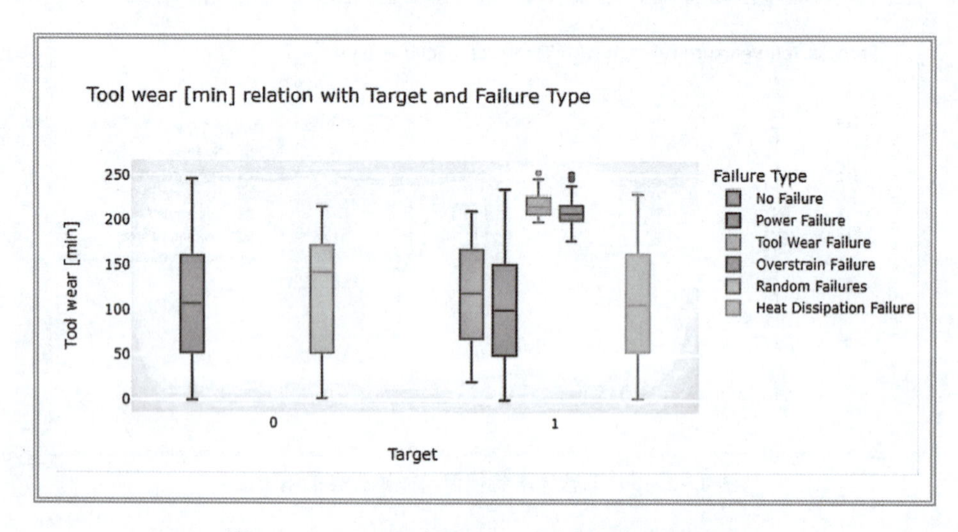


图 8－2－11　刀具磨损特征值与故障类型的箱线图

通过分析，发现样本编号 UDI 和 Project ID 与故障类别没有关系，因此将它们从数据集中剔除，代码如下：

```
# 去掉无关的特征属性
df = df.drop(["UDI","Product ID"],axis = 1)
```

### 3. 数据预处理

在这里要对数据标签进行标准化编码，然后将数据集分割成训练集和测试集，最后对数据进行归一化。

由于 Type 和 Failure Type 不是数值型变量，为了方便，使用 Sklearn 库中的 LabelEncoder( ) 函数给它们统一编码。

```
# 将 Type、Failure Type 特征值转换成字符串型
df["Type"] = df["Type"].astype("str")
df["Failure Type"] = df["Failure Type"].astype("str")
# 标准化标签
number = preprocessing.LabelEncoder()
# 再将 Type、Failure Type 特征值转换成整型
df["Type"] = number.fit_transform(df["Type"])
df["Failure Type"] = number.fit_transform(df["Failure Type"])
分割数据集
将数据集分为训练集和测试集，比例为 8∶2。
# X 为特征值
X = df.iloc[:, :-2].values
# y 为 Target 是否故障和 Failure Type 故障类型标签
y = df.loc[:,['Target','Failure Type']].values
X_train, X_test, y_train, y_test = train_test_split(X, y, random_state = 0, test_size = 0.2)
数据归一化
为了提高精度，我们对特征值 X 进行归一化处理。
# 数据归一化
scaler = StandardScaler()
X_train_sc = scaler.fit_transform(X_train)
X_test_sc = scaler.transform(X_test)
```

### 4. 模型训练

结合前面的学习内容，对分类任务有不同的算法：支持向量机、随机森林、决策树和 K 最近邻。因此，为了更好地得到最优的分类器，下面将使用不同的算法进行训练，通过评估结果来选择最优的算法。

选择最优故障预测算法（一）

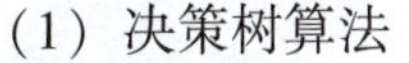

（1）决策树算法

代码如下：

```
from sklearn.tree import DecisionTreeClassifier
from sklearn.multioutput import MultiOutputClassifier
# 决策树
DTC = DecisionTreeClassifier()
DTC_clf = MultiOutputClassifier(estimator=DTC)
# 拟合数据
DTC_clf.fit(X_train_sc, y_train)
# 训练分数
print("DecisionTreeClassifier Training Accuracy: ", DTC_clf.score(X_train_sc, y_train) * 100, "%")
```

运行结果如图 8-2-12 所示。

```
DecisionTreeClassifier Training Accuracy:  100.0 %
```

图 8-2-12　决策树算法的训练准确率

由图 8-2-12 可知，使用决策树拟合训练集的准确率为 100%。使用这个模型在测试集上进行测试，代码如下：

```
# 使用决策树模型预测
y_pred_DTC   = DTC_clf.predict(X_test_sc)
# 模型评价
print("Test Accuracy (Target) : ",accuracy_score(y_test[:,0], y_pred_DTC[:,0])*100,"%")
print("Test Precision (Target) : ",precision_score(y_test[:,0], y_pred_DTC[:,0])*100,"%")
print("Test Recall (Target) : ",recall_score(y_test[:,0], y_pred_DTC[:,0])*100,"%")
print("Test Accuracy (Failure Type) : ",accuracy_score(y_test[:,1], y_pred_DTC[:,1])*100,"%")
```

运行结果如图 8-2-13 所示，可得测试集精确度、准确度、召回率及测试精度（故障类型）。

```
Test Accuracy (Target)   :  97.2 %

Test Precision (Target)   :  60.91954022988506 %

Test Recall (Target)    :  70.66666666666667 %

Test Accuracy (Failure Type) :  97.75 %
```

图 8-2-13　决策树算法的测试集精确度、准确度等结果

在训练集上，判别故障的准确度为 97.2%，精确度为 60.92%，召回率为 70.67%。故障类别的准确度为 97.75%。下面绘制出判别故障/故障类型的混淆矩阵，通过混淆矩阵可以清楚地看出预测结果。代码如下：

```
# 判别故障混淆矩阵
cm = confusion_matrix(y_test[:,0], y_pred_DTC[:,0])
disp = ConfusionMatrixDisplay(confusion_matrix=cm, display_labels = ['No Fail', 'Fail'])
fig, ax = plt.subplots(figsize = (5,5))
disp.plot(cmap = plt.cm.Blues, ax = ax)
# 故障类型混淆矩阵
cm = confusion_matrix(y_test[:,1], y_pred_DTC[:,1])
disp = ConfusionMatrixDisplay(confusion_matrix = cm, display_labels = ['Heat Dissipation Failure','No Failure','Overstrain Failure','Power Failure','Random Failures','Tool Wear Failure'])
fig, ax = plt.subplots(figsize = (15,10))
disp.plot(cmap = plt.cm.Blues, ax = ax)
```

运行结果如图 8-2-14 所示。在判别故障的测试中，无故障有 34 个预测错误，有故障有 22 个预测错误；而在故障类型测试中，一共有 21 个预测错误。类似的故障类型预测混淆矩阵如图 8-2-15 所示。

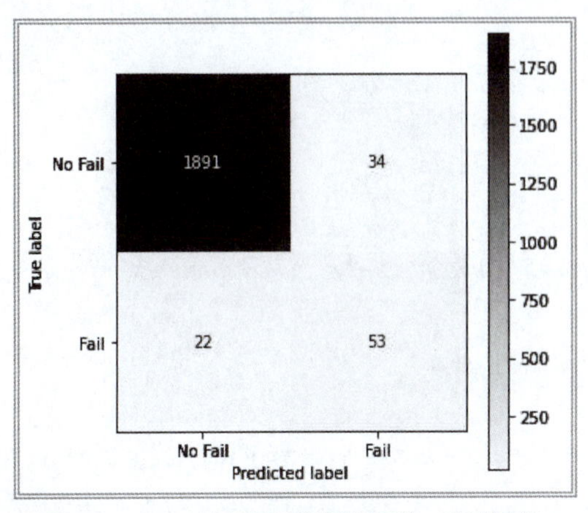


图 8-2-14 判别故障混淆矩阵（决策树）

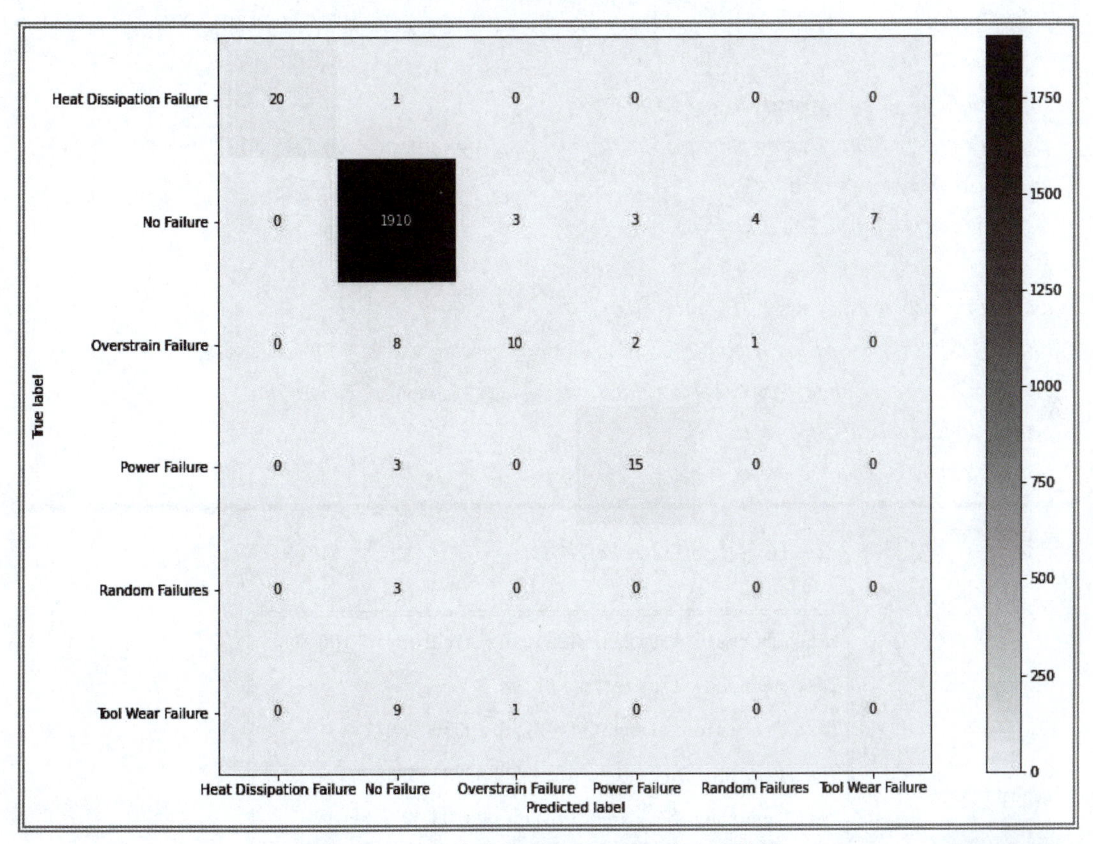


图 8-2-15 故障类型预测混淆矩阵（决策树）

（2）随机森林算法

代码如下：

选择最优故障预测算法（二）

```
from sklearn.ensemble import RandomForestClassifier
# 随机森林
RFC = RandomForestClassifier()
RFC_clf = MultiOutputClassifier(estimator=RFC)
# 拟合训练集
RFC_clf.fit(X_train_sc, y_train)
# 训练分数
print("RandomForestClassifier Training Accuracy: ", RFC_clf.score(X_train_sc, y_train) * 100, "%")
# 使用决策树模型预测
y_pred_RFC    = RFC_clf.predict(X_test_sc)
# 模型评价
print("Test Accuracy (Target)          : ",accuracy_score(y_test[:,0], y_pred_RFC[:,0])*100,"%")
print("Test Precision (Target)         : ",precision_score(y_test[:,0], y_pred_RFC[:,0])*100,"%")
print("Test Recall (Target)            : ",recall_score(y_test[:,0], y_pred_RFC[:,0])*100,"%")
print("Test Accuracy (Failure Type) : ",accuracy_score(y_test[:,1], y_pred_RFC[:,1])*100,"%")
# 混淆矩阵
cm = confusion_matrix(y_test[:,0], y_pred_RFC[:,0])
disp = ConfusionMatrixDisplay(confusion_matrix=cm, display_labels = ['No Fail', 'Fail'])
fig, ax = plt.subplots(figsize = (5,5))
disp.plot(cmap = plt.cm.Blues, ax = ax)
#
cm = confusion_matrix(y_test[:,1], y_pred_RFC[:,1])
disp = ConfusionMatrixDisplay(confusion_matrix = cm, display_labels = ['Heat Dissipation Failure','No Failure','Overstrain Failure','Power Failure','Random Failures','Tool Wear Failure'])
fig, ax = plt.subplots(figsize = (15,10))
disp.plot(cmap = plt.cm.Blues, ax = ax)
```

运行结果如图 8-2-16～图 8-2-18 所示。

```
RandomForestClassifier Training Accuracy:  100.0 %
Test Accuracy (Target):  97.95 %
Test Precision (Target):  82.6923076923077 %
Test Recall (Target):  57.333333333333336 %
Test Accuracy (Failure Type):  98.05 %
```

图 8-2-16　随机森林算法的测试集准确度、精确度等结果

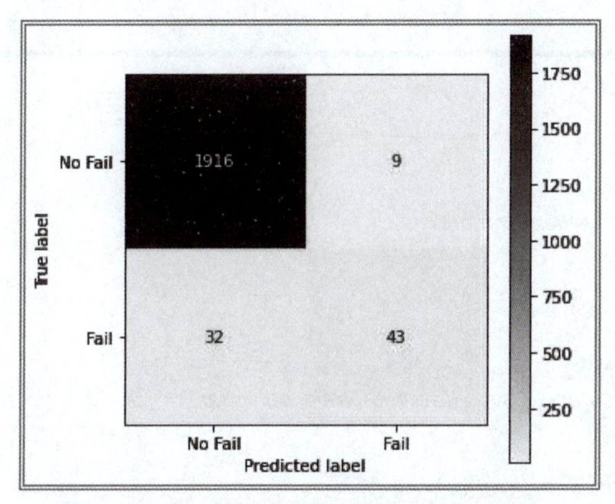


图8-2-17　判别故障混淆矩阵（随机森林）

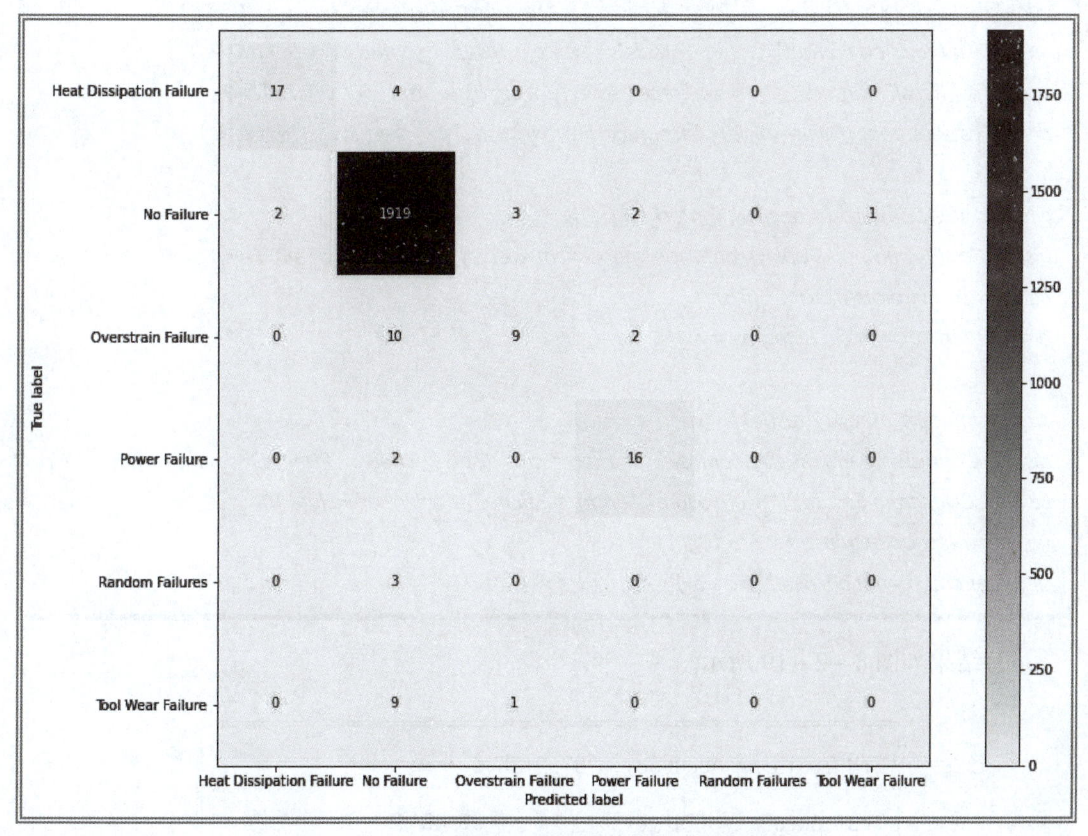


图8-2-18　故障类型预测混淆矩阵（随机森林）

判别故障混淆矩阵和故障类型预测混淆矩阵如图8-2-17和图8-2-18所示，随机森林算法在训练集上判别故障的准确度为97.95%，精确度为82.69%，召回率为57.33%。故障类别的准确度为98.05%。

（3）支持向量机

代码如下：

```
from sklearn.svm import SVC
# 支持向量机
svc = SVC()
svc_clf = MultiOutputClassifier(estimator=svc)
# 拟合训练集
svc_clf.fit(X_train_sc, y_train)
# 训练分数
print("SVM Training Accuracy: ", svc_clf.score(X_train_sc, y_train) * 100, "%")
# 使用决策树模型预测
y_pred_svc    = svc_clf.predict(X_test_sc)
# 模型评价
print("Test Accuracy (Target)             : ",accuracy_score(y_test[:,0], y_pred_svc[:,0])*100,"%")
print("Test Precision (Target)            : ",precision_score(y_test[:,0], y_pred_svc[:,0])*100,"%")
print("Test Recall (Target)               : ",recall_score(y_test[:,0], y_pred_svc[:,0])*100,"%")
print("Test Accuracy (Failure Type) : ",accuracy_score(y_test[:,1], y_pred_svc[:,1])*100,"%")
# 混淆矩阵
cm = confusion_matrix(y_test[:,0], y_pred_svc[:,0])
disp = ConfusionMatrixDisplay(confusion_matrix=cm, display_labels = ['No Fail', 'Fail'])
fig, ax = plt.subplots(figsize = (5,5))
disp.plot(cmap = plt.cm.Blues, ax = ax)
#
cm = confusion_matrix(y_test[:,1], y_pred_svc[:,1])
disp = ConfusionMatrixDisplay(confusion_matrix = cm, display_labels = ['Heat Dissipation Failure','No Failure','Overstrain Failure','Power Failure','Random Failures','Tool Wear Failure'])
fig, ax = plt.subplots(figsize = (15,10))
disp.plot(cmap = plt.cm.Blues, ax = ax)
```

运行结果如图 8-2-19 所示。

```
SVM Training Accuracy:  97.2125 %
Test Accuracy (Target)          :  97.05 %
Test Precision (Target)         :  86.36363636363636 %
Test Recall (Target)            :  25.333333333333336 %
Test Accuracy (Failure Type) :  97.05 %
```

**图 8-2-19 支持向量机算法的测试集准确度、精确度等结果**

支持向量机算法在训练集上判别故障的准确度为97.05%，精确度为86.36%，召回率为25.33%。故障类别的准确度为97.05%。

### 5. 结果比较

在机器学习中，评价模型好坏使用到3个指标：准确度、精确度和召回率。

①准确度：预测正确的样本数占总样本的比例。但是该数据集样本分布数量很不均衡时，准确度就不能很好地反映模型的性能了。比如，总样本中负样本占95%，那么即使模型将所有样本都预测成负样本，准确度还是可以高达95%。

②精确度：模型预测的前 $N$ 个正样本预测正确的比例。

③召回率：模型预测的前 $N$ 个正样本中预测正确的样本数占总的正样本数的比例。

将3种算法的结果进行对比，如图8-2-20所示。由于数据不平衡，因此3种算法的准确度都很高。但是在精确度和召回率方面，算法的性能差异比较明显。支持向量机算法的精确度最高，但是召回率很低。综合3种算法，在不对原始数据进行平衡性处理的基础上，随机森林算法的性能比较好。

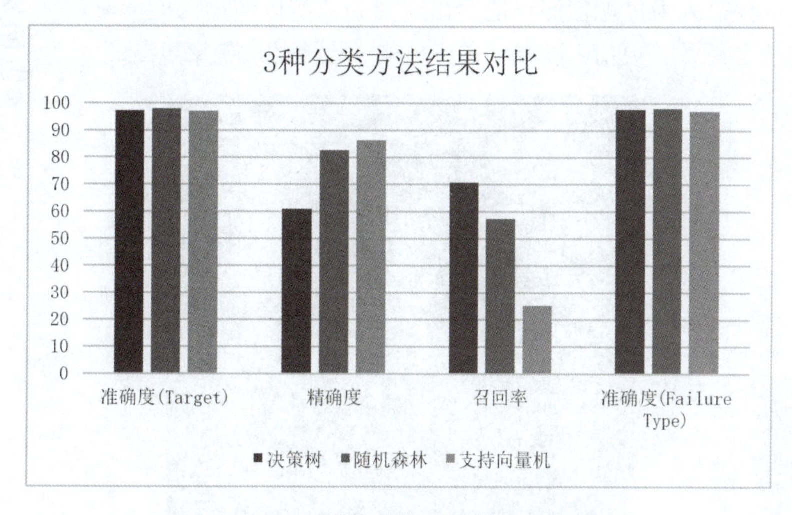


**图8-2-20　3种分类算法预测故障结果对比**

## 任务3　基于卷积神经网络的红酒生产设备钢面缺陷检测

### 3.1　任务目标

（1）了解卷积神经网络的概念。

（2）载入钢面缺陷数据集并分析。

（3）学习安装百度PaddleX并使用这个工具进行模型训练。

### 3.2　任务内容

基于深度学习对红酒生产设备里的钢面进行检测，输入内容是真实图片，模仿人脑视觉检测，使用百度Paddle框架进行模型训练，最终完成模型部署，实现对故障类型的检测。

### 3.3 任务函数

Sklearn 库、NumPy 库、Pandas 库、Seaborn 库、Matplotlib 库、Warnings 库。

### 3.4 任务步骤

葡萄酒的酿酒设备是为工艺服务的，任何工艺的实现过程都离不开设备。葡萄酒的酿酒数控设备主要包括：除梗破碎机、压榨机、输料泵及管道、过滤机、发酵罐、贮酒罐（池）、贮酒桶、全套包装设备等。因此，每一种设备的材料、性能及型号对葡萄酒的质量均有不同程度的影响。

若是在酿制过程中葡萄酒的不锈钢设备产生了缺陷，酒中就会溶解很多的二价铁离子，与空气接触之后，会氧化成三价铁，使葡萄酒变色，变浑浊，对葡萄酒的质量造成了严重的威胁。因此，需要一种人工智能的算法来随时检测设备的缺陷，避免造成过大的损失。

#### 1. 了解实际项目需求，理解什么是卷积神经网络

设备钢面的损坏是无法避免的，但是损坏的原因和损坏的部位有多种（图 8-3-1），仅靠人为目视检测可能会出现遗漏，所以使用深度学习算法，通过输入真实图片，模仿人脑视觉进行检测，检测的准确率更高。

卷积神经网络的概念与数据集分析

图 8-3-1　钢面上的不同故障类型

受 Hubel 和 Wiesel 对猫视觉皮层电生理研究启发，有人提出卷积神经网络（CNN），Yann Lecun 最早将 CNN 用于手写数字识别并一直保持了其在该问题上的霸主地位。近年来卷积神经网络在多个方向持续发力，在语音识别、人脸识别、通用物体识别、运动分析、自然语言处理甚至脑电波分析方面均有突破。

基础的 CNN 由卷积（convolution）、激活（activation）、池化（pooling）组成。CNN 输出的结果是每幅图像的特定特征空间。当处理图像分类任务时，会把 CNN 输出的特征空间作为全连接层或全连接神经网络（fully connected neural network，FCN）的输入，用全连接层来完成从输入图像到标签集的映射，即分类。图 8-3-2 所示是 LeNet-5 的卷积神经网络结构。

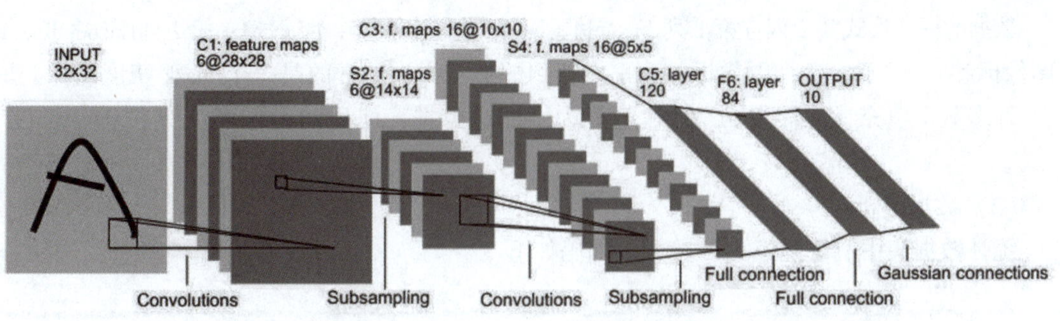


图 8-3-2　LeNet-5 卷积神经网络

## 2. 数据集分析

数据集文件夹如图 8-3-3 所示，分别表示如下含义。

test_images：测试数据集。

train_images：训练数据集。

sample_submission. csv：上传文件的样例，每个 ImageID 要有 4 行，每一行对应一类缺陷。

train. csv：故障缺陷类型标注文件，共有 4 类缺陷，对应 ClassID = [1,2,3,4]。

| 名称 | 修改日期 | 类型 | 大小 |
|---|---|---|---|
| test_images | 2022/1/16 14:50 | 文件夹 | |
| train_images | 2022/1/16 14:50 | 文件夹 | |
| sample_submission.csv | 2019/7/18 1:28 | Microsoft Excel ... | 141 KB |
| train.csv | 2019/7/18 1:28 | Microsoft Excel ... | 18,082 KB |

图 8-3-3　数据集文件目录

(1) 载入数据集

数据集预览代码如下：

```
import pandas as pd
from collections import defaultdict
train_df = pd.read_csv('E:/severstal-steel-de/train.csv')
sample_df = pd.read_csv('E:/severstal-steel-de/sample_submission.csv')
train_df.head()
```

结果如图 8-3-4 所示。

| | ImageId_ClassId | EncodedPixels |
|---|---|---|
| 0 | 0002cc93b.jpg_1 | 29102 12 29346 24 29602 24 29858 24 30114 24 3... |
| 1 | 0002cc93b.jpg_2 | NaN |
| 2 | 0002cc93b.jpg_3 | NaN |
| 3 | 0002cc93b.jpg_4 | NaN |
| 4 | 00031f466.jpg_1 | NaN |

图 8-3-4　数据集预览

数据的标注形式共2列：第1列 ImageId_ClassId（图片编号+类编号）；第2列EncodedPixels（图像标签）。注意，这个图像标签和平常遇到的不一样，平常的是一个 mask 灰度图像，里面有许多数字填充，背景为0，但是这里为了缩小数据，使用的是像素“列位置－长度”格式。

（2）数据分析

统计数据集中有缺陷钢面的数量，代码如下：

```
class_dict = defaultdict(int)
kind_class_dict = defaultdict(int)
no_defects_num = 0
defects_num = 0
for col in range(0, len(train_df), 4):
    img_names = [str(i).split("_")[0] for i in train_df.iloc[col:col+4, 0].values]
    if not (img_names[0] == img_names[1] == img_names[2] == img_names[3]):
        raise ValueError
    labels = train_df.iloc[col:col+4, 1]
    if labels.isna().all():
        no_defects_num += 1
    else:
        defects_num += 1
    kind_class_dict[sum(labels.isna().values == False)] += 1
    for idx, label in enumerate(labels.isna().values.tolist()):
        if label == False:
            class_dict[idx+1] += 1
#输出有、无缺陷的图像数量
print("无缺陷钢面数量: {}".format(no_defects_num))
print("有缺陷钢面数量: {}".format(defects_num))
```

运行结果如图8－3－5所示。

```
无缺陷钢面数量：5902
有缺陷钢面数量：6666
```

图8－3－5　统计数据集中有缺陷钢面的数量

接下来统计每种缺陷的数量，代码如下：

```
# 对有缺陷的图像进行分类统计：
import seaborn as sns
import matplotlib.pyplot as plt
fig, ax = plt.subplots()
sns.barplot(x=list(class_dict.keys()), y=list(class_dict.values()), ax=ax)
ax.set_title("the number of images for each class")
ax.set_xlabel("class")
plt.show()
print(class_dict)
```

运行结果如图8-3-6所示。

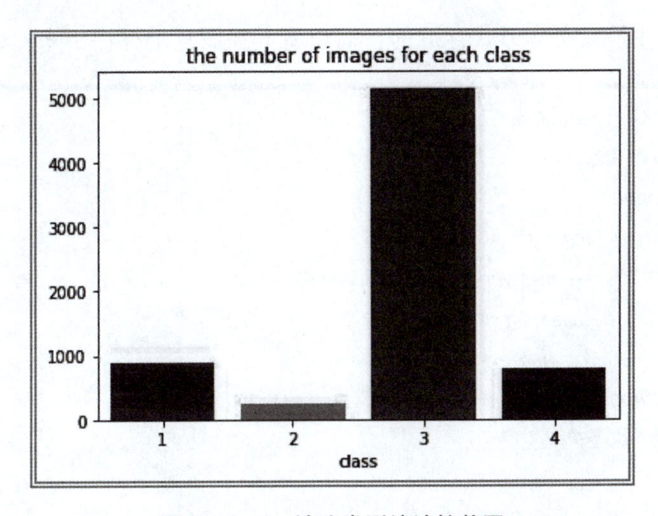


图8-3-6　缺陷类型统计柱状图

至此，得出的结论有两个：

①有缺陷和无缺陷的图像数量大致相当。

②缺陷的类别是不平衡的。

接下来统计一张图像中可能包含的缺陷种类，代码如下：

```
fig, ax = plt.subplots()
sns.barplot(x=list(kind_class_dict.keys()), y=list(kind_class_dict.values()), ax=ax)
ax.set_title("Number of classes included in each image");
ax.set_xlabel("number of classes in the image")
plt.show()
print(kind_class_dict)
```

运行结果如图8-3-7所示。

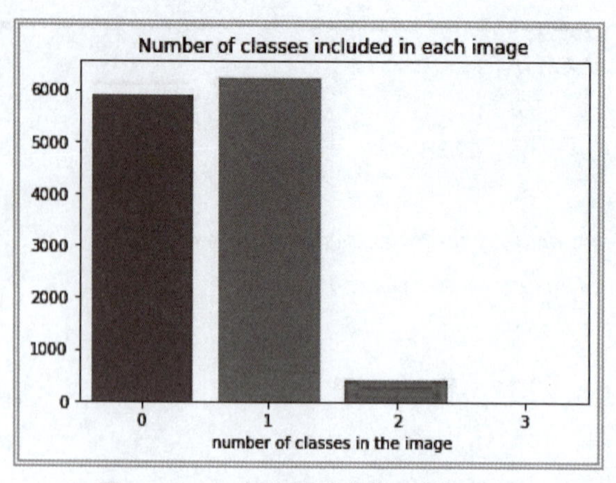


图 8－3－7　每张图缺陷类型数量统计

### 2. 数据预处理

由于数据集标注是以文本形式存放的，需要将其在图片上标注出来，代码如下：

```
from collections import defaultdict
from pathlib import Path
from PIL import Image
train_size_dict = defaultdict(int)
train_path = Path("E:/severstal-steel-de/train_images/")
for img_name in train_path.iterdir():
    img = Image.open(img_name)
    train_size_dict[img.size] += 1
#检查训练集中图像的尺寸和数目
print(train_size_dict)
defaultdict(<class 'int'>, {(1600, 256): 12568})
import matplotlib.pyplot as plt
from pathlib import Path
import cv2
import numpy as np
#为不同的缺陷类别设置颜色显示：
palet = [(249, 192, 12), (0, 185, 241), (114, 0, 218), (249,50,12)]
fig, ax = plt.subplots(1, 4, figsize=(15, 5))
for i in range(4):
    ax[i].axis('off')
    ax[i].imshow(np.ones((50, 50, 3), dtype=np.uint8) * palet[i])
    ax[i].set_title("class color: {}".format(i+1))
fig.suptitle("each class colors")
plt.show()
```

运行结果如图 8－3－8 所示，不同的颜色标注不同类型的缺陷。

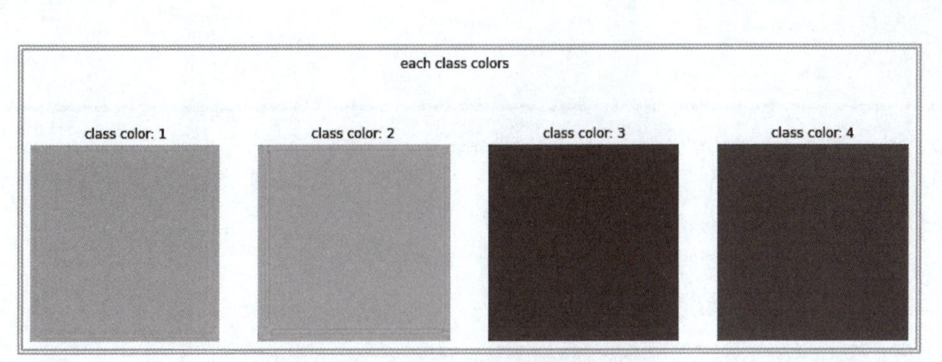


图8-3-8 缺陷类型标注颜色示意图

将不同的缺陷标识归类，代码如下：

```
#将不同的缺陷标识归类：
idx_no_defect = [ ]
idx_class_1 = [ ]
idx_class_2 = [ ]
idx_class_3 = [ ]
idx_class_4 = [ ]
idx_class_multi = [ ]
idx_class_triple = [ ]
for col in range(0, len(train_df), 4):
    img_names = [str(i).split("_")[0] for i in train_df.iloc[col:col+4, 0].values]
    if not (img_names[0] == img_names[1] == img_names[2] == img_names[3]):
        raise ValueError
    labels = train_df.iloc[col:col+4, 1]
    if labels.isna().all():
        idx_no_defect.append(col)
    elif (labels.isna() == [False, True, True, True]).all():
        idx_class_1.append(col)
    elif (labels.isna() == [True, False, True, True]).all():
        idx_class_2.append(col)
    elif (labels.isna() == [True, True, False, True]).all():
        idx_class_3.append(col)
    elif (labels.isna() == [True, True, True, False]).all():
        idx_class_4.append(col)
    elif labels.isna().sum() == 1:
        idx_class_triple.append(col)
    else:
        idx_class_multi.append(col)
```

```
train_path = Path("E:/severstal-steel-de/train_images/")
#创建可视化标注函数：#
def name_and_mask(start_idx):
    col = start_idx
    img_names = [str(i).split("_")[0] for i in train_df.iloc[col:col+4, 0].values]
    if not (img_names[0] == img_names[1] == img_names[2] == img_names[3]):
        raise ValueError
labels = train_df.iloc[col:col+4, 1]
    mask = np.zeros((256, 1600, 4), dtype=np.uint8)
    for idx, label in enumerate(labels.values):
  if label is not np.nan:
            mask_label = np.zeros(1600*256, dtype=np.uint8)
            label = label.split(" ")
            positions = map(int, label[0::2])
            length = map(int, label[1::2])
            for pos, le in zip(positions, length):
                mask_label[pos-1:pos+le-1] = 1
            mask[:, :, idx] = mask_label.reshape(256, 1600, order='F')   #按列取值 reshape
    return img_names[0], mask
def show_mask_image(col):
    name, mask = name_and_mask(col)
    img = cv2.imread(str(train_path / name))
    fig, ax = plt.subplots(figsize=(15, 15))
    for ch in range(4):
        contours, _ = cv2.findContours(mask[:, :, ch], cv2.RETR_LIST, cv2.CHAIN_APPROX_NONE)
        for i in range(0, len(contours)):
            cv2.polylines(img, contours[i], True, palet[ch], 2)
    ax.set_title(name)
    ax.imshow(img)
    plt.show()
#展示无缺陷图像：
for idx in idx_no_defect[:3]:
    show_mask_image(idx)
```

代码运行结果如图 8－3－9 所示。

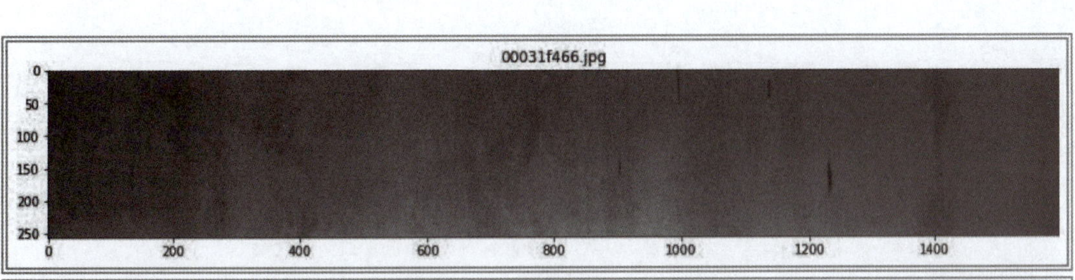


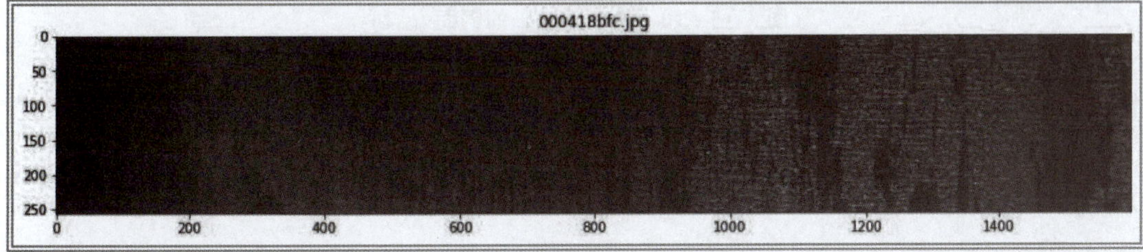


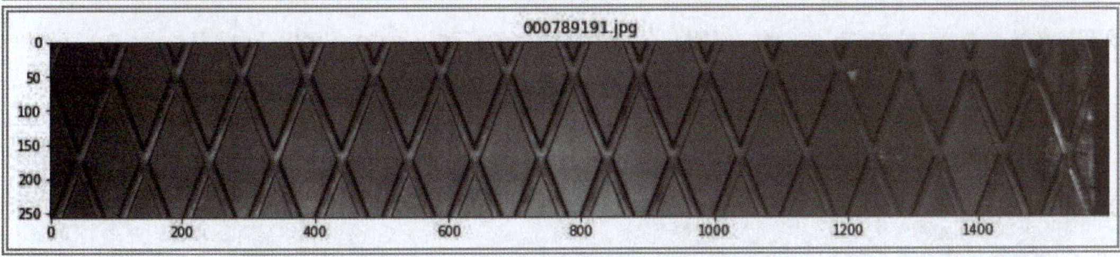


**图 8－3－9　无缺陷（第 1 类缺陷）的钢面**

把第 2 类故障的图像进行展示，代码如下：

```
#第 2 类故障的图像展示：
for idx in idx_class_1[:3]:
    show_mask_image(idx)
```

运行结果如图 8－3－10 所示。

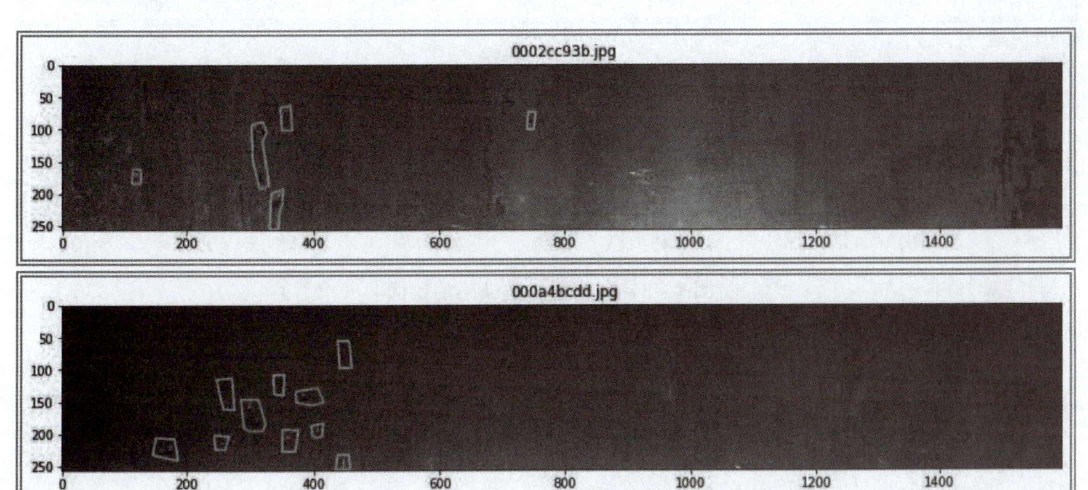


**图 8－3－10　第 2 类缺陷的钢面**

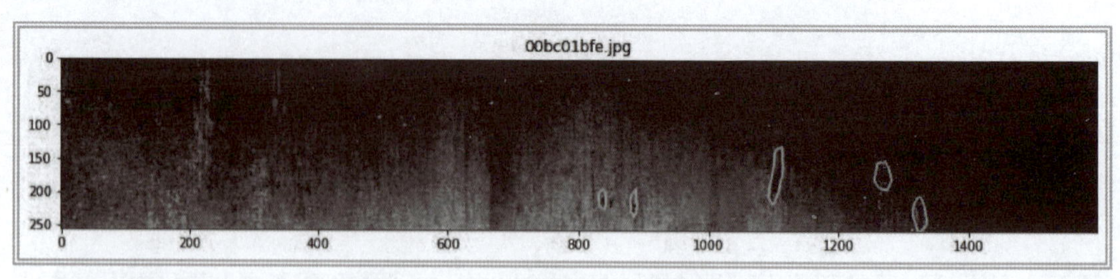


图 8-3-10　第 2 类缺陷的钢面（续）

把第 3 类故障的图像进行展示，代码如下：

```
#第 3 类故障的图像展示：
for idx in idx_class_3[:3]:
    show_mask_image(idx)
```

运行结果如图 8-3-11 所示。

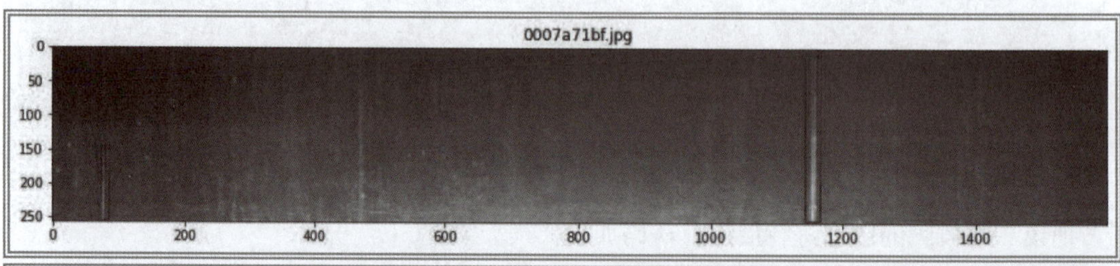


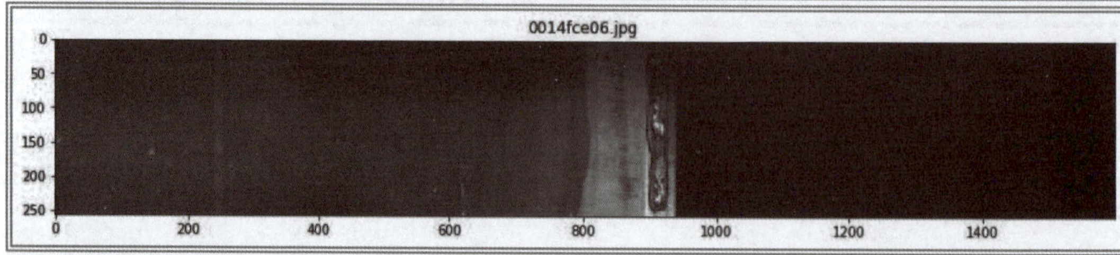


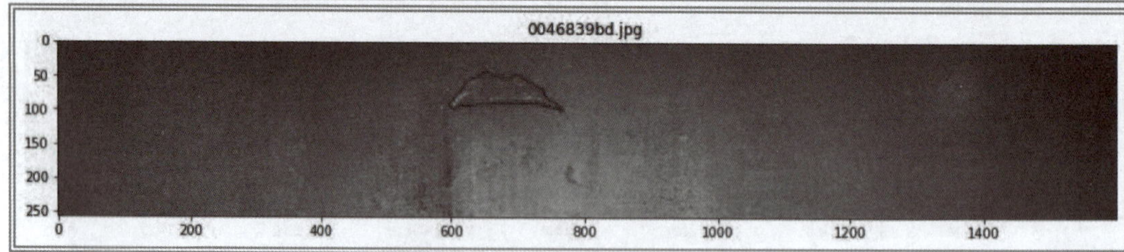


图 8-3-11　第 3 类缺陷的钢面

把第 4 类故障的图像进行展示，代码如下：

```
#第 4 类缺陷的图像展示
for idx in idx_class_4[:3]:
    show_mask_image(idx)
```

运行结果如图 8－3－12 所示。

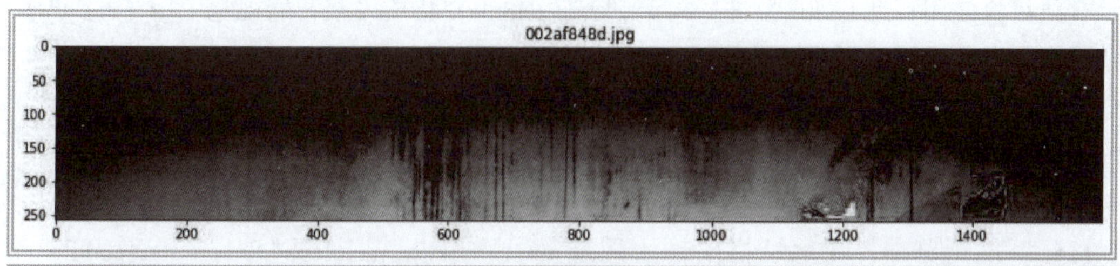


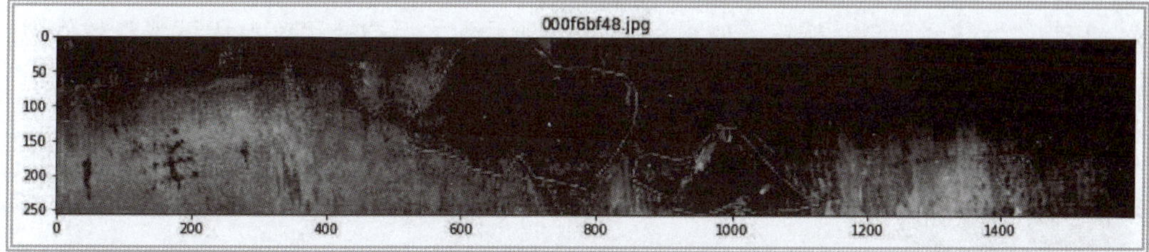


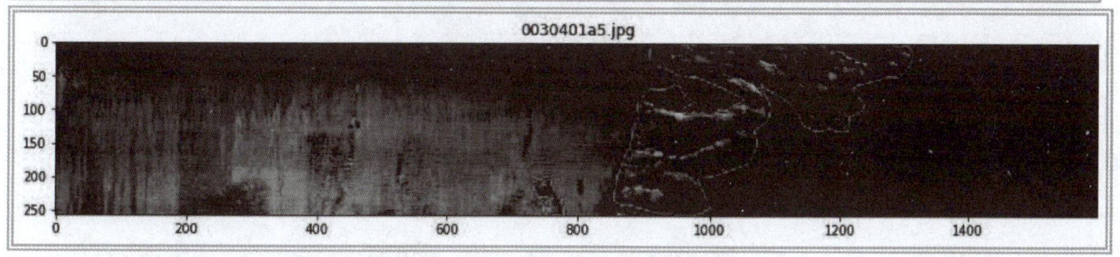


**图 8－3－12　第 4 类缺陷的钢面**

查看同时具有 3 种缺陷的图片，代码如下：

```
#再看下同时具有 3 种缺陷的图片：
for idx in idx_class_triple:
    show_mask_image(idx)
```

运行结果如图 8－3－13 所示。

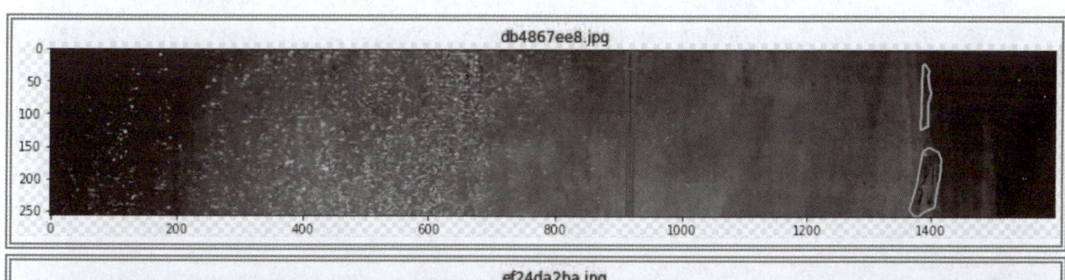


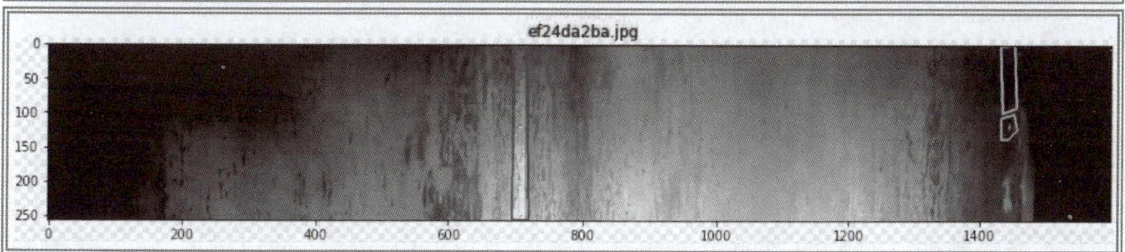


**图 8－3－13　同时具有 3 种缺陷的钢面**

### 3. 模型训练和验证

使用 PaddleX 进行模型训练

本项目将使用百度 PaddleX 进行模型训练。PaddleX 集成飞桨智能视觉领域图像分类、目标检测、语义分割、实例分割任务能力，将深度学习开发全流程——从数据准备、模型训练与优化到多端部署全流程打通，并提供统一任务 API 接口及图形化开发界面 Demo。

（1）下载 PaddleX 全流程开发工具

打开系统浏览器，在地址栏中输入网址 https://www.paddlepaddle.org.cn/paddle/paddleX。单击“下载客户端”按钮，如图 8-3-14 所示，之后选择“WIN 版下载”软件包。

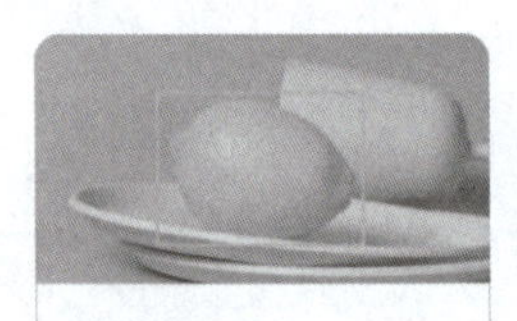

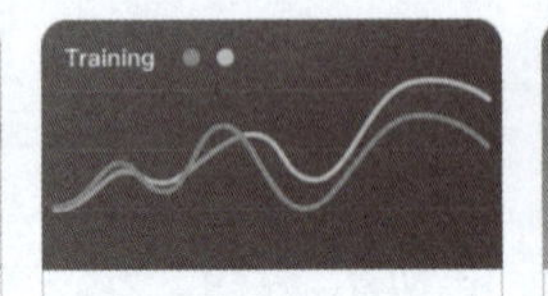

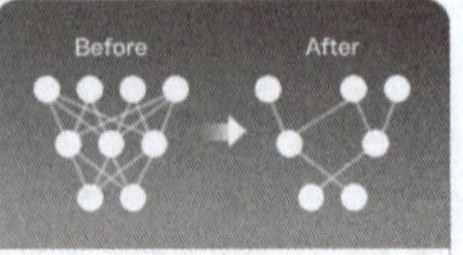


图 8-3-14　下载 PaddleX 软件包

（2）创建项目

解压缩软件包之后，打开 PaddleX.exe 文件，如图 8-3-15 所示。

首先新建项目，输入项目名称，选择任务类型：语义分割，之后单击“创建”按钮，如图 8-3-16 所示。

（3）创建数据集

接下来将数据集导入 PaddleX 中，在数据选择下拉框中选择“创建数据集”。接着输入数据集名称，数据类型选择“语义分割”。最后单击“创建”按钮，如图 8-3-17 所示。

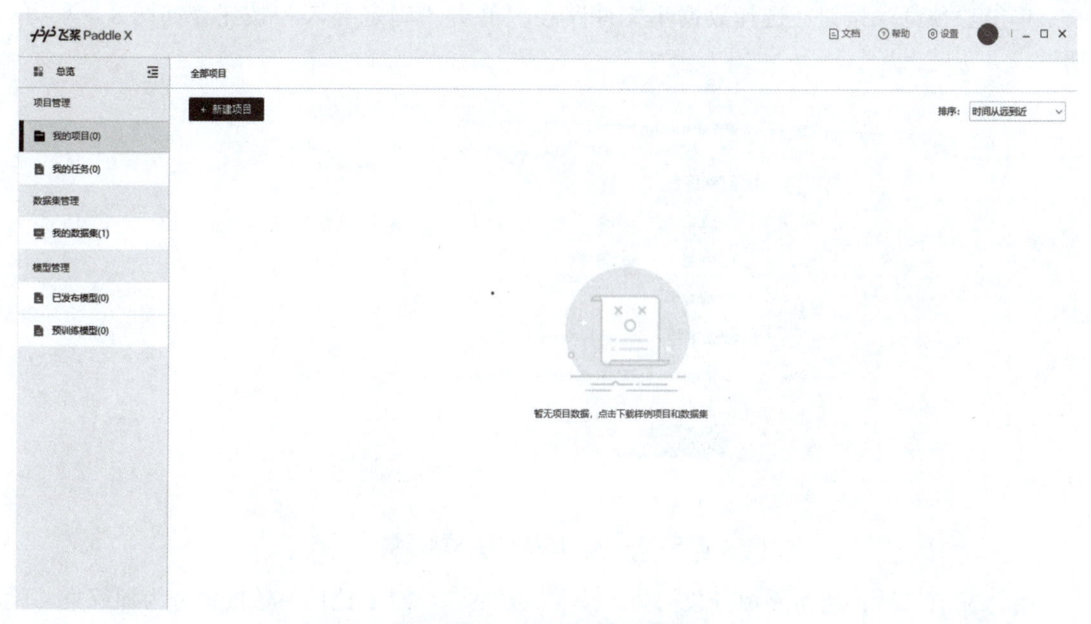


图 8－3－15　PaddleX 主界面

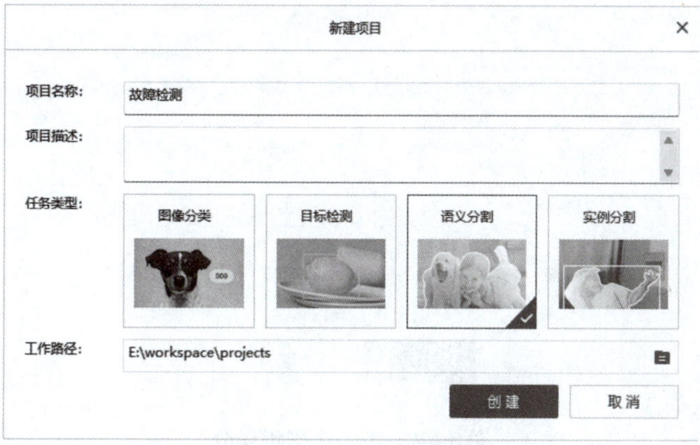

图 8－3－16　创建项目

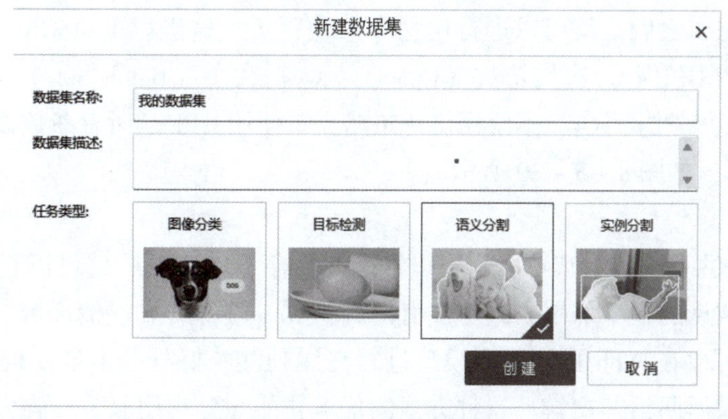


图 8－3－17　新建数据集

单击“预览”按钮，选择数据集文件路径，单击“确定导入”按钮，如图 8－3－18 所示。

图 8－3－18　选择并导入数据集

导入完成之后，还需要切分数据集，按照默认的 7：2：1 比例将数据集分为训练集、验证集和测试集，如图 8－3－19 所示。

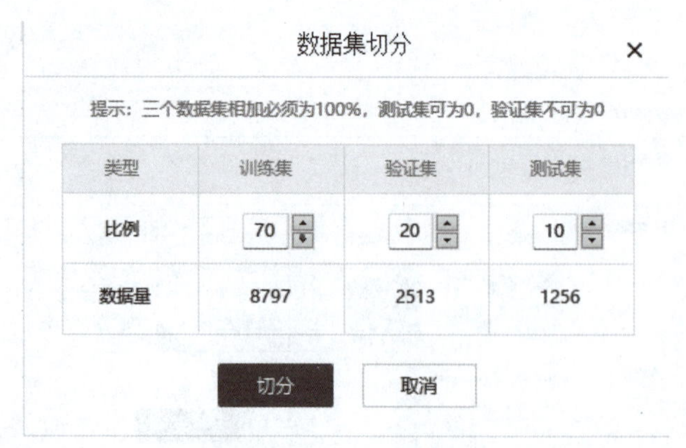


图 8－3－19　数据集切分

（4）参数配置

数据集导入完成之后，就可以进行模型参数配置了。这里以 FastSCNN 为例，较为重要的参数有：①使用 GPU；②迭代轮数（Epoch）；③批大小（Batch Size）；④优化策略。这里选择迭代轮数 10，批大小 4，不使用优化策略，不使用 GPU。所有参数设置完成后，单击“启动训练”按钮，如图 8－3－20 所示。

## 4. 模型部署

PaddleX 还提供了模型发布功能，可以将模型保存下来，以后就可以直接使用该模型进行故障检测了。常见的模型部署方式主要有两种：Web 端部署和端侧部署。

Web 端部署可以在 Web 页面调用模型进行在线预测，好处是能够实时地响应客户端情况，并将预测结果返回给客户端。这种方式的优点是能充分利用服务器强大的计算资源；缺点是实时性不高。

图 8-3-20　训练参数设置

端侧部署指将模型部署到前端微型计算机设备上——也称为边缘设备，由这些设备进行预测推理，不需要依赖远程服务器。这也是目前人工智能应用端云协同的一种发展趋势。这种方式的优点是实时性好，云平台发生故障时，边缘设备仍然可以独立运行；缺点是边缘设备的计算能力较弱，不能独立完成模型训练任务。

## 小结

在本项目中，学习了智能工厂与工业互联网的基本概念，包括深度学习和边缘计算。接着设计了一个远程运维系统，从需求分析到系统框架。最后使用 Python 进行了两个项目实战，分别是使用机器学习方法预测轴承磨损类型，以及使用深度学习方法检测钢面故障。通过这两个项目实战，加深了对机器学习在工业应用中的理解。

## 学习测评

### 1. 工作任务交办单

工作任务交办单

| 工作任务 | 用深度学习方法检测红酒厂里的设备钢面故障 | | |
|---|---|---|---|
| 小组名称 | | 工作成员 | |
| 工作时间 | | 完成总时长 | |

续表

| 工作任务描述 | | | |
|---|---|---|---|
| 数据集分析，使用百度 Paddle 框架进行模型训练，使用模型检测出设备的损坏钢面。 | | | |
| 任务执行记录 | | | |
| 序号 | 工作内容 | 完成情况 | 操作员 |
| | | | |
| | | | |
| | | | |
| | | | |
| | | | |
| | | | |
| | | | |
| | | | |
| | | | |
| 任务负责人小结 | | | |
| | | | |
| 上级验收评定 | | 验收人签名 | |

## 2. 工作任务评价表

工作任务评价表

| 工作任务 | 用深度学习方法检测红酒厂里的设备钢面故障 | | | | |
|---|---|---|---|---|---|
| 小组名称 | | 工作成员 | | | |
| 项目 | 评价依据 | 参考分值 | 自我评价 | 小组互评 | 教师评价 |
| 任务需求分析（10%） | 任务明确 | 5 | | | |
| | 解决方案思路清晰 | 5 | | | |
| 任务实施准备（20%） | 安装 Sklearn 库、NumPy 库、Pandas 库 | 5 | | | |
| | 安装 Seaborn 库、Matplotlib 库、Warnings 库 | 5 | | | |
| | 载入设备钢面图片分析集 | 10 | | | |

续表

| 项目 | | 评价依据 | 参考分值 | 自我评价 | 小组互评 | 教师评价 |
|---|---|---|---|---|---|---|
| 任务实施（50%） | 子任务 1 | 分析数据集中有缺陷钢面的数量 | 15 | | | |
| | | 代码简洁，结构清晰 | 5 | | | |
| | | 代码注释完整 | 5 | | | |
| | 子任务 2 | 使用百度 PaddleX 进行模型训练 | 15 | | | |
| | | 代码简洁，结构清晰 | 5 | | | |
| | | 代码注释完整 | 5 | | | |
| 思政劳动素养（20%） | | 有理想、有规划，科学严谨的工作态度、精益求精的工匠精神 | 10 | | | |
| | | 良好的劳动态度、劳动习惯，团队协作精神，有效沟通，创造性劳动 | 10 | | | |
| 综合得分 | | | 100 | | | |
| 评价小组签字 | | | 教师签字 | | | |

## 习题

1. 基于卷积神经网络的缺陷检测流程是怎么样的？
2. 列举你知道的工业互联网厂商及其相应产品的特点。
3. 说明数控机床 CNC 的故障有哪些。
4. 采用下表已有某地区机床进给系统故障数据，使用 PyEcharts 进行可视化分析。

| 时间 | 支撑轴承磨损 | 支撑轴承破裂 | 丝杠导轨不平行 | 导轨滑块磨损 | 导轨润滑不良 | 导轨内进入异物 |
|---|---|---|---|---|---|---|
| 第 1 周 | 1 | 2 | 1 | 3 | 2 | 1 |
| 第 2 周 | 0 | 1 | 2 | 2 | 5 | 0 |

# 项目9

# 红酒产品市场反馈的分析

## 项目目标

(1) 能够对文本数据进行特征提取。

(2) 能够使用词袋模型将文本特征转化为数组的形式。

(3) 能够使用 tf - idf 模型对文本数据进行处理。

(4) 能够删除文本中的停用词。

(5) 能够使用 LinearSVC 模型对文本的情感倾向进行判定。

## 项目任务

对红酒商品的评论数据进行特征提取；使用词袋模型和 tf - idf 模型处理文本数据；删除文本中的停用词；构建 LinearSVC 模型对文本的情感倾向进行判定。

## 任务1 文本数据的特征提取及词袋模型

### 1.1 任务目标

(1) 掌握文本数据的特征提取方法。

(2) 能够使用词袋模型将文本特征转化为数组的形式。

### 1.2 任务内容

对简单的文本数据进行特征提取，并使用词袋模型将文本特征转化为数组形式。

### 1.3 任务函数

Jieba 库、Sklearn 库、CountVectorizer( )。

### 1.4 任务步骤

前面已经学习了如何对中文进行分词处理，在本任务中，将继续学习如何对文本数据进行特征提取，以及如何使用词袋模型将文本特征转化为数组的形式，以便将文本转化为机器可以“看懂”的数字形式。

#### 1. 使用 CountVectorizer 对文本进行特征提取

在前面的项目中，用来展示的数据特征大致可以分为两种：一种是用来表示数值的连续特征；另一种是表示样本所在分类的类型特征。在自然语言处理的领域中，会接触到第三种数据类型——文本数据。举个

使用 CountVectorizer
处理文本

例子，假如想知道用户对某个商品的评价是“好”还是“差”，就需要使用用户评价的内容文本对模型进行训练。例如，用户评论说：“刚买的手机总是死机，太糟糕了!”或者“新买的衣服很漂亮，老公很喜欢。”这就需要提取出两个不同评论中的关键特征并进行标注，用于训练机器学习模型。

文本数据在计算机中往往被存储为字符串类型（String），在不同的场景中，文本数据的长度差异会非常大，这也使得文本数据的处理方式与数值型数据的处理方式完全不同。而中文的处理尤其困难，因为在一个句子当中，中文的词与词之间没有边界，也就是说，中文不像英语那样，在每个词之间有空格作为分界线，这就要求在处理中文文本的时候，先进行分词处理。

以“北京的金山上光芒照四方”这个句子为例。使用“结巴分词”来对上文中的中文语句进行分词。在 Jupyter Notebook 中输入以下代码：

```
#导入 jieba 库
import jieba
#使用 cut 方法对中文文本进行分词
cn = jieba.cut('北京的金山上光芒照四方')
#每次词语之间用空格拼接
cn = [' '.join(cn)]
#打印分词后的结果
print(cn)
```

运行结果如图 9-1-1 所示。

```
['北京 的 金山 上 光芒 照 四方']
```

**图 9-1-1　分词结果**

借助“结巴分词”对这句中文语句进行了分词操作，并在每个词语之间插入空格作为分界线。下面使用 CountVectorizer 对其进行特征抽取，输入代码如下：

```
#导入 CountVectorizer
from sklearn.feature_extraction.text import CountVectorizer
#创建新的 CountVectorizer 对象 vect
vect = CountVectorizer()
#用分词后的文本数据训练 vect
vect.fit(cn)
#打印词语数量和字典形式的文本特征
print('单词数：{}'.format(len(vect.vocabulary_)))
print('分词：{}'.format(vect.vocabulary_))
```

运行结果如图 9-1-2 所示。

```
单词数：4
分词：{'北京'：1，'金山'：3，'光芒'：0，'四方'：2}
```

**图 9-1-2　特征抽取结果**

经过了分词工具的处理，看到 CountVecterizer 已经可以从中文文本中提取出若干个整型数值，并且生成了一个字典，给每个词编码为一个从 0 到 3 的整型数。接下来，要使用这个字典将文本的特征表达出来，以便可以用来训练模型。

### 2. 使用词袋模型将文本数据转为数组

使用词袋模型将文本数据转为数组

在上面的实验中，CountVectorizer 给每个词编码为一个从 0 到 3 的整型数，经过这样的处理之后，便可以用一个稀疏矩阵（sparse matrix）对这个文本数据进行表示了。输入代码如下：

```
bag_of_words = vect.transform(cn)
print('转化为词袋的特征：\n{}'.format(repr(bag_of_words)))
```

运行结果如图 9－1－3 所示。

```
转化为词袋的特征:
<1x4 sparse matrix of type '<class 'numpy.int64'>'
        with 4 stored elements in Compressed Sparse Row format>
```

图 9－1－3　词袋模型将文本数据转为数组

从结果中可以看到，原来的那句话被转化为一个 1 行 4 列的稀疏矩阵，类型为 64 位整型数值，其中有 4 个元素。

下面看看 4 个元素都是什么，输入如下代码：

```
print('词袋的密度表达：\n{}'.format(bag_of_words.toarray()))
```

运行结果如图 9－1－4 所示。

```
词袋的密度表达:
[[1 1 1 1]]
```

图 9－1－4　词袋密度

可能你会觉得这个结果有点让人费解，词袋密度的意思是，在这一句话中，通过分词工具拆分出的 4 个词语在这句话中出现的次数。比如，在数组中，第一个元素是 1，它代表在这句话中，“光芒”这个词出现的次数是 1 次；第二个元素也是 1，代表这句话中，“北京”这个词出现的次数也是 1。

现在可以试着换一句话来看看结果有什么不同。例如，“北京的金山上光芒照四方，光芒上的北京照金山四方”。输入如下代码：

```
cn_1 = jieba.cut('北京的金山上光芒照四方,光芒上的北京照金山四方')
cn2 = [' '.join(cn_1)]
print(cn2)
```

上面这段代码主要是使用"结巴分词"将刚才编造的这段话进行分词，运行代码，将会得到如图 9-1-5 所示的结果。

```
['北京 的 金山 上 光芒 照 四方 , 光芒 上 的 北京 照 金山 四方']
```

**图 9-1-5 "结巴分词"的结果**

接下来用 CountVectorizer 将这句文本进行转化，输入如下代码：

```
new_bag = vect.transform(cn2)
print('分词：{}'.format(vect.vocabulary_))
print('转化为词袋的特征：\n{}'.format(repr(new_bag)))
print('词袋的密度表达：\n{}'.format(new_bag.toarray()))
```

运行代码，会得到如图 9-1-6 所示的结果。

```
分词：{'北京': 1, '金山': 3, '光芒': 0, '四方': 2}
转化为词袋的特征：
<1x4 sparse matrix of type '<class 'numpy.int64'>'
        with 4 stored elements in Compressed Sparse Row format>
词袋的密度表达：
[[2 2 2 2]]
```

**图 9-1-6 抽取文本特征**

同样还是1行4列的矩阵，存储的元素是4个，而数组［［2 2 2 2］］的意思是，"光芒"这个词出现的次数是2，而"北京"这个词出现了2次，"四方"这个词出现了2次，"金山"这个词出现了2次。

上面这种用数组表示一句话中单词出现次数的方法，称为"词袋型"（bag-of-words）。这种方法是忽略一个文本中的词序和语法，仅仅将它看作一个词的集合。这种方法对自然语言进行了简化，以便机器可以读取并且进行模型的训练。但是词袋模型也具有一定的局限性，下面将继续介绍对文本类型数据的进一步优化处理。

## 任务2　使用 tf-idf 模型对文本数据进行处理

### 2.1　任务目标

（1）掌握 tf-idf 的原理和计算公式。

（2）能够使用 tf-idf 模型对文本数据进行处理。

### 2.2　任务内容

使用 tf-idf 模型分析红酒商品评论数据。

### 2.3　任务函数

Jieba 库、Sklearn 库、Pandas 库。

## 2.4 任务步骤

### 1. tf - idf 的原理

掌握 tf - idf 的原理和计算公式

tf - idf 全称为“term frequency - inverse document frequency”，一般翻译为“词频 - 逆向文件频率”。它是一种用来评估某个词对于一个语料库中某一份文件的重要程度，如果某个词在某个文件中出现的次数非常多，但在其他文件中出现的次数很少，那么 tf - idf 就会认为这个词能够很好地将文件进行区分，重要程度就会较高；反之，则认为该单词的重要程度较低。

下面来看一下 tf - idf 公式，大家简单了解就好。

计算 tf 值的公式见式（9 - 2 - 1）：

$$\mathrm{tf} = \frac{n_{i,j}}{\sum_k n_{k,j}} \tag{9-2-1}$$

式中，$n_{i,j}$ 表示某个词在语料库中某个文件内出现的次数；$\sum_k n_{k,j}$ 表示的是该文件中所有单词出现的次数之和。

而在 Sklearn 库中，idf 的计算公式见式（9 - 2 - 2）：

$$\mathrm{idf} = \lg\left(\frac{N+1}{N_w+1}\right)+1 \tag{9-2-2}$$

式中，$N$ 代表的是语料库中文件的总数；$N_w$ 代表语料库中包含上述单词的文件数量。那么最终计算 tf - idf 值的公式就是式（9 - 2 - 3）。

$$\mathrm{tf-idf} = \mathrm{tf} \times \mathrm{idf} \tag{9-2-3}$$

读者朋友们可能会在其他地方看到和此处不太一样的公式，不要觉得奇怪，这是因为 tf - idf 的计算公式本身就有很多种变体，如果读者朋友感兴趣的话，可以自己用 Google 搜索一下它有多少种变体。

在 Sklearn 库中，有两个类使用了 tf - idf 方法，其中一个是 TfidfTransformer，它用来将 CountVectorizer从文本中提取的特征矩阵进行转化；另一个是 TfidfVectorizer，它和 CountVecterizer 的用法是相同的，相当于把 CountVectorizer 和 TfidfTransformer 所做的工作整合在了一起。

### 2. 使用 tf - idf 对文本数据进行处理

使用 tf - idf 对文本数据进行处理

为了进一步介绍 TfidfVectorizer 的用法，以及它和 CountVectorizer 的区别，下面使用一个相对复杂的数据集——红酒商品评论数据集。为了避免产生不可预知的影响，该数据集涉及的产品品牌和型号做了隐匿处理，相关代码也不再提供，同学们可以根据项目 3 所学到的爬取方法自行从购物网站爬取商品评论数据，也可以直接使用本书提供的数据集进行分析和建模。

接下来，使用 Jupyter Notebook 载入红酒商品评论数据集，输入如下代码：

```
import pandas as pd
 #读入数据集
data = pd.read_excel("红酒商品评论数据.xls")
print(data.head())
```

运行代码，得到的结果如图 9-2-1 所示，数据集显示前5行。

```
                                    评价内容  评价类型
0  包装设计：包装很好，买了整箱，收到货时快递小哥很小心交到手里，服务很周到。 口感：之前喝过，...     1
1  买来结婚的时候用的 同学介绍的 感觉口味挺好的 大家都说口感可以 很喜欢这个了 购物网站送过...     1
2  包装设计：不错 口感：口味觉得比一般的法国红酒浓不少。口感很好。喝完了很舒服 服务：给了开瓶...     1
3  对比过线下超市的价格，加上促销和礼品，购物网站还小便宜一点，但送货上门这就增值很多。为公司晚...     1
4  品质：相信购物网站自营，第一次买这一款，六十七万人的选择，相信错不了。 包装设计：简单大气 ...     1
```

**图 9-2-1　数据集显示**

从图 9-2-1 可以看出，此数据集包含两列数据，第一列是商品评价的具体内容，第二列是商品评价的类型。接下来查看数据集的相关信息，包括行列数、列名，以及各个类别的样本数，输入以下代码：

```
import pandas as pd
 #读入数据集
data = pd.read_excel("红酒商品评论数据.xls")
print(data.head())
```

运行代码，得到数据集信息，如图 9-2-2 所示。

```
(300, 2)
['评价内容' '评价类型']
-1     100
 1     100
 0     100
Name: 评价类型, dtype: int64
```

**图 9-2-2　数据集信息**

由图 9-2-2 可以知道，这份某款红酒的商品评论信息数据集包含 2 个属性，共计 300 个样本。从分类统计的结果可以看出，评价类型为 -1、1、0 的样本数都是 100 个，需要说明的是，这里的 -1、1、0 分别对应着差评、好评、中评。

接下来使用 Jieba 库中的 cut 方法对文本数据进行分词处理，输入以下代码：

```
# 导入中文分词库 jieba
import jieba
import numpy as np
#对文本数据进行分词处理
cutted = []
for row in data.values:
    raw_words = (" ".join(jieba.cut(row[0])))
    cutted.append(raw_words)
```

```
cutted_array = np.array(cutted)

# 生成新数据文件，评价内容字段为分词后的内容
data_cutted = pd.DataFrame({
    '评价内容': cutted_array,
    '评价类型': data['评价类型']
})
print(data_cutted.head())
```

运行代码，得到的结果如图 9－2－3 所示。

```
                                          评价内容  评价类型
0  包装 设计 ： 包装 很 好 ， 买 了 整箱 ， 收到 货时 快递 小哥 很 小心 交到 ...     1
1  买来 结婚 的 时候 用 的   同学 介绍 的   感觉 口味 挺 好 的   大家 都 ...     1
2  包装 设计 ： 不错   口感 ： 口味 觉得 比 一般 的 法国 红酒 浓 不少 。 口感...     1
3  对比 过 线下 超市 的 价格 ， 加上 促销 和 礼品 ， 购物 网站 还 小便宜 一点 ...     1
4  品质 ： 相信 购物 网站 自营 ， 第一次 买 这 一款 ， 六十七 万人 的 选择 ， ...     1
```

**图 9－2－3　cut 方法对文本数据进行分词处理**

借助“结巴分词”，对每行评论进行了分词操作，并在每个词语之间插入空格作为分界线。下面把商品的评价内容作为特征数组 X，把评价类型作为标签数组 y，并在此基础上把数据集拆分为训练集和测试集，输入以下代码：

```
X=data_cutted['评价内容']
y=data_cutted['评价类型']
from sklearn.model_selection import   train_test_split
X_train,X_test,y_train,y_test=train_test_split(X,y,stratify=y,test_size=0.5,random_state=1)
print("X_train 的形状:",X_train.shape)
print("y_train 的形状:",y_train.shape)
print("X_test 的形状:",X_test.shape)
print("y_test 的形状:",y_test.shape)
```

运行代码，得到的结果如图 9－2－4 所示。

```
X_train的形状: (150,)
y_train的形状: (150,)
X_test的形状: (150,)
y_test的形状: (150,)
```

**图 9－2－4　拆分后的数据集形状**

从图 9－2－4 中可以看出，数据集拆分之后，测试集和训练集的样本数都是 150 个。接下来使用 CountVectorizer 对文本进行特征提取，输入以下代码：

```
vect = CountVectorizer().fit(X_train)
X_train_vect = vect.transform(X_train)
print('训练集样本特征数量：{}'.format(len(vect.get_feature_names())))
print('最后10个训练集样本特征：{}'.format(vect.get_feature_names()[-10:]))
```

运行代码，可以得到如图9-2-5所示的结果。

```
训练集样本特征数量：757
最后10个训练集样本特征：['香气', '验货', '骗人', '高兴', '高大', '高端', '高级', '高脚杯', '鱼龙混杂', '麻烦']
```

**图9-2-5　文本特征的抽取**

通过对训练集的文本数据进行特征提取，得到了757个特征，同时打印了最后10个特征名称来大概了解一下情况。下面就使用一个有监督学习算法来进行交叉验证评分，看看模型是否能较好地拟合训练集数据，输入代码如下：

```
from sklearn.svm import LinearSVC
from sklearn.model_selection import cross_val_score
scores = cross_val_score(LinearSVC(), X_train_vect, y_train)
print('模型平均分：{:.3f}'.format(scores.mean()))
```

这里使用了LinearSVC算法来进行建模，运行代码，会得到如图9-2-6所示的结果。

```
模型平均分：0.620
```

**图9-2-6　LinearSVC模型得分**

从结果中可以看出，模型的平均得分是0.62，得分比较低。那么如果泛化到测试集，会怎么样呢？用下面的代码来实验一下：

```
X_test_vect = vect.transform(X_test)
clf = LinearSVC().fit(X_train_vect, y_train)
print('测试集模型得分：{}'.format(clf.score(X_test_vect, y_test)))
```

运行代码，得到的结果如图9-2-7所示。

```
测试集模型得分：0.6333333333333333
```

**图9-2-7　LinearSVC模型测试集得分**

从结果中看到，模型在测试集中的得分也不高，仅有0.63，当然，这很大一部分原因是抽取的样本较少，不过还是希望能稍微提高一下模型的表现，所以接下来尝试用tf-idf算法来处理数据。输入代码如下：

```
from sklearn.feature_extraction.text import TfidfTransformer
tfidf = TfidfTransformer(smooth_idf = False)
tfidf.fit(X_train_vect)
X_train_tfidf = tfidf.transform(X_train_vect)
X_test_tfidf = tfidf.transform(X_test_vect)
#取第 16 到第 20 个样本的前 5 个特征
print('未经 tfidf 处理的特征：\n',X_train_vect[15:20,:5].toarray())
print('经过 tfidf 处理的特征：\n',X_train_tfidf[15:20,:5].toarray())
```

运行代码，可以得到如图 9－2－8 所示的结果。

```
未经tfidf处理的特征:
 [[0 0 0 0 0]
 [0 1 0 0 0]
 [0 0 0 0 0]
 [0 0 0 0 0]
 [0 0 0 0 0]]
经过tfidf处理的特征:
 [[0.         0.         0.         0.         0.        ]
 [0.         0.44977669 0.         0.         0.        ]
 [0.         0.         0.         0.         0.        ]
 [0.         0.         0.         0.         0.        ]
 [0.         0.         0.         0.         0.        ]]
```

**图 9－2－8　经 tf－idf 处理的特征**

由于训练集中的样本有 757 个特征，只打印部分样本的前 5 个特征即可。从结果中可以看到，在未经 TfidfTransformer 处理的时候，CountVectorizer 是计算某个词在该样本中某个特征出现的次数，而 tf－idf 计算的是词频乘以逆向文档频率，所以是一个浮点数。

现在看看经过处理之后的数据集训练的模型评分是否有变化。输入代码如下：

```
clf = LinearSVC().fit(X_train_tfidf, y_train)
scores2 = cross_val_score(LinearSVC(), X_train_tfidf, y_train)
print('经过 tf-idf 处理的训练集交叉验证得分：{:.3f}'.format(scores.mean()))
print('经过 tf-idf 处理的测试集得分：{:.3f}'.format(clf.score(X_test_tfidf,y_test)))
```

运行代码，将会得到如图 9－2－9 所示的结果。

```
经过tf-idf处理的训练集交叉验证得分：0.620
经过tf-idf处理的测试集得分：0.633
```

**图 9－2－9　经 tf－idf 处理的得分**

看起来模型的表现并没有得到提升，不过不要担心，接下来继续尝试对模型进行改进。试着去掉文本中的“停用词”。“停用词”的英文原文是 Stopwords，也有文献称为“应删除词”或者“停止词”。

# 任务3　删除文本中的停用词

### 3.1　任务目标

（1）掌握停用词的概念。

（2）能够通过词云图分析文本中是否存在需要处理的停用词。

（3）能够对文本数据中的停用词进行删除处理。

### 3.2　任务内容

删除红酒商品评论数据中的停用词。

### 3.3　任务函数

Jieba 库、Sklearn 库、Pandas 库。

### 3.4　任务步骤

#### 1. 删除文本中的停用词

删除文本中的停用词

停用词指的是那些在文本处理过程中被筛除出去的，出现频率很高但又没有什么实际意义的词，如各种语气词、连词、介词等。目前并没有一个通用的定义“停用词”的规则或工具，但常见的方法是：统计文本数据中出现频率过高的词，然后将它们作为“停用词”去掉，或者使用现有的停用词表。可以通过绘制词云的方式查看文本数据中是否有需要删除的停用词。这里还是以红酒商品评论数据集为例，在任务2的基础上，继续输入以下代码：

```
%matplotlib inline
from wordcloud import WordCloud
import matplotlib.pyplot as plt
plt.figure(figsize=(15,10))
wc = WordCloud(font_path='msyh.ttc')
#绘制差评的词云图
plt.subplot(1,3,1)
wc.generate(''.join(data_cutted['评价内容'][data_cutted['评价类型'] == -1]))
plt.axis('off')
plt.imshow(wc)
#绘制中评的词云图
plt.subplot(1,3,2)
wc.generate(''.join(data_cutted['评价内容'][data_cutted['评价类型'] == 0]))
plt.axis('off')
plt.imshow(wc)
#绘制好评的词云图
plt.subplot(1,3,3)
wc.generate(''.join(data_cutted['评价内容'][data_cutted['评价类型'] == 1]))
```

```
plt.axis('off')
plt.imshow(wc)
plt.show()
```

运行代码，得到的结果如图 9 - 3 - 1 所示。

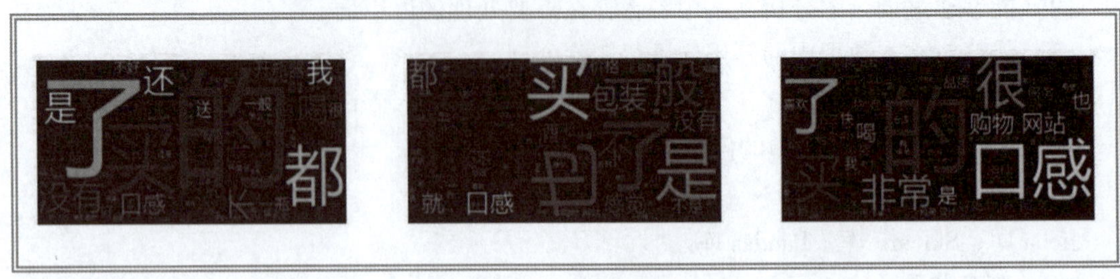


图 9 - 3 - 1　词云

从词云图可以看出，“了”“买”“也”“的”等词对于区分毫无帮助，并且会造成偏差。因此，需要把这些对区分类没有意义的词语进行筛选和删除。本书已经将无意义的词语筛选出来，存放到停用词文件 stopwords. txt 中，读者朋友们可以直接使用该文本文件对停用词进行删除处理，看是否可以提高模型的分数。输入以下代码：

```
#读入停用词文件
import codecs
with codecs.open('stopwords.txt', 'r', encoding='utf-8') as f:
    for item in f:
        stopwords = item.strip().split(" ")
print("停用词：",stopwords)
from sklearn.feature_extraction.text import TfidfVectorizer
tfidf = TfidfVectorizer(smooth_idf = False, stop_words =stopwords)
tfidf.fit(X_train)
X_train_tfidf = tfidf.transform(X_train)
scores3 = cross_val_score(LinearSVC(), X_train_tfidf, y_train)
clf.fit(X_train_tfidf, y_train)
X_test_tfidf = tfidf.transform(X_test)
print('去掉停用词后训练集交叉验证平均分：{:.3f}'.format(scores3.mean()))
print('去掉停用词后测试集模型得分：{:.3f}'.format(clf.score(X_test_tfidf,  y_test)))
```

在这段代码中，直接使用了 TfidfVectorizer 来对文本数据进行特征抽取，这和使用 CountVectorizer 提取特征后，再用 TfidfTransformer 进行转化的效果基本是一样的。这里通过指定 TfidfVectorizer 的 stop_words 参数，让模型将文本中的停用词去掉。运行代码，会得到如图 9 - 3 - 2 所示的结果。

```
停用词: [',', '?', '、', '。', '“', '”', '《', '》', '!', ',', '', '', ':', ';', '?', 'a', 'b', 'c',
'd', 'e', 'f', 'g', 'h', 'i', 'j', 'k', 'l', 'm', 'n', 'o', 'p', 'q', 'r', 's', 't', 'u', 'v', 'w', 'x', 'y',
'z', 'Q', 'W', 'E', 'R', 'T', 'Y', 'U', 'I', 'O', 'P', 'A', 'S', 'D', 'F', 'G', 'H', 'J', 'K', 'L', 'Z', 'X',
'C', 'V', 'B', 'N', 'M', '手机', '购物', '网站', '', '客服', '系统', '自己', '联系', '人民', '#', '末', '啊',
'阿', '哎', '哎呀', '哎哟', '唉', '俺', '俺们', '按', '按照', '吧', '吧哒', '把', '罢了', '被', '本', '本看',
'比', '比方', '比如', '鄙人', '彼', '彼此', '边', '别', '别的', '别说', '并', '并且', '不比', '不成', '不单',
'不但', '不独', '不管', '不光', '不过', '不仅', '不拘', '不论', '不怕', '不然', '不如', '不特', '不惟', '不问',
'不只', '朝', '朝着', '趁', '趁着', '乘', '冲', '除', '除此之外', '除非', '除了', '此', '此间', '此外', '从',
'从而', '打', '待', '但', '但是', '当', '当着', '到', '得', '的', '的话', '等', '等等', '地', '第', '叮咚',
'对', '对于', '多', '多少', '而', '而况', '而且', '而是', '而外', '而言', '而已', '尔后', '反过来', '反过来说',
'反之', '非但', '非徒', '否则嘎', '嘎登', '该', '赶', '个', '各', '各个', '各位', '各种', '各自', '给', '根据',
'跟', '故', '故此', '固然', '关', '管', '归', '果然', '果真过', '哈哈哈', '呵', '和', '何', '何处', '何况',
'买', '是', '了', '都']
去掉停用词后训练集交叉验证平均分: 0.639
去掉停用词后测试集模型得分: 0.673
```

**图 9-3-2　去掉停用词后的得分**

从结果中看到，去掉停用词之后，模型的得分有了显著的提高。这说明去掉停用词确实可以让机器学习模型更好地拟合文本数据，并且能够有效提高模型的泛化能力。

提高模型的拟合效果

### 2. 提高模型的拟合效果

需要注意，这里模型的分数仍然偏低，接下来可以通过观察模型的评分报告来分析具体是哪里出现了问题，输入以下代码：

```
from sklearn.metrics import classification_report
y_predict=clf.predict(X_test_tfidf)
print('classification report')
print(classification_report(y_test,y_predict))
```

运行代码，可以得到如图 9-3-3 所示的分类报告结果。

```
classification report
             precision    recall  f1-score   support

         -1       0.59      0.68      0.63        50
          0       0.59      0.58      0.59        50
          1       0.88      0.76      0.82        50

avg / total       0.69      0.67      0.68       150
```

**图 9-3-3　分类报告**

从图 9-3-3 中可以看出，分类模型的评分报告内容一般包括混淆矩阵以及含 Precision、Recall 和 f1-score 三个指标的评分矩阵，从混淆矩阵中可以看出，多数的错误分类都出现在中评和差评上。可以将原始数据集的中评删除，看是否可以提高模型的分数。输入以下代码：

```
data_bi = data_cutted[data_cutted['评价类型'] != 0]
data_bi['评价类型'].value_counts()
X2=data_bi['评价内容']
y2=data_bi['评价类型']
```

```
from sklearn.model_selection import  train_test_split
X_train2,X_test2,y_train2,y_test2=train_test_split(X2,y2,stratify=y2,test_size=0.5,random_state=1)
from sklearn.feature_extraction.text import TfidfVectorizer
tfidf2 = TfidfVectorizer(smooth_idf = False, stop_words =stopwords)
tfidf2.fit(X_train2)
X_train_tfidf2 = tfidf.transform(X_train2)
scores4 = cross_val_score(LinearSVC(), X_train_tfidf2, y_train2)
clf.fit(X_train_tfidf2, y_train2)
X_test_tfidf2 = tfidf.transform(X_test2)
print('去掉停用词和中评数据后训练集交叉验证平均分：{:.3f}'.format(scores4.mean()))
print('去掉停用词和中评数据后测试集模型得分：{:.3f}'.format(clf.score(X_test_tfidf2,  y_test2)))
```

运行代码，得到如图 9－3－4 所示的结果。

```
去掉停用词和中评数据后训练集交叉验证平均分：0.862
去掉停用词和中评数据后测试集模型得分：0.810
```

**图 9－3－4　去掉停用词和中评数据后的得分**

删除差评之后，分类模型效果有了显著提升。这也说明，分类模型能够有效地将好评和差评区分出来。这里可以看出，数据集中标注不准确的问题主要集中在中评。由于人在评论时，除非有问题，否则都会打好评。如果打了中评，说明客户对产品确实有不满意之处，下意识地想要给差评，但在情感的表达上，又因为恻隐之心，选择了宽容，所以给了中评。因此，将一条评论分类为好评、中评、差评是不够客观的，中评与差评之间的边界很模糊，因此识别率很难提高。

## 小结

在任何行业，用户对产品的评价都尤为重要。通过用户评论，可以对用户情感倾向进行判定。以目前最为普遍的网购行为为例，对于商家来说，对商品评论按照情感倾向进行分类，并通过文本聚类得到普遍提及的商品优缺点，可以进一步改良产品。本项目主要讨论如何根据用户对商品的评论对其情感倾向进行判定，所用到的只是自然语言处理最基础的知识，如果读者朋友希望在自然语言处理领域进行深入研究，建议试一试另外一个 Python 工具包——NLTK。这是在自然语言领域最常用的工具之一，是由宾夕法尼亚大学的研究人员开发的开源项目。在 Python 中安装 NLTK 包也非常简单，只要使用 pip install nltk 命令即可。使用 NLTK 同样可以实现分词、为文本加注标签等功能。此外，还可以进行词干提取和词干还原等进阶功能。

另外，读者朋友们还可以了解一下话题建模（Topic Modeling）和文档聚类（Document Clustering）。关于这两种技术所使用的模型，可以简单地理解成一种文本数据的降维方法，但是它们和PCA及NMF算法都不同，而是另外一种被称为“潜狄利克雷分布”（Latent Dirichlet Allocation，LDA）的模型。LDA进行的是话题建模，这里“话题”二字并不是平时所说的话题，而是指机器对数据进行分析后，将相似的文本进行聚类的结果。

当然，自然语言处理是一个非常博大精深的领域，近年来，随着神经网络的再次崛起，自然语言处理领域也诞生了很多新的技术和应用，说到这里，不得不提的一个工具就是Word2Vec库，另外，也有很多学者使用TensorFlow建立循环神经网络（RNN），在该领域实现了重大的突破。如果有读者朋友计划在这一领域发展自己的职业生涯，可以阅读自然语言处理相关的专业书籍和论文，并且根据相关内容多进行实验，相信一定可以从中受益匪浅。

## 学习测评

### 1. 工作任务交办单

工作任务交办单

| 工作任务 | 爬取产品评论数据并对其情感倾向进行分析 | | |
|---|---|---|---|
| 小组名称 | | 工作成员 | |
| 工作时间 | | 完成总时长 | |
| 工作任务描述 | | | |
| 爬取你感兴趣的产品评论数据并保存到Excel文件中，使用tf－idf模型对文本数据进行处理，删除文本数据的停用词，通过构建LinearSVC模型对商品评论的情感倾向进行分析和预测。 | | | |
| 任务执行记录 | | | |
| 序号 | 工作内容 | 完成情况 | 操作员 |
| | | | |
| | | | |
| | | | |
| | | | |
| | | | |
| | | | |
| | | | |
| | | | |
| | | | |

续表

<table>
<tr><th colspan="4">任务负责人小结</th></tr>
<tr><td colspan="4"></td></tr>
<tr><td>上级验收评定</td><td></td><td>验收人签名</td><td></td></tr>
</table>

## 2. 工作任务评价表

**工作任务评价表**

<table>
<tr><td colspan="2">工作任务</td><td colspan="6">爬取产品评论数据并对其情感倾向进行分析</td></tr>
<tr><td colspan="2">小组名称</td><td></td><td>工作成员</td><td colspan="4"></td></tr>
<tr><td colspan="2">项目</td><td colspan="2">评价依据</td><td>参考分值</td><td>自我评价</td><td>小组互评</td><td>教师评价</td></tr>
<tr><td colspan="2" rowspan="2">任务需求分析（10%）</td><td colspan="2">任务明确</td><td>5</td><td></td><td></td><td></td></tr>
<tr><td colspan="2">解决方案思路清晰</td><td>5</td><td></td><td></td><td></td></tr>
<tr><td colspan="2" rowspan="3">任务实施准备（20%）</td><td colspan="2">安装 Requests 库和 BeautifulSoup 库</td><td>5</td><td></td><td></td><td></td></tr>
<tr><td colspan="2">安装 Jieba 和 Wordcloud 库</td><td>5</td><td></td><td></td><td></td></tr>
<tr><td colspan="2">确定科学、合理的爬取目标</td><td>10</td><td></td><td></td><td></td></tr>
<tr><td rowspan="11">任务实施（50%）</td><td>子任务 1</td><td colspan="2">能结合实际对网页结构进行分析</td><td>10</td><td></td><td></td><td></td></tr>
<tr><td rowspan="3">子任务 2</td><td colspan="2">高效地完成数据爬取任务</td><td>5</td><td></td><td></td><td></td></tr>
<tr><td colspan="2">代码简洁，结构清晰</td><td>3</td><td></td><td></td><td></td></tr>
<tr><td colspan="2">代码注释完整</td><td>2</td><td></td><td></td><td></td></tr>
<tr><td rowspan="7">子任务 3</td><td colspan="2">能够完成中文文本的分词和特征提取</td><td>5</td><td></td><td></td><td></td></tr>
<tr><td colspan="2">能够使用 tf - idf 模型处理文本数据</td><td>5</td><td></td><td></td><td></td></tr>
<tr><td colspan="2">能够完成词云图的绘制</td><td>5</td><td></td><td></td><td></td></tr>
<tr><td colspan="2">能够删除文本中的停用词</td><td>5</td><td></td><td></td><td></td></tr>
<tr><td colspan="2">LinearSVC 模型对商品评论的情感倾向进行判定</td><td>5</td><td></td><td></td><td></td></tr>
<tr><td colspan="2">代码简洁，结构清晰</td><td>3</td><td></td><td></td><td></td></tr>
<tr><td colspan="2">代码注释完整</td><td>2</td><td></td><td></td><td></td></tr>
</table>

续表

| 项目 | 评价依据 | 参考分值 | 自我评价 | 小组互评 | 教师评价 |
| --- | --- | --- | --- | --- | --- |
| 思政劳动素养（20%） | 有理想、有规划，科学严谨的工作态度、精益求精的工匠精神 | 10 | | | |
| | 良好的劳动态度、劳动习惯，团队协作精神，有效沟通，创造性劳动 | 10 | | | |
| 综合得分 | | 100 | | | |
| 评价小组签字 | | 教师签字 | | | |

## 习题

1. 利用刚刚学习的文本分析知识，分析中国传统文学名著《红楼梦》，并给出词云图。
2. 为什么要使用 tf－idf 模型对文本数据进行处理？

# 参考文献

[1] 张东方，陈海燕，王建东. 半监督特征选择综述 [J]. 计算机应用研究，2021，38(2)：321-329.

[2] 闫友彪，陈元琰. 机器学习的主要策略综述 [J]. 计算机应用研究，2004 (7)：4-10+13.

[3] 田盛丰. 人工智能原理与应用：专家系统，机器学习，面向对象的方法 [M]. 北京：北京理工大学出版社，1993.

[4] 韩雪，阮梅花，王慧媛，等. 神经科学和类脑人工智能发展：机遇与挑战 [J]. 生命科学，2016，28 (11)：1295-1307.

[5] Russell S J. Artificial intelligence a modern approach [M]. Pearson Education，Inc.，2010.

[6] 姜明星，王斯坦，许端平. 基于机器学习的金属有机框架吸附水中重金属性能预测研究 [J]. 中国环境科学，2023，43 (5)：2319-2327.

[7] 王青芸，周靖，李艳青，等. 基于 PLSA 模型的在线评论量化研究 [J]. 赣南师范大学学报，2021，42 (3)：20-23.

[8] Guo G，Wang H，Bell D，et al. KNN model-based approach in classification [C]. OTM Confederated International Conferences "On the Move to Meaningful Internet Systems"，Springer，Berlin，Heidelberg，2003：986-996.

[9] Zhang M L，Zhou Z H. ML-KNN：A lazy learning approach to multi-label learning [J]. Pattern Recognition，2007，40 (7)：2038-2048.

[10] 张宁，贾自艳，史忠植. 使用 KNN 算法的文本分类 [J]. 计算机工程，2005，31(8)：3.

[11] 胡学军，李嘉诚. 基于 Scrapy-Redis 的分布式爬取当当网图书数据 [J]. 软件工程，2022，25 (10)：8-11.

[12] 张璐璐，吴丽杰，孙俊杰，等. 基于网络数据自动提取的爬虫设计与实现 [J]. 广州航海学院学报，2022，30 (4)：74-78.

[13] 董博，王雪. 基于聚类中心文本串联的并行 MKNN 文本分类 [J]. 控制工程，2018，25 (6)：1012-1018.

[14] Udapure T V，Kale R D，Dharmik R C. Study of web crawler and its different types [J]. IOSR Journal of Computer Engineering，2014，16 (1)：1-5.

[15] Gupta P，Johari K. Implementation of web crawler [C]. 2009 Second International Conference on Emerging Trends in Engineering & Technology，IEEE，2009：838-843.

[16] Cui Z，Wu J，Lian W，et al. A novel deep learning framework with a COVID-19 adjust-

ment for electricity demand forecasting [J]. Energy Reports, 2023 (9): 1887 – 1895.

[17] 杨锦茹. 基于线性回归算法的森林火灾预测研究 [J]. 通信世界, 2019, 26 (4): 227 – 228.

[18] 马俊燕, 廖小平, 夏薇, 等. 基于高斯过程机器学习的注塑过程建模及工艺参数优化设计 [J]. 机械设计与制造, 2013 (3): 17 – 19.

[19] Weisberg S. Applied linear regression [M]. John Wiley & Sons, 2005.

[20] Yao W, Li L. A new regression model: modal linear regression [J]. Scandinavian Journal of Statistics, 2014, 41 (3): 656 – 671.

[21] 陈红霞, 张俊峰, 马爱博, 等. 基于改进贝叶斯的重型数控机床可靠性研究 [J]. 电子科技大学学报, 2023, 52 (1): 140 – 145.

[22] Hong Bingyuan, Shao Bowen, Guo Jian, et al. Dynamic Bayesian network risk probability evolution for third – party damage of natural gas pipelines [J]. Applied Energy, 2023 (333): 120620.

[23] Zhang M L, Peña J M, Robles V. Feature selection for multi – label naive Bayes classification [J]. Information Sciences, 2009, 179 (19): 3218 – 3229.

[24] Harahap F, Harahap A Y N, Ekadiansyah E, et al. Implementation of Naïve Bayes classification method for predicting purchase [C]. 2018 6th International Conference on Cyber and IT Service Management (CITSM), IEEE, 2018: 1 – 5.

[25] 李静梅, 孙丽华, 张巧荣, 等. 一种文本处理中的朴素贝叶斯分类器 [J]. 哈尔滨工程大学学报, 2003 (1): 71 – 74.

[26] 李文斌, 冯文凯, 胡云鹏, 等. 基于随机森林回归分析的岩体结构面粗糙度研究 [J]. 水文地质工程地质, 2023, 50 (1): 87 – 93.

[27] De Cock M, Dowsley R, Horst C, et al. Efficient and private scoring of decision trees, support vector machines and logistic regression models based on pre – computation [J]. IEEE Transactions on Dependable and Secure Computing, 2017, 16 (2): 217 – 230.

[28] 陈超, 赫春晓, 石善球, 等. 一种基于决策树方法的遥感影像分类研究 [J]. 地理空间信息, 2016, 14 (8): 5 + 50 – 51 + 60.

[29] Kotsiantis S B. Decision trees: a recent overview [J]. Artificial Intelligence Review, 2013, 39 (4): 261 – 283.

[30] Quinlan J R. Induction of decision trees [J]. Machine Learning, 1986, 1 (1): 81 – 106.

[31] 孙小芹. 推动"5G + 工业互联网"融合规模应用的挑战分析 [J]. 中国信息化, 2022 (1): 103 – 104.

[32] 王代超. 基于多源数据融合的旋转机械故障诊断方法研究 [D]. 济南: 山东大学, 2022.

[33] 郑祥豪. 可逆式水泵水轮机运行状态监测与智能故障诊断研究 [D]. 北京: 华北电力大学, 2022.

[34] Deng L, Yu D. Deep learning: methods and applications [J]. Foundations and Trends© in

Signal Processing, 2014, 7 (3 - 4): 197 - 387.

[35] Mathew A, Amudha P, Sivakumari S. Deep learning techniques: an overview [C]. International conference on advanced machine learning technologies and applications, Springer, Singapore, 2021: 599 - 608.

[36] Dagan I, Church K. Termight: Identifying and translating technical terminology [C]. Fourth Conference on Applied Natural Language Processing, 1994: 34 - 40.

[37] Masao Utiyama, Hitoshi Isahara. Tools for Exploring Nalural Language [J]. NLPRS, 2001: 779 - 780.

[38] 黄营著, 吴立德, 等. 基于机器学习的无需人工编制词典的切词系统 [J]. 模式识别与人工智能, 1996, 9 (4): 297 - 304.

[39] 刘桐菊, 于浩, 杨沐昀. 基于 TFIDF 的专业领域词汇获取的研究 [C]. 第一届学生计算语言学研讨会论文集, 2002: 263 - 267.

[40] 刘硕, 王庚润, 李英乐, 等. 中文短文本分类技术研究综述 [J]. 信息工程大学学报, 2021, 22 (3): 304 - 312.

[41] 冯鑫, 汤鲲. 基于网络短文本主题挖掘技术研究 [J]. 计算机与数字工程, 2021, 49 (5): 952 - 956 + 992.